机电工程系列丛书

数控电火花线切割加工
微机编程控制一体化机床

张学仁　罗　晶　韩秀琴　主编

哈尔滨工业大学出版社

内 容 提 要

  本书反映了国内目前有代表性的数控电火花线切割机床生产公司(厂家)所生产的高速走丝线切割机床的产品现状。现有有关数控电火花线切割方面的图书,大多是介绍基本原理、基本方法和基本工艺技术等,而本书是介绍具体公司(厂家)及其产品。分别介绍各公司所生产机床的机械结构特点、供电及机床电气电路、脉冲电源电路、步进电动机驱动电路、加工工艺资料、绘图式微机编程方法、常见故障及排除方法。书中涉及到的各公司的技术内容,基本反映了近几年数控电火花线切割技术的进展概况。

  本书的适用对象是:机械制造厂,尤其是模具制造厂或模具车间的工程技术人员及技术工人,大专院校机电学院的教师及学生,数控培训学校的教师及学生。

图书在版编目(CIP)数据

  数控电火花线切割加工微机编程控制一体化机床/张学仁,罗晶,韩秀琴主编.—哈尔滨:哈尔滨工业大学出版社,2005.5(2013.1 重印)
  ISBN 978-7-5603-2146-2

  Ⅰ.数…　Ⅱ.①张…②罗…③韩　Ⅲ.电火花线切割—数控切割机—控制系统　Ⅳ.TG484

  中国版本图书馆 CIP 数据核字(2005)第 041964 号

策划编辑　黄菊英
责任编辑　张 荣
封面设计　卞秉利
出版发行　哈尔滨工业大学出版社
社　　址　哈尔滨市南岗区复华四道街 10 号　邮编150006
传　　真　0451-86414749
网　　址　http://hitpress.hit.edu.cn
印　　刷　肇东市一兴印刷有限公司
开　　本　787mm×1092mm　1/16　印张 19.75　字数 476 千字
版　　次　2005 年 5 月第 1 版　2013 年 1 月第 3 次印刷
书　　号　ISBN 978-7-5603-2146-2
定　　价　36.00 元

前　　言

张学仁曾主编《电火花线切割加工技术工人培训自学教材》和《数控电火花线切割加工技术》两本教材，前者是按工人等级要求编写的，而后者是根据线切割技术本身编写的，实践证明，这两本书都有较好的针对性，在图书市场上有较大的需求量，现已多次修订再版。据调查了解，目前从事数控电火花线切割的工程技术人员和技术工人急需能详细反映当前国内线切割机床生产厂家产品现状和技术内容的图书，为适应这种需求，我们编写了这本《数控电火花线切割加工微机编程控制一体化机床》。

由于各线切割机床生产厂家提供的资料各有特点，内容也不尽相同，因而在编写时未强求一致，而是保持原有特色。但对名词术语、机械图和电路图，均尽量按国家新标准进行了修改。

本书第一章为 HF 绘图式微机编程控制系统应用实例，第二章为 YH 绘图式微机编程控制系统应用实例，第三章为苏州宝玛数控机床；第四章为苏州恒宇数控机床；第五章为泰州东方数控机床；第六章为上海大量数控机床；第七章为北京阿奇夏米尔数控机床。一般每个公司数控机床的内容包括：机械、装调、工艺、机床电气、控制、脉冲电源、常见故障及排除方法等，各章的内容多少，主要取决于厂家所提供的资料。

从书中内容可以看出，我国当前高速走丝线切割技术已有了很大进展，有的机床铸件采用树脂砂及二次人工时效处理，提高了机床的精度保持性。编程采用绘图式微机编程。走丝机构采用变频调速，使换向平稳，噪声降低，走丝速度可以实现高速、中速和上丝用的低速。有的采用中速走丝，超短行程往返走丝装置，可以实现无条纹切割，有的还可以进行多次切割，不但提高了加工精度，而且改善了加工表面质量。有的步进电动机采用五相十拍或四相八拍方式，使工作台进给更加稳定可靠。

本书由哈尔滨工业大学张学仁教授、罗晶副教授和韩秀琴副教授主编，参加编写工作的还有王晓凡、麦山、张钢、高云峰、邢英杰、李冰梅、刘华、王笑香和李丹。各有关公司参加编写工作的有：苏州市宝玛数控设备有限公司吴娟、叶德栓、苏文华；苏州市恒宇机械电子有限公司殷锡勇、余娇艳；江苏泰州东方数控机床厂陈秀松、张玉明；上海大量电子设备有限公司孙莹、李明辉；北京阿奇夏米尔工业电子有限公司刘有鹏、刘明军、朱星。

本书的编写得到各有关公司（厂）在技术资料和解答问题方面的大力支持，尤其是苏州市宝玛数控设备有限公司将 HF 卡、江苏泰州东方数控机床厂将 YH 卡无偿地借给编者使用，特在此表示感谢。

由于编写人员水平有限，书中可能存在一些疏漏和不足之处，恳切希望广大读者提出宝贵意见，以便在重印及修订时补充和改正。

张学仁

2005 年 4 月

目　录

第一章　HF 数控电火花线切割微机编程控制系统应用实例

1.1　HF 线切割微机编程控制系统的组成

一、HF 线切割微机编程控制系统的组成框图

　　HF 线切割微机编程控制系统由 HF 绘图式线切割微机编程系统和 HF 微机控制系统两大部分组成(图 1.1)。

图 1.1　HF 线切割微机编程控制系统的组成框图

　　HF 绘图式线切割微机编程系统按照待切割工件的图样绘出图形,编出 ISO 代码或 3B 程序,再把 ISO 代码或 3B 程序调入同一台微机中的 HF 线切割微机控制系统,用以控制数控电火花线切割机床,使其加工出所要求的工件。

二、HF 编程控制卡

　　HF 线切割微机编程控制系统软件是由温州市飞虹电子仪器厂和重庆华明光电技术研究所合作研制,固化在 HF 编程控制卡上,此卡简称内置卡,其外观照片如图 1.2 所示。HF 编程控制卡插在微机的 ISA 插槽中或 PCI 插槽中,软件狗插在打印输出的插座上。

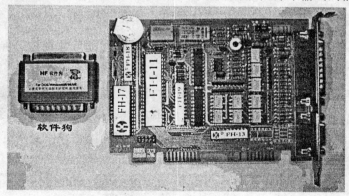

图 1.2　HF 编程控制卡的照片

1.2　HF 数控电火花线切割微机编程控制系统的特点

一、HF 数控电火花线切割微机编程控制系统的界面

在图 1.3 的顶部显示出的是该系统的主菜单：退出系统、全绘编程、加工、异面合成、系统参数、其它、系统信息。

图 1.3　HF 线切割微机编程控制系统的界面

二、HF 数控电火花线切割微机编程控制系统的特点

① 采用全绘图式输入，只需按待加工零件图样上标注的尺寸在微机屏幕上作出图形，就可以编出线切割用的 ISO 代码和 3B 程序；

② 绘图主要用鼠标器完成，必要时也可用微机键盘输入，过程直观简捷；

③ 采用弹出式菜单和按钮操作，功能比较丰富，专用功能多（如公切线、二切圆、三切圆、渐开线齿轮、花键、椭圆、多边形、多角形、测量等），可使绘图操作变得更简单；

④ 在绘图过程中，提示详尽明确，需记的东西不多；

⑤ 采用显轨迹功能使无用线段自动消除，免去逐条裁剪的麻烦；

⑥ 在自动切割或空走模拟时，都跟踪显示加工轨迹，在切割锥体或上、下异型面时，可同时显示平面轨迹或立体轨迹；

⑦ 在自动切割时，可同时进行全绘图式编程或其它操作。在绘图式编程时，也可随时

进入加工菜单,如仍处于自动加工状态,屏幕上继续显示加工轨迹和有关数据;

⑧ 在自动切割时,还可同时对显示的图形进行放大、缩小、移动等操作;

⑨ 在自动切割或绘图式编程过程中,如中途断电或意外停机,重新启动计算机后,将自动恢复加工数据或编程数据。

1.3　HF绘图式线切割微机编程系统

点击主菜单中的"全绘编程",就进入"全绘式编程"界面,如图1.4所示。该界面主要由三大部分组成。中间面积最大的部分为图形显示框,右侧为功能选择框1,下部为功能选择框2,框1和框2的内容随着点击不同的主菜单或子菜单而变化。图中框1和框2当前显示的是全绘式编程的各种功能。

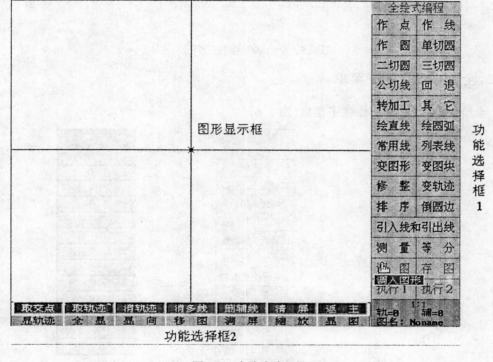

图1.4　全绘式编程界面

一、全绘式编程的三个区

全绘式编程功能框(功能选择框1)共划分为三个区,如图1.5所示。

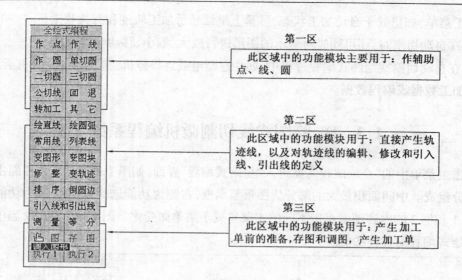

图 1.5　全绘式编程的三个区

二、全绘式编程的子菜单

1.全绘式编程及作点、作线子菜单(图 1.6)

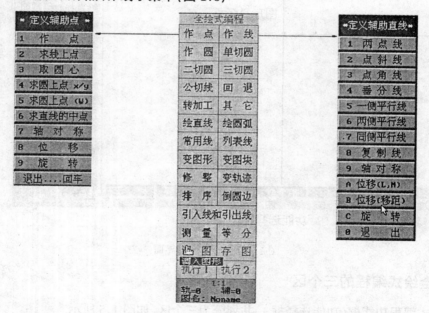

图 1.6　全绘式编程及作点、作线子菜单

2.作圆、单切圆、二切圆及三切圆子菜单(图1.7)

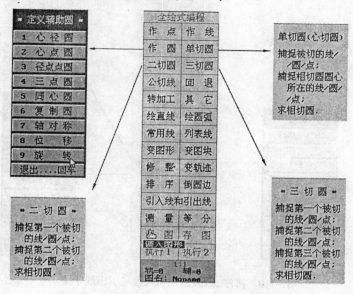

图 1.7　作圆、单切圆、二切圆及三切圆子菜单

3.公切线、绘直线及绘圆弧子菜单(图1.8)

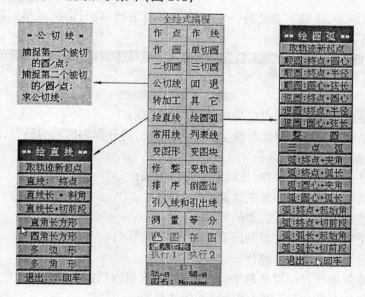

图 1.8　公切线、绘直线及绘圆弧子菜单

4.排序、倒圆边及引入线和引出线子菜单(图1.9)

全绘式编程的子菜单还有很多,前面所讲是最常用的,有一些将在实例中用到时再介绍。

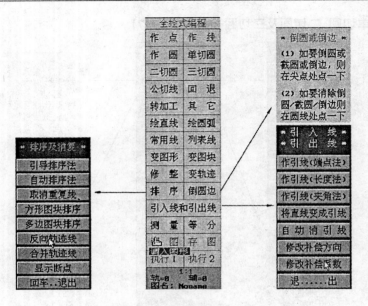

图 1.9　排序、倒圆边及引入线和引出线子菜单

三、功能选择框 2

如图 1.10 所示,屏幕下部是另一个功能选择对话框,此对话框是单一功能的选择对话框,各功能如下:

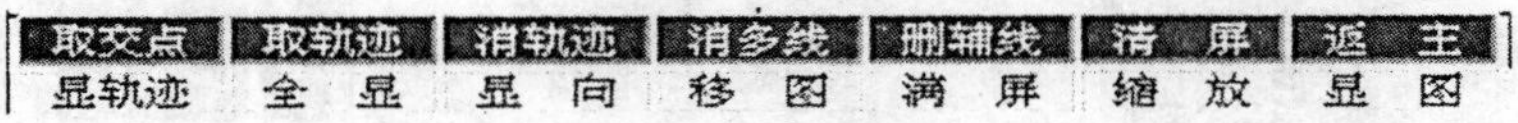

图 1.10　功能选择框 2

取交点:是在图形显示区内定义两条线的相交点;

取轨迹:是选取在某一辅助曲线上两个点之间的部分作为切割的路径;取轨迹时这两个点必须同时出现在绘图区域内;

消轨迹:是上一步的反操作,也就是删除轨迹线;

消多线:是对首尾相接的多条轨迹线的删除;

删辅线:是对辅助的点、线、圆的删除;

清　屏:是对图形显示区域的所有几何元素的清除;

返　主:是返回主菜单的操作;

显轨迹:将辅助线自动隐藏起来,在图形显示区域内只显示轨迹线;

全　显:显示全部几何元素(辅助线及轨迹线);

显　向:预览轨迹线的方向,若顺序不对,在子菜单中点击"自动排序法",若某线段走重了,点击"取消重复线";

移　图:移动图形显示区域内的图形;

满　屏:令图形自动充满整个屏幕;

缩　放:对图形的某一部分进行放大或缩小;

显　图:此功能模块的功能是由一些子功能组成的,其中包含了以下的一些功能,如图

1.11 所示的功能框。其框中"显轨迹线"、"全显"、"图形移动"与前面介绍的"显轨迹"、"全显"、"移图"的功能相同。"全消辅线"和"全删辅线"有所不同,"全消辅线"功能是将辅助线完全删去,删去后不能通过恢复功能恢复;而"全删辅线"在删去辅助线后可通过恢复功能将删去的辅助线恢复到图形显示区域内。其它的功能名称对功能的描述很清楚,这里就不一一说明了。

图 1.11 显图

四、学习编程实例前必须先明确的几个问题

HF 全绘图式编程包含两种绘图方式:辅助线和轨迹线;两种生成轨迹线。

利用图 1.5 中第一区内的作图功能所作出的是辅助点、线和圆,这种图作出后不能直接用来作后置处理编出加工程序,必须对用辅助点、线和圆所作出的图形,"取交点"之后再"取轨迹",使其变为轨迹线之后才能用于后置处理,编出 ISO 代码或 3B 程序用于加工。

利用图 1.5 第二区内的各种功能所绘出的图是轨迹图,绘出的轨迹图能直接用于后置处理,编出加工程序。

1.辅助线和轨迹线

辅助点、辅助直线和辅助圆统称为辅助线。

轨迹直线和轨迹圆弧(包含圆)统称为轨迹线。

2.两种生成轨迹线

① 直接用"绘直线"、"绘圆弧"、"常用线"及"列表线"等功能绘轨迹线;

② 用"作点"、"作线"、"作圆"、"单切圆"、"二切圆"、"三切圆"及"公切线"等功能作出辅助线,再用"取交点"及"取轨迹"功能将两节点之间的辅助线变成轨迹线。

3.关于排序

切割加工是按图形的顺时针方向或逆时针方向顺序进行的,但在作图及"取轨迹"时,则不一定按切割的方向及顺序进行,所以当对轨迹图进行"显向"时,小白圆圈移动的方向或顺序可能不合乎切割要求,因此需要对轨迹图进行排序,一般用自动排序就能达到要求,排序之后再"显向"就能显示出排序的效果。如果有个别线段"显向"移动方向不对,可用"反向轨迹"功能来修正方向;若发现某线段轨迹在"显向"时,小白圆圈移动两次,表示这段轨迹线绘重了,可用"取消重复线"功能取消画重复的轨迹线。用"排序"使"显向"正确之后才能进行后置处理。

4.开始切割点的位置及切割方向

可用"引入线和引出线"的功能设定开始切割点的位置、切割方向以及间隙补偿量。

5.HGT 和 HGN 文件格式

HGT 和 HGN 是 HF 系统的专用图形文件,HGT 是轨迹线图形文件,HGN 是辅助线图形文件。

6.点的极坐标表示法

有一个点,其极径 $\rho = 10$,极角 $\theta = 45°$,可写为 @10,45。

7. X、Y 坐标轴与直线的关系

HF 系统把 X、Y 坐标轴当做辅助直线使用,凡与 X、Y 坐标轴重合的直线,不必另外作图,用 L1 表示 X 坐标轴,L2 表示 Y 坐标轴,因此其它直线由 L3 开始编号。

8. 关于加工补偿值、间隙补偿值和补偿系数

(1) 间隙补偿值 f

$$间隙补偿值 f = r_{丝}(钼丝半径) + \delta_{电}(单面放电间隙)$$

如钼丝半径 $r_{丝} = 0.09$,单面放电间隙 $\delta_{电} = 0.01$,$f = 0.09 + 0.01 = 0.1$。

(2) 补偿系数

补偿系数等于 1 或 -1,一般在作引入和引出线时由 HF 软件自动给出,不需编程者输入,但必要时也可以在输入的间隙补偿值 f 的前面加正或负号对补偿系数进行修改。

(3) 加工补偿值

$$加工补偿值 = 间隙补偿值 \times 补偿系数$$

9. 鼠标键和键盘的关系

输入数据可用键盘或鼠标,在输入时应注意以下几点:

① 用键盘输入后不能用鼠标输入;

② 用鼠标输入后在未按鼠标键前,还可改用键盘输入;

③ 用鼠标点击一点后,可用键盘接着输入其它数据。如作圆时,用鼠标点击圆心点时出现 0,0 后再用键盘接着输入半径值。

10. 鼠标右键与键盘回车键的关系

提示按(回车)键时,按鼠标右键等于按键盘的回车键。

11. 加工单文件名的区别

① 2 轴或 2NC,表示平面;

② 3 轴或 3NC,表示锥体;

③ 4 轴或 4NC,表示异面体;

④ 3B 或 BBB,表示 3B 加工单。

1.4 HF 编程应用实例

HF 软件的功能非常多,所举例子不可能面面俱到,这里只能列举一些典型图形,由简到繁、由浅入深地介绍,尽量使初学者容易掌握。

一、作辅助点、线、圆的方法

单击主屏幕顶部主菜单中的"全绘编程",右侧显示"全绘编程"。

1. 作点(图 1.12)

单击"作点"按钮,弹出"定义辅助点"菜单,单击"作点"按钮,提示作已知 X、Y 坐标时,左下角对话框提示(X,Y)= {Pn + - * /}?,要求输入 X、Y 坐标值,用大键盘输入 40,50(回车),在该处显示出一个红点。左下角继续提示输入点坐标,输入 50,60(回车),即可在屏幕上作出第 2 点。

2.作线

1) 作两点线(图 1.13)

单击"全绘式编程"菜单中的"作线"按钮,弹出"定义辅助直线"菜单,单击"两点线"按钮,在右侧功能说明框中显示出这是已知两点作直线,左下角提示直线(X1,Y1,X2,Y2) (Ln + - */)?,可同时输入两个点的坐标值,如输 0,0,20,40 (回车),就可作出图中的直线 L3。按 ESC 键,返回"定义辅助直线"菜单。

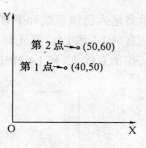

图 1.12　作点

2) 作点斜线(图 1.13)

单击"点斜线",要求输入已知点坐标 X、Y 及斜角 ω,输入 0,0,20(回车),作出该点斜式直线 L4。按 ESC 键,退回"定义辅助直线"菜单。

3) 作平行线(图 1.13)

单击"一侧平行线",提示输入已知直线(X3,Y3,X4,Y4) {Ln + - M/}? 因要作的是已作出的直线 L4 的平行线 L5,因 L4 已经作出,可单击直线 L4 上某点,显一个蓝点,提示取平行线所处的一侧,单击要作平行线一侧的某点,显示为一蓝点,提示平移距离,输入 4(回车),绘出距 L4 为 4 mm 的平行线 L5。按 ESC 键,单击"退出",返回全绘式编程菜单。

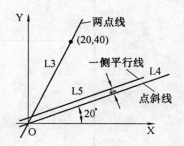

图 1.13　作线

(3) 作圆(图 1.14)

单击全绘式编程菜单中的"作圆"按钮,弹出"定义辅助圆"菜单,单击"心径圆"按钮,说明心径式是已知圆心和半径作圆。左下角提示圆(X0,Y0,R){Cn + - */}?,输入 0,0,20 (回车),作出圆 C1,继续提示圆(X0,Y0,R),输入 0,0,40(回车),作出同心圆 C2,继续提示圆(X0,Y0,R),输入 20,40,15 (回车),作出圆 C3。按 ESC 键,返回定义辅助圆菜单,单击

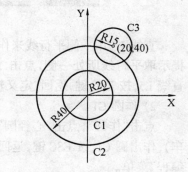

图 1.14　作圆

"退出"按钮,返回全绘式编程菜单,单击右下角"返主"按钮,返回主菜单。

二、直线和圆弧组成图形的绘图和编程(图 1.15)

1.通过作辅助线形成轨迹线

(1) 用作辅助直线和辅助圆的方法作图和编程

1) 作辅助直线 L3、L4 和 L5

点击"全绘编程",点击"全绘式编程"子菜单中的"作线",点击"定义辅助直线"子菜单中的"两侧平行线",显示出如图 1.16 所示的画面,功能说明框 1 中显示出作"两侧平行线"所需的条件为直线和平移距离。在对话提示框中

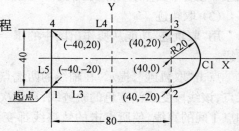

图 1.15　直线和圆弧组成的图形

提示需输入已知直线和平移距离,可取 X 轴 L1 作已知直线,向上、下两侧各平移 20 mm,就得到直线 L3 和 L4。移光标点击 X 轴上某一点,提示输入平移距离,用大键盘输入 20(回车),作出直线 L3 和 L4,按 ESC 键返回。

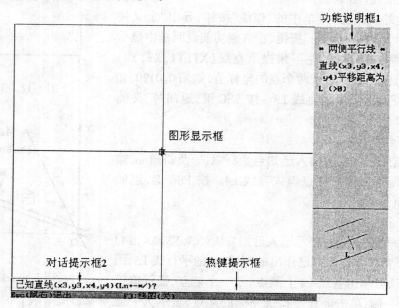

图 1.16　两侧平行线

直线 L5 用一侧平行线来作出。点击"一侧平行线",提示已知直线时,点击 Y 坐标轴,提示取平行线所处一侧,点击 Y 轴左侧某点,提示平移距离,用大键盘输入 40(回车),作出直线 L5,按 ESC 键,返回"定义辅助直线"菜单,点击"退出"返回"全绘式编程"菜单。

2) 作圆 C1

点击"作圆",点击"心径圆",提示圆心和半径(X0,Y0,R)时,用大键盘输入 40,0,20(回车),作出圆 C1,按 ESC 键,返回"定义辅助圆"菜单回车或点击"退出",均可退回到"全绘式编程"菜单。

(2) 取交点

目前作出的直线和圆与所要作的图形对照,有一些线段是多余的,需要从中把有用的图形,即切割轨迹取出来,因此要用"取交点"功能来确定有用线段的两个端点(交点或切点)。

点击"功能选择框 2"中的"取交点",提示取交(切)点处时,按图 1.15 中的 1、2、3、4 各点顺序点击各个交点或切点,在各交切点处显示一个红点,按 ESC 键,退到"全绘式编程"菜单。

(3) 取轨迹

用"取轨迹"功能从所作出图中的每个线段的两端点(交点或切点)之间取出所需要的轨迹线。

点击"取轨迹",提示"在辅线的两端点间取一点",按顺序点击点 1 和点 2 之间直线上的某点,该线段变成浅蓝色的轨迹线,再依次点击点 2 和点 3 间的圆弧,以及点 3 和点 4 及点 4 和点 1 间的直线,使所点击的轨迹线都变为蓝色或绿色,此时所得的轨迹线与切割图形相同。按 ESC 键,退回"全绘式编程"菜单,单击"显轨迹",屏幕上只显示所取的轨迹线。

（4）排序

点击"排序"，在弹出的"排序及消复"菜单中，点击"引导排序法"，提示取第一根线条的首段，点击点 1 和点 2 之间的直线，提示取第一根线条的该首段起点，点击点 1，提示取第二根线条的首段，点击点 2 和点 3 之间的圆弧，提示取第二根线条的该首段起点，点击点 2，提示取第三根线条的首段，点击点 3 和点 4 之间的直线，提示取第三根线条的该首段起点，点击点 3，提示取第四根线条的首段，点击点 4 和点 5 之间的直线，提示取第四根线条的该首段起点，点击点 4，至此引导排序完成，按 F1（回车），退回"全绘式编程"。

（5）存图

点击"存图"，弹出如图 1.17 所示的存图菜单，点击存轨迹线图，提示"存入轨迹线的文件名"，输入 L0408020（回车），即可成功保存轨迹线图。

（6）作引入线和引出线

点击"全绘式"菜单中的"引入线和引出线"，弹出"引入线和引出线"菜单，如图 1.18 所示。下面对该菜单中的功能作简单说明。

① 作引线（端点法），即用端点来确定引线的位置和方向；

② 作引线（长度法），即用长度加上系统的判断来确定引线的位置和方向；

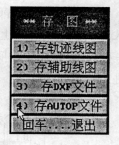

图 1.17　存图中的存轨迹线图

③ 作引线（夹角法），即用长度加上与 X 轴的夹角来确定引线的位置和方向；

④ 将直线变成引线，即选择某直线轨迹线作为引线；

⑤ 自动消引线，即自动将所设定的一般引线删除；

⑥ 修改补偿方向，即为任意修改引线方向。

这里采用作引线（端点法），单击"作引线（端点法）"，提示引入的起点，输入 - 40，- 23（回车），提示引入线终点，输入 - 40，- 20（回车），在该处显示此段引入引出线，提示尖角修圆半径，输入 0.15（回车），将点 1 和点 4 两个尖角修为半径 0.15 的圆角，显示一个红箭头表示补偿的方向和切割的方向，可根据提示改变或确认补偿方向，按鼠标右键确认该方向，点击"退出"退回"全绘式编程"菜单。

（7）用"显向"功能预览轨迹线的方向

单击"显向"，图中出现一个移动的白色图标，表示钼丝的进给方向和钼丝偏离理论轨迹的方向。

图 1.18　引入线引出线

（8）存"显向"之后的图

将"显向"完毕的轨迹图保存起来，以备调用。

点击"存图"，点击"存轨迹图"，因为现在存的是显向后的轨迹，可在文件名前加字母 X，表示此图已显向完毕。提示输入轨迹线文件名时，输入 XL0408020（回车），即可完成存图操作，（回车）退回"全绘式编程"菜单。

2.执行和后置处理

（1）执行

该系统的执行部分有两个，即[执行 1]和[执行 2]。这两个执行部分的区别是:[执行 1]

是对我们所作的所有轨迹线进行执行和后置处理;而[执行2]只对含有引入线和引出线的轨迹线进行执行和后置处理。对于这个例子采用任何一种执行处理都可以。现点击[执行2],屏幕显示如图1.19所示。

　　　　　(执行引线内轨迹)

　　　　　(ESC:退出本步)

　　　　　文件名:XLO408020

　　　　　间隙补偿值 f=(φ/2,可为正,可为负)

　　　　　　　　图1.19　执行2

　　若钼丝直径为 φ0.18,单面放电间隙 δ电=0.01,则间隙补偿值 f=0.09+0.01=0.1,输入0.1(回车),屏幕上出现如图1.20所示的图形,在该图形上加标了一些看程序单时有用的一些尺寸,该图中内圈为图形的轨迹线,外圈为钼丝中心轨迹线,确认图形完全正确之后,可进入后置处理。

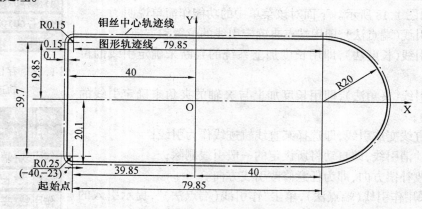

　　　　　　　图1.20　输入 f=0.1 后的图形

(2) 后置处理

　　点击"后置",出现如图1.21所示的菜单。ISO代码已经编好。点击"显示G代码加工单",屏幕上立即显示出该图形的ISO代码,如表1.1所示。该代码为绝对坐标方式,坐标原点在起始点处,X、Y的值表示每条程序的终点坐标值,I、J表示圆心坐标值。

　　　　　　文件名:XLO408020

　　　　　　补偿f= 0.100

　　　　　　过切否: 不
　　　　　　　——————————————————————

(1)	显示G代码加工单(无锥)
(2)	打印G代码加工单(无锥)
(3)	G代码加工单存盘(无锥)
(4)	引线内最后一段要过切否
(5)	生成HGT图形文件
(6)	生成锥度加工单....
(7)	其　　它　....
(0)	返　回　主　菜　单

　　　　　　　　图1.21　后置处理菜单

表 1.1　图 1.15 绝对坐标方式的 ISO 代码

```
N0000 G92 X      0.0 Y 0.0      {Z 0.00 OFFSET =    0.100}
N0001 G01 X      0.1500 Y      2.9000
N0002 G01 X      80.000 Y      2.9000
N0003 G03 X      80.000 Y      43.1000  I    80.0000 J    23.0000
N0004 G01 X      0.1500 Y      43.1000
N0005 G03 X    − 0.1000 Y      42.8500  I    0.1500 J    42.8500
N0006 G01 X    − 0.1000 Y      3.1500
N0007 G03 X      0.1500 Y      2.9000  I    0.1500 J    3.1500
N0008 G01 X      0.0000 Y      0.0000
N0009 M02
```

2 轴无维 G 代码格式　　　　　　　　[Esc:返回]　要继续请按回车键

　　若要显示 3B 加工单,可按 ESC 键,返回后置处理菜单。点击"其它",出现如图 1.22 所示的菜单,单击"显示 3B 加工单",立即显示出图 1.15 的 3B 程序单,如表 1.2 所示。

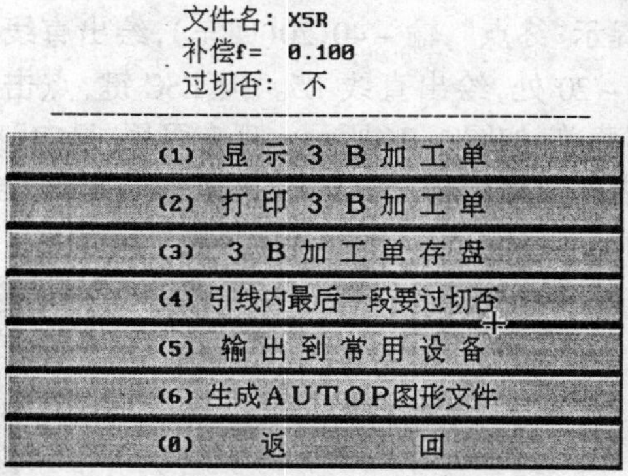

文件名: X5R
补偿 f= 0.100
过切否:　不

```
(1) 显 示 3 B 加 工 单
(2) 打 印 3 B 加 工 单
(3) 3 B 加 工 单 存 盘
(4) 引线内最后一段要过切否
(5) 输 出 到 常 用 设 备
(6) 生 成 A U T O P 图形文件
(0)　　返　　　　回
```

图 1.22　其它菜单

表 1.2　图 1.15 的 3B 代码

AUTO CAD/CAM————H G D

	B	B	B	G	Z	BX	BY	R
Model (5 UNIT):3B			File:XL0408020				offset f = 0.1000	
;	B	B	B	G	Z	BX	BY	R
; Start	Point =					− 40.0000	− 23.0000	
N0001 B	150 B	2900 B	2900 GY		L1 ;	− 39.8500	− 20.1000	
N0002 B	79850 B	0 B	79850 GX		L1 ;	40.0000	− 20.1000	
N0003 B	0 B	20100 B	40200 GX		NR4 ;	40.0000	20.1000	20.1000
N0004 B	79850 B	0 B	79850 GX		L3 ;	− 39.8500	20.1000	
N0005 B	0 B	250 B	250 GY		NR2 ;	− 40.1000	19.8500	0.2500
N0006 B	0 B	39700 B	39700 GY		L4 ;	− 40.1000	− 19.8500	
N0007 B	250 B	0 B	250 GX		NR3 ;	− 39.8500	− 20.1000	0.2500
N0008 B	150 B	2900 B	2900 GY		L3 ;	− 40.0000	− 23.0000	
N0009 DD								

X:(　60.100)−(　−40.100)=　100.200 mm　Y:(　20.100)−(　−23.000)=　43.100 mm

Length =　269.139　Area =　4318.6200　Date:03 − 17 − 2005　Ver 6.0

3B 格式　　　　　　　[Esc:返回]　要继续请按回车键

3．直接用"绘直线"和"绘圆弧"来绘出轨迹线

如果待加工的图样上各直线及圆弧线段的起点和终点坐标都为已知，就可以直接用"绘直线"和"绘圆弧"来绘出轨迹线，不必进行"取交点"、"取轨迹"和"排序"工作。图 1.15 中直线和圆弧的起点和终点均为已知，故可用此法绘轨迹线。

（1）绘直线 L3、圆弧 C1、直线 L4 及 L5

点击"绘直线"，在弹出的"绘直线"菜单（图 1.23）中点击"取轨迹新起点"，提示新起点，输入 – 40, – 20（回车），绘出该点，点击"直线：终点"，提示终点，输入 40, – 20（回车）绘出直线 L3 及其终点。按 ESC,（回车）返回"全绘式编程"菜单，点击"绘圆弧"，在"绘圆弧"菜单中点击"取轨迹新起点"，提示"新起点"，可以输入圆弧的起点坐标值 40, 20（回车），也可以点击该点，点击"逆圆：终点 + 半径"，提示终点，输入 40, 20（回车），提示半径，输入 20（回车），绘出该圆弧 C1。按 ESC,（回车）退回"全绘式编程"菜单。点击"绘直线"和点击"直线：终点"，提示"终点"，输 – 40, 20（回车），绘出直线 L4，提示终点，点击 – 40, – 20 处，绘出直线 L5。按 ESC 键，点击

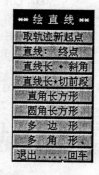

图 1.23　绘直线菜单

"退回"退至"全绘式编程"菜单，如图 1.24 所示。现在可用"显向"功能来预览所绘轨迹的方向及顺序。点击"显向"，嘟的一声后，一个白圈沿切割方向及轨迹线走一圈。

后置处理与前面相同。

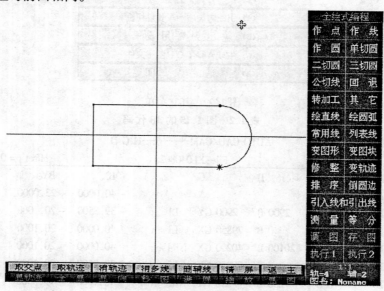

图 1.24　直接用绘直线和绘圆弧绘出的图形

三、直线、圆、过渡圆及对称图形

图 1.25 中圆 C2 的圆心用极坐标表示，极径 $\rho = 5.2 - 2.1 = 3.1$，极角 $\theta = 45°$，输入时为 @3.1, 45。直线 L4 为过点 P1 的点斜式直线，点 P1 为直线 L3 与圆 C1 的下交点，直线 L3 及 L5 可用一侧平行线作出。

1.作图

（1）作圆 C1 及圆 C2

点击"作圆"，点击"心径圆"，提示圆（X0，Y0，R）时，输入 0，0，3.55（回车）作出圆 C1。提示圆（X0，Y0，R）时，输入 @3.1，45，2.1（回车）作出圆 C2。按 ESC 键，（回车）退回"全绘式编程"菜单。由于图形太小，可用缩放功能将图形适当放大。

（2）作 C2 与 Y 轴的对称圆 C3

点击"作圆"，点击"轴对称"，提示已知圆，点击已知圆 C2，提示对称轴，点击 Y 轴。即可作出 C2 与 Y 轴的对称圆 C3。按 ESC，（回车）。

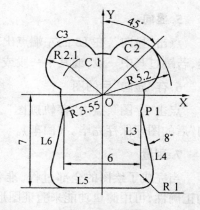

图 1.25　直线、圆、过渡圆及对称图形

（3）作直线 L3、L5

点击"作线"，点击"一侧平行线"，提示已知直线，点击 Y 轴，提示取平行线所处的一侧，点击 Y 轴右侧某点，提示平移距离，输入 3（回车），作出辅助直线 L3，提示已知直线，点击 X 轴，提示取平行线所处一侧，点击 X 轴下方某点，提示平移距离，输入 7（回车），作出直线 L5。按 ESC 键。

（4）作直线 L4 及 L6

直线 L4 为过圆 C1 与直线 L3 下交点 P1 的点斜式直线，直线 L6 为 L4 相对 Y 轴的对称直线。（回车）点击"取交点"，点击点 P1，该处显出一个红点，按 ESC 键，点击"作线"，点击"点斜式线"，提示已知点，点击点 P1，提示角度，输入 98（回车）作出直线 L4。L4 关于 Y 轴的对称直线即为 L6。按 ESC 键，点击"轴对称"，提示角度，输入 98（回车），作出直线 L4。L4 关于 Y 轴的对称直线即为 L6。按 ESC，点击"轴对称"，提示已知直线，点击 L4，提示对称轴，点击 Y 轴，作出直线 L6，按 ESC 键，（回车）。

（5）作直线 L5 和 L4 及 L6 之间的两个 R1 的过渡圆弧

用二切圆来作，点击"二切圆"，提示取第一个点/线/圆，点击 L4，提示第二个点/线/圆，点击 L5，提示切圆半径，输入 1（回车）出现一个闪动的蓝色二切圆，其位置若不对，可点击 ←↑↓→ 的某个方向键，将其调整到适当位置，（回车）作出该过渡圆，用类似方法可作出 L5 和 L6 之间的过渡圆。

2.取交点

点击"取交点"，提示取交（切）点处，点击取轨迹时有用的交点。

3.取轨迹

点击"取轨迹"，提示在辅线的两端点间取一点，点击 L5、右过渡圆、L4，继续沿逆时针将全部有用的轨迹线点击一遍，使其变为草绿或浅蓝色。点击显轨迹，只显示出待切割的轨迹线。

4.排序

点击"排序"，点击"自动排序"，（回车）。

5.显向

点击"显向",在 L5 的左端点出现一个小白圆,沿轨迹的逆时针方向移动一圈,应按顺序走,若跳过其中一段,或其中一段或几段方向相反,应重新排序。

6.存"显向"后的图

点击"存图",点击"存轨迹图",提示输入轨迹线的文件名,输入 XOLR 355(回车),"显向"后的图即保存完毕。(回车)。

7.测量

当完成了绘图的全部过程,准备进行后置处理时,要了解所作图形的正确性,可用测量功能来验证图形的所有尺寸。

点击"测量"显图 1.26 测量菜单,这个功能中共有 10 个测量用的按钮,用于测量"长度"、"角度"、"点坐标值"、"圆参数"、"圆弧参数"、"直线与 X 轴的夹角"、"两平行线间的距离"、"一个点到一条线的距离"、"引入线和引出线的参数"和一个"退出"按钮。

图 1.26　测量菜单

(1) 测量 L5 的长度

点击"测长度",提示取第一点,点击 L5 左端点,提示取第二点,点击 L5 的右端点,右侧显示的 5.13333 mm 即为 L5 的长度。按 ESC 键。

(2) 测 L4 和 L5 的夹角

点击"测夹角",提示取第一边,点击 L4,提示取第二边,点击 L5,提示取角内一点,点击角内某点,右边显示夹角:82°,1.4312 rad。按 ESC 键。

(3) 测点值

若要测交点 P1 的坐标值,点击"测点值",取要测的一点,点击点 P1,右边显示点(X、Y)X = 3,Y = - 1.89803。其余各点可用相同的方法测量。按 ESC 键。

(4) 测圆值

点击"测圆值",提示取圆或圆弧上一点,点击圆 C2 圆周上某点,右边显示圆(X0,Y0,R):X0 = 2.19203,Y0 = 2.19203,R = 2.1。按 ESC 键。

(5) 测圆弧

点击"测圆弧",提示取圆弧上一点,点击圆 C1 最上部的圆弧。右边显示圆心角:17.9649°,弧长 1.11309 mm,起点切线方向角:171.0176°,终点切线方向角 188.9824°。按 ESC 键。

(6) 测直线

提示取一条直线,点击直线 L4,右边显示斜角:- 82°,- 1.4312 rad,长度:4.00175 mm。按 ESC 键。

(7) 测平行距离

提示取第一条线,点击直线 L5,提示取第二条线,点击 X 轴,右边显示平行距:7 mm。按 ESC 键。

(8) 测点线距

点击"测点线距",提示取直线外一点,点击 P1 点,提示取一条直线,点击直线 L5,右边显示点线距:5.10197 mm。按 ESC,(回车)。

8.作引入线和引出线

单击"引入线和引出线",单击"作引线(端点法)",提示引入线的起始点,输入 0,5(回车),提示输入引入线的终点切入点,单击上部 C1 圆弧的左端点,显示黄色引入虚线,提示尖角修圆半径,不修(回车),即可作出黄色的引入和引出线,并有一个红色箭头显示切割方向,按鼠标右键确定该方向,(回车)。这时所得图形如图1.27所示。可进行后置处理。

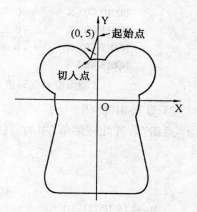

图 1.27　作引入和引出线之后

9.执行和后置处理

(1) 执行

点击"执行 2",间隙补偿值输入 0.07(回车),得到既有工件轮廓又有钼丝中心轨迹的图形(图 1.28)。

(2) 后置处理

点击"后置",显示后置处理菜单(图 1.29)。

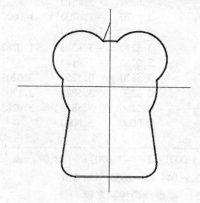

图 1.28

文件名: X0LR355
补偿f= 0.010
过切否: 不

(1)	显示G代码加工单(无锥)
(2)	打印G代码加工单(无锥)
(3)	G代码加工单存盘(无锥)
(4)	引线内最后一段要过切否
(5)	生成HGT图形文件
(6)	生成锥度加工单....
(7)	其　　它　....
(8)	返　回　主　菜　单

图 1.29　后置处理菜单

1)显示 ISO 代码

点击"显示 G 代码加工单",显示出图 1.25 的 ISO 代码,如表 1.3 所示。

表 1.3　图 1.25 绝对坐标方式的 ISO 代码

N0000 G92 X	0.0 Y 0.0	{Z 0.00 OFFSET =	0.070}			
N0001 G01 X	− 0.5254 Y	− 1.4183				
N0002 G03 X	− 3.5017 Y	− 4.4746	I	− 2.1920 J	− 2.0000	
N0003 G03 X	− 3.0729 Y	− 6.9136	I	0.0000 J	− 5.0000	
N0004 G01 X	− 3.6263 Y	− 10.8511				
N0005 G03 X	− 2.5667 Y	− 12.0700	I	− 2.5667 J	− 11.0000	
N0006 G01 X	2.5667 Y	− 12.0100				
N0007 G03 X	3.6263 Y	− 10.8511	I	2.5667 J	− 11.0000	
N0008 G01 X	3.0729 Y	− 6.9136				
N0009 G03 X	3.5017 Y	− 4.4746	I	0.0000 J	− 5.0000	

```
N0010 G03 X      0.5254 Y    - 1.4183 I    2.1920 J    - 2.0000
N0011 G03 X    - 0.5254 Y    - 1.4183 I    0.0000 J    - 5.0000
N0012 G01 X      0.0000 Y      0.0000
N0013 M02
```

2 轴无锥 G 代码格式   [Esc:返回] 要继续请按回车键

2) 显示 3B 代码

点击"后置处理菜单"中的"其它",点击"显示 3B 加工单",显示出如表 1.4 所示的 3B 代码。

表 1.4 图 1.25 的 3B 代码

AUTO CAD/CAM————H G D

Model（5 UNIT）:3B   File:XOLR355   offset f = 0.0700

;	B	B	B	G	Z	BX	BY	R
;	Start	Point =				0.0000	5.0000	
N0001 B	525 B	1418 B	1418 GY	L3	;	- 0.5250	3.5820	
N0002 B	1667 B	1390 B	4618 GX	NR1	;	- 3.5820	0.5250	2.1785
N0003 B	3582 B	525 B	2439 GY	NR2	;	- 3.0730	- 1.9140	3.6283
N0004 B	553 B	3937 B	3937 GY	L3	;	- 3.6260	- 5.8510	
N0005 B	1059 B	149 B	1000 GX	NR2	;	- 2.5670	- 7.0700	1.0697
N0006 B	5134 B	0 B	5134 GX	L1	;	2.5670	- 7.0700	
N0007 B	0 B	1070 B	1219 GY	NR4	;	3.6270	- 5.8510	1.0782
N0008 B	554 B	3937 B	3937 GY	L2	;	3.0730	- 1.9140	
N0009 B	3073 B	1914 B	2439 GY	NR4	;	3.5820	0.5250	3.6203
N0010 B	1390 B	1667 B	4618 GY	NR4	;	0.5250	3.5820	2.1705
N0011 B	525 B	3582 B	1050 GX	NR1	;	- 0.5250	3.5820	3.6283
N0012 B	525 B	1418 B	1418 GY	L1	;	0.0000	5.0000	
N0013 DD								

X:（ 4.362）-（ - 4.362）= 8.724 mm Y:（ 5.000）-（ - 7.070）= 12.070 mm

Length = 40.331 Area = 105.2994 Date:04 - 05 - 2005 Uer 6.0

3B 格式   [Esc:返回] 要继续请按回车键

四、两圆的公切线及公切圆

图 1.30 中有两圆的公切线和公切圆。直线 L3 与圆 C1 和 C2 外公切,直线 L4 与圆 C1 和 C3 内公切。圆 C4 既与圆 C3 外切,又与圆 C2 内切。

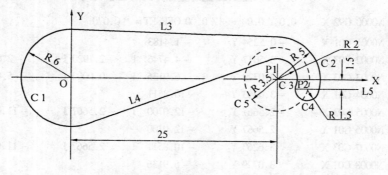

图 1.30 直线与两圆外公切和内公切

1.绘图

(1) 作圆 C1、C2、C3 和 C5

点击"作圆",点击"心径圆",提示圆(X0,Y0,R)时,点击坐标原点,此时已输入了 0,0,接着输入 6(回车),作出圆 C1,提示圆(X0,Y0,R),输入 25,0,5(回车),作出圆 C2,提示圆……,输 25,0,3.5(回车),作出圆 C5,提示圆……,点击圆 C2,已输入 25,0,接着输入 2(回车),作出圆 C3,按 ESC,(回车),并将已作的图用缩放功能适当放大。按 ESC 键。

(2) 作公切线 L3 及 L4

点击"公切线",提示取第一个圆,点击 C1 圆周的最上部,提示取第二个圆,点击 C2 圆周最上部,此时出现一条闪动的蓝线,用 ←→ 键将其调整至外公切线 L3 的位置时,(回车),作出外公切线 L3。点击"公切线",点击 C1 圆周的右下部,点击 C3 圆周的左上部,出现闪动的蓝色内公切线,用 ←→ 键将其调整至内公切线 L4 的位置时,(回车)作出内公切线 L3。

(3) 作公切圆 C4

圆 C4 的圆心是圆 C5 与直线 L5 的右交点,故需先作直线 L5,点击"作线",点击"一侧平行线",提示已知直线,点击 X 坐标轴,提示平行线所处一侧,点击 X 轴下方某点,提示平移距离,输入 1.5(回车),作出直线 L5,按 ESC 键,(回车),点击"取交点",点击圆 C5 与直线 L5 的右交点,该处显一红点。按 ESC 键,点击"作圆",点击"心径圆",提示圆(X0,Y0,R)时,点击 C4 圆心点,再输入 1.5(回车),作出圆 C4。按 ESC 键,(回车)。

2.取交、切点

点击"取交点",点击圆 C4 与圆 C3 的切点及圆 C4 与圆 C2 的切点,都显示为红点,其余各交切点处作图过程中已有红点。若其中与圆 C4 的切点取不到时,可通过圆 C3 的圆心和圆 C4 的圆心作一条两点线,此线与圆 C4 的交点即为圆 C3、C2 与圆 C4 的切点。

3.取轨迹

点击"取轨迹",然后从 C1 圆周左侧开始以逆时针方向按顺序点击图形的各个有用线段,使其变为草绿或浅蓝色。按 ESC 键。点击"显轨迹",屏幕上显示出如图 1.31 所示的图形。

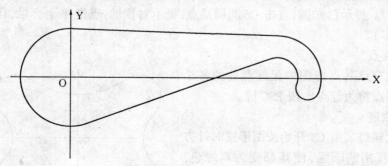

图 1.31　取轨迹之后的图形

4.排序

点击"排序",点击"自动排序",(回车)。

5.显向

点击"显向",有一白色小圆圈从 C1 圆弧开始沿轨迹逆时针移动一圈至起点。

6.引入引出线,执行及后置处理(略)

五、二切圆图形

1.两圆的外公切圆及其对称图形

（1）作图

图 1.32 是 C1 和两个外切圆关于 X、Y 轴取对称后所得的图形。

1）作圆 C1

点击"作圆",点击"心径圆",提示圆（X0,Y0,R），输入 30,20,10（回车），作出圆 C1，按 ESC 键。

2）用轴对称作圆 C2、C3 和 C4

点击"轴对称",提示"已知圆",点击 C1 圆周某处,提示对称轴,点击 Y 坐标轴,作出圆

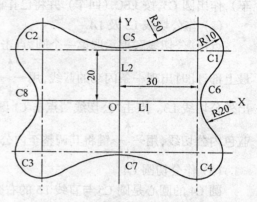

图 1.32　圆弧外公切及对称图形

C2。提示已知圆,点击 C2 圆周某点,提示对称轴,点击 X 坐标轴,对称得圆 C3。提示已知圆,点击 C3 圆周某点,提示对称轴,点击 Y 坐标轴,作出圆 C4。按 ESC 键,(回车)。

3）作外公切圆 C5 和 C6

点击"二切圆",提示取第一个点/线/圆,点击 C1 圆周左上部,提示取第二个点/线/圆,点击 C2 圆周右上部,提示切圆半径,输入 50（回车）（回车）作出外公切圆 C5。点击"二切圆",提示取第一个圆,点击 C1 圆周右下部,提示取第二个圆,点击 C4 圆周右上部,提示切圆半径,输入 20（回车）,用 ←　→ 键调整闪动蓝圆至 C6 位置（回车）,作出圆 C6。

4）用轴对称作圆 C7 和 C8

点击"作圆",点击"轴对称",提示已知圆,点击 C5 圆周某点,提示对称轴,点击 X 坐标轴,作出圆 C7。提示已知圆,点击 C6 圆周某点,提示对称轴,点击 Y 坐标轴,作出圆 C8。按 ESC 键,(回车)。

（2）取交点

点击"取交点",点击图中无红点处的各个切点,使各切点都为红点。按 ESC 键。

（3）取轨迹

点击"取轨迹",由 C5 开始按图形逆时针方向点击各段有用的圆弧,使其都变为草绿色。按 ESC 键。点击"显轨迹",得到图 1.33 所示的切割轨迹图形。

（4）排序

点击"排序",点击"自动排序",点击"退

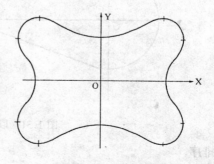

图 1.33　图 1.32 取轨迹后的图形

出"。

（5）显向

点击"显向"，在 C5 圆弧右端点处出现一个白色圆圈按图形逆时针方向沿轨迹移动一圈。

（6）存图

点击"存图"，点击"存轨迹线图"。提示输入轨迹线的文件名，输入 WAGQ5020（回车），（回车）。

后面的步骤省略。

2.具有二切圆的手柄图形

图 1.34 中圆 C1 及圆 C4 为已知圆心坐标和半径的圆，圆 C2 与已知直线 L3 相切且与圆 C1 外包切，直线 L4 过已知点 P1 与圆 C4 相切，圆 C3 为与圆 C2 及直线 L4 相切的二切圆。

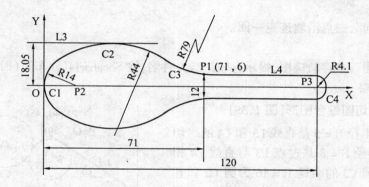

图 1.34　手柄形二切圆图形

（1）作图

1）作圆 C1 及圆 C4

点击"作圆"，点击"心径圆"，提示圆（X0，Y0，R），输 14，0，14（回车），作出圆 C1，提示圆（X0，Y0，R），输 120，0，4.1（回车），作出圆 C4。按 ESC 键，（回车），点击满屏。

2）作点 P1

点击"作点"，点击作点菜单中的"作点"，提示（X，Y），输 71，6（回车），作出红点 P1。按 ESC 键，（回车）。

3）作直线 L3 及 L4

点击"作线"，点击"一侧平行线"，提示已知直线时，点击 X 坐标轴上某点，提示取平行线所处一侧，点击 X 坐标轴上方某点，提示平移距，输 18.05（回车），作出直线 L3，按 ESC 键，（回车）。点击公切线，提示取第一个点，点击点 P1，提示取第二个圆，点击 C4 圆周顶部，把闪动的蓝线调到要求位置时，（回车），作出公切线 L4，按 ESC 键，（回车）。

4）作二切圆 C2 及 C3

单击"二切圆"，提示取第一个圆，点击 C1 圆周左上部，提示取第二个线，点击直线 L3，提示切圆半径，输 44（回车），按任意键调整闪动蓝圆至需要位置时，（回车）作出二切圆 C2。单击"二切圆"，提示取第一个圆时，点击 C2 圆周右上部，提示取第二个线时，点击直线 L4，提示切圆半径，输 79（回车），作出二切圆 C3。

5) 作与 X 轴对称的圆和直线

点击"作圆",点击"轴对称",提示已知圆,点击 C2 圆周,提示对称轴,点击 X 坐标轴,作出圆 C2 的对称圆。提示已知圆,点击 C3 圆周,提示对称轴,点击 X 轴,作出圆 C3 的对称圆。按 ESC,(回车)。点击"作线",点击"轴对称",提示已知线,点击直线 L4,提示对称轴,点击 X 坐标轴,作出直线 L4 的对称直线。按 ESC 键,(回车)。

(2) 取交点

点击"取交点",点击各个交切点。按 ESC 键。

(3) 取轨迹

点击"取轨迹",由圆弧 C1 开始按图形逆时针方向点击各个轨迹。按 ESC 键。

(4) 排序

点击"排序",点击"自动排序"。按 ESC 键,(回车)。

(5) 显向

点击"显向",白点沿轨迹走一圈。

(6) 存图

点击"存图",点存轨迹图,提示存轨迹线文件名,输 Shoubar14(回车),(回车)。

(7) 其余略

3. 几种二切圆综合图形(图 1.35)

圆 C1 的半径 R = 5 是直线 L3 和 L4 的二切圆,圆 C2 的半径 R = 8 是过点 P3 与直线 L4 相切的二切圆,圆 C3 的半径 R = 10 为圆 C2 和直线 L5 的二切圆,圆 C4 是过点 P5 与直线 L5 相切及半径 R = 11 的二切圆,直线 L6 是过点 P1 与圆 C4 左上部相切的直线。

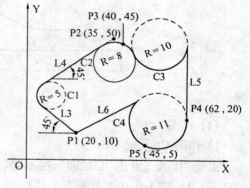

图 1.35　几种二切圆综合图形

(1) 作图

1) 作点 P1、P2、P3、P4 和 P5

点击"作点",点击子菜单中的"作点",提示 (X,Y),输 20,10(回车),作出点 P1,用同样的方法可以作出点 P2、P3、P4 和 P5。按 ESC 键,(回车)。

2) 作直线 L3、L4 和 L5

点击"作线",点击"点角线",提示已知直线,点击 X 坐标轴,提示过点,点击点 P1,提示角度,输 135(回车),作出直线 L3。提示已知直线,点击 X 坐标轴,提示过点,点击点 P2,提示角度,输 45(回车),作出直线 L4。提示已知直线,点击 X 坐标轴,提示过点,点击点 P4,提示角度,输 90(回车),作出直线 L5,按 ESC 键,(回车)。

3) 绘二切圆 C1、C2、C3 和 C4

点击"二切圆",提示取第一条线,点击直线 L4,提示取第二条线,点击直线 L3,提示切圆半径,输 5(回车)出现闪动蓝圆,按任意键将蓝圆调整到需要位置,(回车)作出圆 C1。单击"二切圆",提示取第一条线,点击直线 L4,提示取第二个点,点击点 P3,提示切圆半径,输 8(回车),调闪动蓝圆到要求位置,(回车)作出圆 C2。单击"二切圆",提示取第一个圆,点击 C2 圆的右上圆周,提示取第二条线,点击直线 L5,提示切圆半径,输 10(回车)(回车)作出圆

C3。点击"二切圆",提示取第一条线,点击直线 L5,提示取第二个点,点击点 P5,提示切圆半径,输 11(回车),作出圆 C4。

4) 作直线 L6

单击"公切线",提示取第一个点,点击点 P1,提示取第二个圆,点击 C4 圆周左上部,当闪动蓝线调到适当位置时,(回车),作出直线 L6。

(2) 取交点

点击"取交点",本图各交、切点处已有红点,故不必取交点。

(3) 取轨迹

点击"取轨迹",从点 P1 按图形逆时针方向点击各线段,色变为浅蓝色或草绿色。这时会发现点 P5、P4 和 P3 把该段本来是一个圆弧和一条直线分为两段轨迹。这可在进入"排序"功能后,用"合并轨迹"功能将其合并。

(4) 排序

点击"排序",点击"合并轨迹线",提示要合并吗,输 Y(回车),点击"自动排序",点击"回车。"

(5) 显向

点击"显向",一个白圈从点 P1 开始按图形的逆时针方向沿轨迹移动一圈至点 P1。

(6) 存图

点击"存图",点击"存轨迹线图",提示存入轨迹线的文件名,输 EQ5(回车)。

(7) 其它步骤(略)

六、等分旋转图形

1.五角星(图 1.36)

(1) 用作点、作线及旋转作五角星

1) 作图

① 作点 P1。点击"作点",点击子菜单中的"作点",提示(X,Y),输 0,50(回车),作出点 P1,按 ESC键,(回车)。

② 作直线 L3 及 L4。点击"作线",点击"点角线",提示已知直线,点击 Y 坐标轴,提示过点,点击点

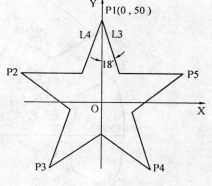

图 1.36　五角星

P1,提示角度,输 18(回车),作出直线 L3。按 ESC 键,点击"轴对称",提示已知直线,点击直线 L3,提示对称轴,点击 Y 轴,作出直线 L4,按 ESC 键。

③ 旋转作其余四个角。点击"旋转",提示已知直线,点击直线 L3,提示旋转中心,点击坐标原点,提示旋转角,输 72(回车),提示旋转次数,输 4(回车),作出有五个角的图形。按 ESC 键,(回车)。

2) 取交点

点击"取交点",点击五角,其余九个交点都显红点。按 ESC 键。

3) 取轨迹

点击"取轨迹",从 L4 开始按图形逆时针方向点击五角星的各个边,使其都变为浅蓝色。

按 ESC 键。点击"显轨迹",显示只有轨迹的五角星,这时若点击"显向",白圆圈移动的方向和各线段的顺序是混乱的。

4)排序

点击"排序",点击"自动排序",(回车)。

5)显向

点击"显向",出现白圆圈从点 P1 开始按图形逆时针方向移动至返回点 P1。

6)存图

点击"存图",点击"存轨迹线图",提示存入轨迹线的文件名,输 X5(回车)(回车)。

(2)用绘直线、多角形的方法绘五角星

点击"绘直线",点击"多角形",提示多角形中心,点击坐标原点,提示外圆半径,输 50(回车),提示内圆半径,五角星不必输内圆半径,(回车),提示几角形,输 5(回车),绘出五角星的轨迹线图,不必取交点和取轨迹。按 ESC 键,(回车)。

此时点击"显向",一个白圆圈从点 P1 出现按图逆时针方向,沿轨迹移动到起点。可见用这种方法绘五角星非常快。

2.步进电动机定子图形

图 1.37 是步进电动机定子的内圈图形,靠内部是每组 5 个的小槽,可以先绘出其中一个小槽,然后采用"变图块"功能绘出。半径 R = 28.5 及 R = 20 圆弧所包成的大槽与已绘出的 5 个小槽共同组合成一个大的图段,再采用一次"变图块"功能,就可绘出整个图形。

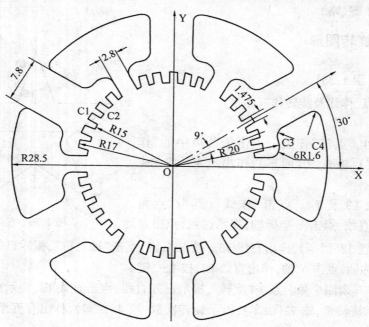

图 1.37　步进电动机定子内圈

(1)绘图

1)绘第一个小槽

① 作辅助圆及辅助线。第一个小槽的中线与 X 坐标轴之间的夹角为 12°,其外圆弧半

径为 R17,内圆弧半径为 R15。点击"作圆",点击"心径圆",提示圆(X0,Y0,R),点击坐标原点,接着输 15(回车),作出 R15 的圆 C2。提示圆(X0,Y0,R),点击坐标原点,接着输 17(回车),作出圆 C1,按 ESC 键,(回车)。点击"作线",点击"点角线",提示已知直线,点击 X 坐标轴,提示过点,点击坐标原点,提示角度,输 12(回车),作出直线 L3(图 1.38),按 ESC 键,点击

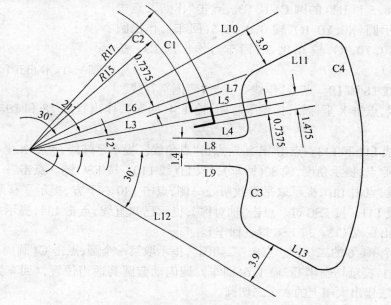

图 1.38 小槽及大槽图段

"两侧平行线",提示已知直线,点击直线 L3,提示平移距离,输 0.7375(回车),作出直线 L4 和 L5。按 ESC 键。点击"点角线",提示已知直线,点击 X 坐标轴,提示过点,点击坐标原点,提示角度,输 21(回车),作出直线 L6。按 ESC 键。点击"一侧平行线",提示已知直线,点击直线 L6,提示取平行线所处的一侧,点击 L6 右下方,提示平移距离,输 0.7375(回车),作出直线 L7。按 ESC 键,(回车)。利用"缩放"和"移图"功能将第一个齿的图形放大并移至屏幕中部,如图 1.39 所示。

图 1.39 第一个小槽取轨迹完毕

② 取交点。点击"取交点",点击作第一个小槽有用的 5 个交点都显红点。按 ESC 键。

③ 取轨迹。点击"取轨迹",点击第一个小槽的两段直线和圆弧,使其变为浅蓝或草绿色(图 1.39)。按 ESC 键。

④ 显轨迹。点击"显轨迹",只显示第一个齿的轨迹图。

2) 将第一个小槽旋转得到 5 个小槽

利用"变图块"功能的"旋转"功能来作。

① 取图块。点击"变图块",点击"取图块(方块)",提示用鼠标给出图块范围,要用鼠标作出的方框来框住第一个齿的轨迹线。方法是用鼠标点击图形外的左上角处,往右下角移动时,出现一个蓝色方框,当第一个齿的全部图形在蓝色框内时,点鼠标左键,蓝框消失,第一个齿的全部轨迹线都变为蓝色,如图 1.40 所示。

图 1.40 取图块后的第一个小槽

② 旋转。点击"旋转",提示循环次数,输 4(回车),提示给出每次的旋转角度,输 9(回

车),提示旋转中心,输 0,0(回车),作出其余四个齿槽,点击
"消图块",第一个小槽变为作辅助线状态,应再取一下轨迹。
按 ESC 键,点击"显轨迹",显示五个小槽的轨迹(图1.41)。

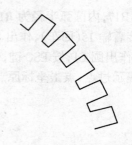

3) 作由 5 个小槽和一个大槽组成的图形

① 作 R28.5 和 R20 的圆 C4 及 C3。点击"作圆",点击
"心径圆",提示圆(X0,Y0,R),输 0,0,28.5(回车),作出圆
C4,提示圆(X0,Y0,R),输 0,0,20(回车),作出圆 C3。按
ESC 键,(回车)。

图 1.41　作出五个小槽的轨迹

② 作直线 L8 和 L9。点击"作线",点击"两侧平行线",
提示已知直线,点击 X 坐标轴,提示平移距,输 1.4(回车),作出直线 L8 和 L9。按 ESC 键,
(回车)。

③ 作直线 L11 和 L13。点击"作线",点击"点角线",提示已知线,点击 X 坐标轴,提示过
点,点击坐标原点,提示角度,输 30(回车),作出直线 L10。按 ESC 键。点击"一侧平行线",
提示已知直线,点击 L10,提示取平行线所处一侧,点击 L10 右下方,提示平移距,输 3.9(回
车),作出直线 L11。按 ESC 键。点击"轴对称",提示已知直线,点击 L11,提示对称轴,点击
X 坐标轴,作出直线 L13。按 ESC 键,(回车)。

④ 作六个 R1.6 的二切圆。点击"二切圆",提示取第一个圆,点击 C4 圆周,提示取第二
条线,点击 L11,提示切圆半径,输 1.6(回车),调闪动蓝圆到适当位置,(回车)作出该二切
圆,用类同方法作出大槽上的六个二切圆。

⑤ 作圆 C2。若把大槽和第一个小槽连接上,必须作圆 C2。点击"作圆",点击"心径
圆",提示圆(X0,Y0,R),输 0,0,15(回车)。

⑥ 取交点。补充取图形上应该有的交点,作图时已出现的有用交切点不必再取,点击
"取交点",点击尚未取的有用交点。按 ESC 键。

⑦ 取轨迹。点击"取轨迹",因图形某些部分太小不便于取轨
迹,可用"缩放"和"移图"功能将图形放大并移到屏幕中间,如图
1.42所示。逐段点取有用轨迹,若有的辅助点或辅助线影响取轨
迹时,可用删辅线功能将其删除之后再取该段轨迹。

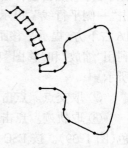

⑧ 显轨迹。点击"显轨迹",得到一个大槽和五个小槽组成的
轨迹,如图 1.42 所示。

4) 五个小槽和一个大槽组成的单元图形旋转

① 取图块。用"变图块"功能取图块。点击"变图块",点击
"取图块(方块)",提示用鼠标绘出块范围,用鼠标点一下单元图形
外左上角,向右下角移动鼠标时,让出现的蓝色方形框把单元图形

图 1.42　五个小槽和一个
　　　　大槽组成单元图
　　　　形的轨迹图

框在其中,再点一下鼠标,蓝框消失,整个单元图轨迹线变为蓝色,各交点的红点仍保留着。

② 用旋转功能作出全图。点击"旋转",提示循环次数,输 5(回车),提示给出每次的旋
转角度,输 60(回车),提示旋转中心,输 0,0(回车),按 ESC,点击"满屏",点击"显轨迹",显
如图 1.37 所要求的全部图形的轨迹。此时若进行显向,小白圆移动的顺序和方向是很乱
的。

（2）排序

点击"排序"，点击"自动排序"，（回车）。

（3）显向

点击"显向"，小白圆圈从直线 L9 处出现，按图形逆时针方向移动走完全部图形，回到直线 L9 的起点。

（4）其余略

七、不等分旋转

图 1.43 是一个不等齿距角的旋转图形。作出此图的方法是，先作出一个齿的轨迹，用"变图块"功能将其取图块，然后再逐个进行旋转。第一个齿的有关数据如图 1.44 所示。

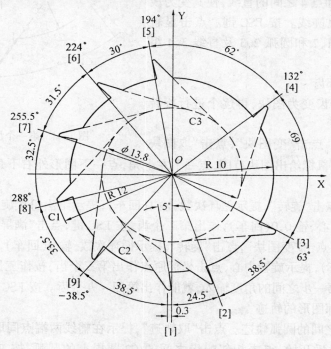

图 1.43　不等齿距角的旋转图形

（1）作图

1）作第一个齿

① 作圆 C1、C2 和 C3。点击"作圆"，点击"心径圆"，提示圆（X0，Y0，R），输 0，0，12（回车），作出圆 C1。提示圆（X0，Y0，R），输 0，0，10（回车），作出圆 C2。提示圆（X0，Y0，R），输 0，0，6.9（回车），作出圆 C3。按 ESC 键，（回车）。

② 作直线 L3、L4 和 L5。点击"满屏"将图形放大。点击"作线"，点击弹出子菜单中的"作线"，点击"点角线"，提示已知直线，点击 X 坐标轴，提示过点（X1，Y1），输 0，－12（回车），提示角度，输 95（回车），作出直线 L3。按 ESC 键。点击"一侧平行线"，提示已知直线，点击 Y 坐标轴，提示取平行线所处一侧，点击 Y 轴左侧某点，提示平移距，输 0.3（回车），作出直线 L5。按 ESC 键，（回车）。点击"切交点"，点击直线 L5 与圆 C1 的下交点，显一红点。按 ESC 键。点击"公切线"，提示取第一个圆，点击 C3 左下圆周，提示取第二个点，点击点 2，调整闪动蓝线至所要求位置（回车），作出直线 L4。

③ 取交点。为了不妨碍取交点，先删去辅助线 L5。点击"删辅线"，提示删除线，点击直线 L5 将其删除。按 ESC 键。点击"取交点"，点击点 1 和点 4 及点 2 和点 3 处原已有红点。按 ESC 键。

④ 取轨迹。为了便于取轨迹，应选用"缩放"功能、"移图"功能将第一个齿形放大并移位于屏幕中部。点击"取轨迹"，点击第一个齿形上的点 1 和点 2 之间的直线 L4，点 2 和点 3 之间的圆弧，点 3 和点 4 之间的直线，使其变为浅蓝或草绿色的轨迹线。按 ESC 键。点击显轨迹，显示出直线 1、2 和圆弧 2、3 及直线 3、4 组成的第一个齿形。

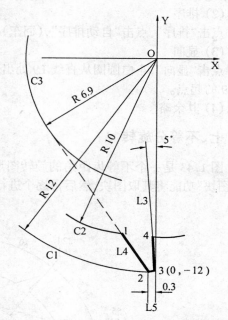

图 1.44　第一个齿有关数据

2) 作出全部齿

先把第一个齿变为图块，再逐个进行旋转而得到 9 个齿。

① 取图块。点击"变图块"，点击"取图块（方块）"，提示用鼠标给出图块范围，点一下左上角，点一下图形外右下角，第一个齿形变为蓝色线条。

② 旋转。点击"旋转"，提示循环次数，输 1(回车)，提示给出每次旋转角度，输 24.5(回车)，提示旋转中心，输 0,0(回车)，作出第二个齿，按 ESC 键，点击"满屏"，第一和第二个齿显示在屏幕中。点击"变图块"，点击"旋转"，提示循环次数，输 1(回车)，提示给出每次旋转角度，输 63(回车)，提示旋转中心，点击坐标原点作出第三个齿，按作三齿相同的方法，按图1.43 中每齿与第一步之间的角度输入，就能作出第四～九个齿。按 ESC 键。

3) 作出全部图形的轨迹

① 取各齿之间的圆弧轨迹。点击"取轨迹"，提示在辅线两端点间取一点，从第一和第二个齿之间的圆弧开始，点击相邻的齿之间的 C2 圆周上的圆弧，按 ESC 键。点击"显轨迹"，显示和图 1.43 一样的轨迹图形。

(2) 排序

点击"排序"，点击"自动排序"。(回车)。

(3) 显向

点击"显向"，白圆圈顺图形移一圈。

(4) 其余略

八、三点圆及三切圆

1. 含三点圆的图形

图 1.45 中圆 C1 为过已知点 P1、P2 和 P3 的三点圆，每个点可看成半径等于零的圆，所以用三切圆功能就可以作出圆 C1。圆 C2 为过点 P1 与 X 坐标轴相切的圆，圆 C3 与 Y 坐标

轴相切与 X 坐标轴相交。

（1）作图

1）作三点圆 C1

① 作点 P1、P2 及 P3。点击"作点"，点击子菜单的"作点"，提示(X,Y)，输 – 30,10(回车)，作出点 P1，提示(X,Y)，输 – 50,0(回车)，作出点 P2，提示(X,Y)，输 – 30, – 20(回车)，作出点 P3。按 ESC 键，(回车)。

② 作三点圆 C1。点击"三切圆"，提示取第一个点，点击点 P1，提示取第二个点，点击点 P2，提示取第三个点，点击点 P3，作出圆 C1。

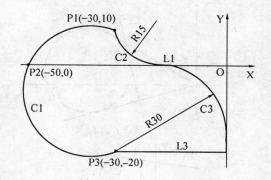

图 1.45 含有三点圆的图形

2）作圆 C2。点击"二切圆"，提示取第一个圆，点击点 P1，提示取第二个线，点击 X 坐标轴，提示切圆半径，输 15(回车)，调整闪动蓝圆至所要求的位置时，(回车)作出圆 C2。

3）作圆 C3。点击"作圆"，点击"心径圆"，提示圆(X0,Y0,R)，点击点 P3，输半径 30(回车)，作出圆 C3，按 ESC 键，(回车)。

4）作直线 L3。点击"作线"，点击"点角线"，提示已知直线，点击 X 坐标轴，提示过点，点击点 P3，提示角度，输 0(回车)，作出直线 L3。按 ESC 键，(回车)。

2）取交点

取交点之前可将图适当放大，点击"取交点"，点击各个有用的交点，已有红点的交点不必再取。按 ESC 键。

3）取轨迹

点击"取轨迹"，从直线 L3 开始点击各个线段，按 ESC 键，点击"满屏"，点击"显轨迹"，作出图 1.45 所示的轨迹图。

（2）排序

点击"排序"，点击"自动排序"，(回车)。

（3）显向

点击"显向"，白圆圈从直线 L1 开始，顺时针方向沿轨迹移动走一圈。

（4）存图

点击"存图"，点击"存轨迹线图"，提示输入轨迹线文件名，输 Sandian(回车)，已将图存好。

（5）其余略

2.三切圆图形

三切圆是与三个已知线段相切的圆，该三切圆的半径和圆心坐标都不知道，已知线段可能是直线，也可能是圆。详细分析，三切圆共有 10 种类型，但可将其合并为以下 4 种：

① 与三条已知直线相切的圆(图 1.46(a))，称为 C/LLL 型三切圆；

② 与两条已知直线及一个已知圆相切的圆(图 1.46(b))，称为 C/LLC 型三切圆；

③ 与一条已知直线及两个已知圆相切的圆(图 1.46(c))，称为 C/LCC 型三切圆；

④ 与三个已知圆相切的圆(图 1.46(d))，称为 C/CCC 型三切圆。下面举例进一步说明。

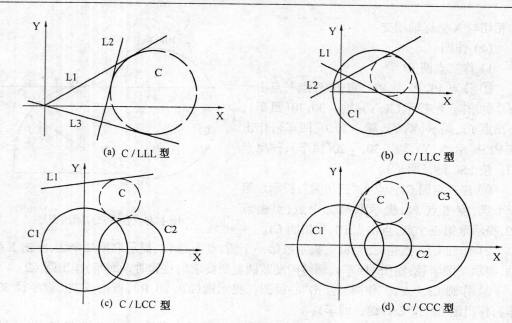

图 1.46　四种三切圆

（1）含 C/CCC 型三切圆的图形

图 1.47 中的圆 C2，不知其圆心坐标和半径，但知道它与已知圆 C1、C3 及 C4 相切，圆 C5 也在另一个位置与圆 C1、C4 及 C3 相切，其圆心坐标和半径也不知道。

1）作已知圆 C1、C3 和 C4

点击"作圆"，点击"心径圆"，提示（X0，Y0，R），输 0，40，15（回车），作出圆 C1，按 ESC 键。点击"轴对称"，提示已知圆，点击 C1 圆周，提示对称轴，点击 Y 坐标轴，作出圆 C3。按 ESC 键，

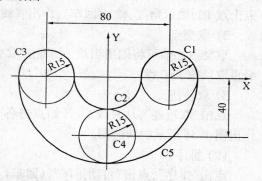

图 1.47　含 C/CCC 型三切圆的图形

点击"心径圆"，提示圆（X0，Y0，R），输 0，−40，15（回车），作出圆 C4，按 ESC，（回车）。

2）作三切圆 C2

点击"三切圆"，提示取第一个圆，点击 C3 右侧圆周，提示取第二个圆，点击 C4 上部圆周，提示取第三个圆，点击 C1 左侧圆周。调整闪动蓝圆（按任一键）到要求位置，（回车）作出三切圆 C2。

3）作三切圆 C5

点击"三切圆"，提示取第一个圆，点击圆 C3 左侧圆周，提示取第二个圆，点击 C4 下部圆周，提示取第三个圆，点击 C1 右侧圆周，点按某键调闪动蓝圆到要求位置，（回车）作出三切圆 C5。

4）取轨迹

作出的图中有用的切点处已有红点，所以不必再取交点。点击"取轨迹"，点击 C1 上部圆周，点击 C2 下部圆周（左、右），点击 C3 上部圆周，点击 C5 下部圆周（左、右），按 ESC 键，点击"显轨迹"，得到图 1.47 要求的图形轨迹线。

5）排序

点击"排序"，点击"自动排序"，（回车）。

6）显向

点击"显向"，白圆圈从 C1 圆周开始，按图形逆时针方向移动一圈到起点。

7）存图

点击"存图"，点击"存轨迹线图"，提示存入轨迹线文件名，输 Sanqir15（回车）。

8）其余略

（2）含 C/LLC 型三切圆的图形

在图 1.48 中圆 C4 是与直线 L3、L4 及圆 C2 相切的 C/LLC 型三切圆；圆 C5 是与直线 L4、L5 及圆 C1 相切的 C/LLC 型三切圆；圆 C6 是与直线 L5、L6 及圆 C2 相切的 C/LLC 型三切圆。整个图形是由 C3、L3、C4、L4、C5、L5、C6、L6 组成的图块（图 1.49）等角旋转而成。

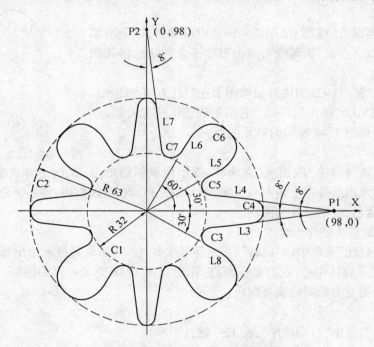

图 1.48 含 C/LLC 型三切圆的图形

1）作图

① 作圆 C1、C2。点击"作圆"，点击"心径圆"，提示圆（X0，Y0，R），输 0，0，32（回车），作出圆 C1。提示圆（X0，Y0，R），输 0，0，63（回车），作出圆 C2，按 ESC 键，（回车）。

② 作直线 L3、L4、L7。应先作出点 P1 和点 P2。点击"作点"，点击子菜单的"作点"，提示（X，Y），输 98，0（回车），作出点 P1，提示（X0，Y0），输 0，98（回车），作出点 P2，按 ESC 键，（回车）点击"满屏"，点 P1 及点 P2 显示在屏幕中。

点击"作线"，点击"点角线"，提示已知直线，点击 X 坐标轴，提示过点，点击点 P1，提示角度，输 172（回车），作出直线 L4。提示已知直线，点击 X 坐标轴，提示过点，点击点 P1，提示角度，输 – 172（回车），作出直线 L3。提示已知直线，点击 Y 坐标轴，提示过点，点击点 P2，提示角度，输 8（回车），作出直线 L7，按 ESC 键，（回车）。

③ 作直线 L5、L6、L8。点击"作线",点击"点斜线",提示已知点,点击坐标原点,提示角度,输 30(回车),作出直线 L5。提示已知点,点击坐标原点,提示角度,输 60(回车),作出直线 L6。提示已知点,点击坐标原点,提示角度,输 – 30(回车),作出直线 L8。按 ESC 键,(回车)。

④ 作三切圆 C3、C4、C5、C6、C7。点击"三切圆",提示取第一条线,点击直线 L8,提示取第二个圆,点击 C1 圆周,提示取第三个圆,点击直线 L3,按任一键调整闪动蓝圆至 C3 位置时,(回车)作出三切圆 C3。点击"三切圆",提示取第一条线,点击直线 L3,提示取第二个圆,点击 C2 圆周,提示取第三条线,点击直线 L4,按任意键(回车键除外),调整闪动蓝圆至 C4 位置(回车),作出三切圆 C4。用相同方法可以作出三切圆 C5、C6、C7。

2) 取交点

图中有用的各切点处已有红点,所以不必再取交点。

3) 取轨迹

各三切圆与圆 C1 或圆 C2 相切处的红点应删去,以免增加圆弧轨迹的段数。点击"删辅线",点击五个多余的切点将其删去。按 ESC 键。

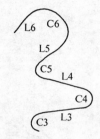

点击"取轨迹",从 C3 圆周开始按图形逆时针方向点击 C3、L3、C4、L4、C5、L5、C6、L6、C7,得到变色后的轨迹。按 ESC 键,点击"显轨迹",得到图 1.49 所示的单元图形。

4) 取图块

点击"变图块",点击"取图块(方块)",提示用鼠标给出图块范围,点击单元图形外左上角和右下角,单元图形必须在蓝线框内,点右下角时蓝框消失,单元图形变为蓝色,说明已变为图块。

图 1.49　由 C3、L1、C4、L2、C5、L3、C6、L4 组成的图段

5) 用图块旋转功能作出全图

点击"图块处理"菜单中的"旋转",提示循环次数,输 3(回车),提示给出每次旋转角度,输 90(回车),提示旋转中心,点击坐标原点,作出与图 1.48 要求一样的图形,按 ESC 键,点击"显轨迹",全图变为相同的轨迹颜色。

6) 排序

点击"排序",点击"自动排序",按 ESC 键,(回车)。

7) 显向

点击"显向",嘟的一声后,一个白圆圈沿切割方向及轨迹线走一圈。

九、综合图形

1.多种已知条件的圆和直线构成的图形

图 1.50 是由已知条件的各种类型的圆和已知条件的各种类型的直线构成的相对复杂一些的图形。其中圆的已知条件可分为以下 4 种:

① 已知圆 C1、C2、C3、C4、C5 的圆心和半径的心径圆;

② 已知圆 C7、C8 的圆心和圆周上一点坐标值的心点圆;

③ 已知圆 C6 是过点 P7 与圆 C6 相切的二切圆;

④ 已知圆 C9 的半径,不知其圆心,但知道它与圆 C5 和圆 C8 相切,也是二切圆。

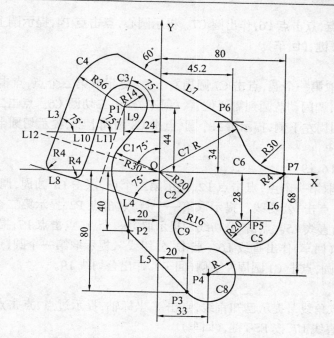

图1.50　综合图形

其中直线的已知条件可分为以下 5 种：

a.直线 L9 是圆 C1 和圆 C3 的公切线；

b.直线 L4 和 L5 过点 P2 分别与圆 C1、C8 相切，而 L6 是过点 P7 与圆 C5 相切的垂直线；

c.L7 是过点 P6 斜角为 150°的直线；

d.直线 L10、L3 需作一条过点 P1、斜角为 75°的辅助直线，将该辅助直线平移 14 得 L10，平移 36 后得 L3；

e.直线 L8 与辅助圆 C2 相切，斜角为 165°。

根据以上分析，下面的作图方法是先将各种圆都作出之后再作各条直线。

（1）作图

1）作圆 C1、C2、C3、C4、C5

这几个圆都是已知圆心坐标值和半径的"心径圆"，它们为：C1(0,0,30)；C2(0,0,20)；C3(-24,44,14)；C4(-24,44,36)；C5(60,-28,20)。

点击"作圆"，点击"心径圆"，提示圆(X0,Y0,R)，输 0,0,30(回车)，作出圆 C1，按提示逐个输入圆 C2、C3、C4、C5 的圆心坐标和半径，就能作出圆 C2、C3、C4、C5 各个心径圆。按 ESC 键。

2）先作出点 P2、P3、P4、P5、P6

各点坐标值为 P2(-20,-40)；P3(20,-80)；P4(33,-68)，P5(60,-28)；P6(45.2,34)；P7(80,0)。

点击"作点"，点击弹出子菜单中的"作点"，提示(X,Y)，输 -20,-40(回车)，作出点 P2，按提示输入 P3、P4、P5、P6、P7 各已知点的坐标值，即可作出各点。按 ESC 键，(回车)。

3）作圆 C7、C8

C7、C8 为已知圆心和圆周上一点的"心点圆"。点击"作圆"，点击"心点圆"，提示圆心，点击坐标原点,提示圆上点,点击点 P6,作出圆 C7。提示圆心,点击点 P4,提示圆上点,点击点 P3,作出圆 C8。按 ESC 键,(回车)。

4) 作二切圆 C6、C9

点击"二切圆",提示取第一个圆,点击 C7 圆周右上侧,提示取第二个点,点击点 P7,提示切圆半径,输 30(回车),调闪动蓝圆到需要位置,(回车)作出二切圆 C6。点击二切圆,提示取第一个圆,点击 C5 圆周左下侧,提示第二个圆,点击 C8 圆周上部,提示切圆半径,输 16(回车),作出二切圆 C9。

5) 作公切线 L4、L5、L6、L9

点击"公切线",提示取第一个点,点击点 P2,提示第二个点,点击 C1 圆周,调至所需位置,(回车)作出直线 L4。点击"公切线",提示取第一个点,点击点 P2,提示第二个圆,点击 C8 左下圆圈,(回车)作出直线 L5。点击"公切线",提示取第一个点,点击点 P7,提示取第二个圆,点击 C5 圆周右侧,(回车)作出直线 L6。点击"公切线",提示取第一个圆,点击 C3 圆周右下部,提示取第二个圆,点击 C1 圆周左上侧(回车),作出公切线 L9。

6) 作直线 L7

点击"作线",点击"点角线",提示已知直线,点击 Y 坐标轴,提示过点,点击点 P6,提示角度,输 60(回车),作出直线 L7,按 ESC 键,(回车)。

7) 作直线 L10、L3

先作一条过点 P1 与 X 坐标轴成 75° 的辅助线,再将其平移到 14 和 36,作出 L10 和 L3。点击"作线",点击"点角线",提示已知直线,点击 X 坐标轴,提示过点,点击点 P1,提示角度,输 75(回车),作出辅助线 L11。按 ESC 键,点击"一侧平行线",提示已知直线,点击直线 L11,提示取平行线所处一侧,点击 L10 左侧某点,提示平移距,输 14(回车),作出直线 L10,用同样方法提示平移距,输 36(回车),作出直线 L3。按 ESC 键,(回车)。

8) 作直线 L8

过坐标原点作一条与 Y 轴成 75° 的辅助直线 L12,向下平移 20 作出直线 L8。点击"作线",点击"点角线",提示已知直线,点击 Y 轴,提示过点,点击坐标原点,提示角度,输 75(回车),作出辅助线 L12,按 ESC 键。点击一侧平行线,提示已知直线,点击辅助线 L12,提示取平行线所处一侧,点击 L12 下侧某点,提示平移距,输 20(回车),作出直线 L8,按 ESC 键,(回车)。

(2) 作三个 R4 的过渡圆

用作二切圆的方法作三个 R4 的过渡圆,方法略。

(3) 取交点

将工件轮廓点的有用交切点补齐。

(4) 取轨迹

从点 P2 开始按图形逆时针方向取轨迹。点击"取轨迹",点击直线 L5 及其它圆弧和直线取轨迹,取 R4 过渡圆弧时,需把图放大,故需使用"缩放"和"移图"功能。

(5) 排序

点击"排序"和"自动排序",(回车)。

(6) 显向

点击"显向",小白圆从 C9 圆周起始处开始,按图形逆时针方向移动一周后,回到起点,这时的图形如图 1.51 所示。

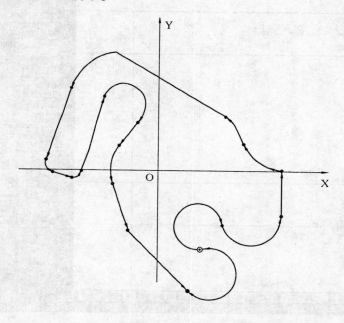

图 1.51　图 1.50 取轨迹显向完毕的图形

2.二切圆、三切圆及对称图形

图 1.52 为一个具有心径圆、三切圆、倒圆及几种直线的对称图形。作图时先作出 Y 坐标轴右边部分,取交点、取轨迹、取图块,再用轴对称作出左边部分。

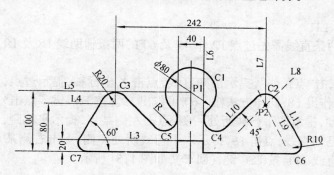

图 1.52　点角线及三切圆图形

（1）作图

1）作直线 L3、L4、L5、L6、L7

点击"作线",点击"一侧平行线",提示已知直线,点击 X 轴,提示取平行所处一侧,点击 X 坐标轴上部某点,提示平移距,输 20(回车),作出直线 L3,采用相同方法提示平移距,分别输 80 和 100,可作出直线 L4 及 L5。提示已知直线时,点击 Y 坐标轴,提示平移距,分别输 20 和 121,可作出直线 L6、L7。按 ESC 键,(回车),点击"满屏",刚才所作的直线 L7 全显在屏幕中,如图 1.53 所示。

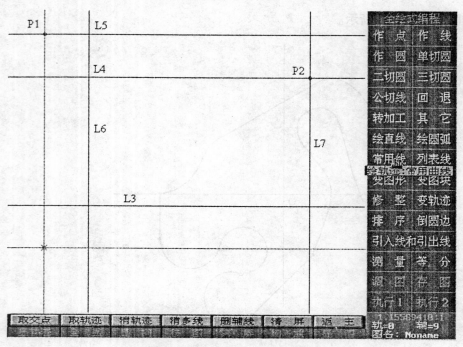

图 1.53 平行线 L3、L4、L5、L6、L7

2) 作圆 C1、C2

作圆之前,需要知道两圆心处的交点 P1、P2。点击"取交点",点击点 P1,点击点 P2,在圆心处出现一个红点。

点击"作圆",点击"心径圆",提示圆(X0,Y0,R),点击点 P1,接着输半径 40(回车)作出圆 C1,提示圆(X0,Y0,R),点击点 P2,接着输半径 20(回车)作出圆 C2。按 ESC,(回车)。点击"满屏"。

3) 作直线 L10、L11

L10 和 L11 这两条直线需先过点 P2 作 45°及 60°的两条辅助线 L8 及 L9,分别平移 20 后获得。

点击"作线",点击"点角线",提示已知直线,点击 X 坐标轴,提示过点,点击点 P2,提示角度,输 45(回车),作出 L8,同样方法输 – 60°可作出 L9。按 ESC 键。点击"--侧平行线",提示已知直线,点击 L8,提示取平行线所处一侧,点击左侧某点,提示平移距,输 20(回车),作出直线 L10。提示已知直线,点击 L9,提示取平行线所处一侧,点击右侧某点,提示平移距,输 20(回车),作出直线 L11,按 ESC 键,(回车),如图 1.54 所示。

4) 作三切圆 C4

圆 C4 的圆周与圆 C1、直线 L6 及直线 L10 相切,是 C/LLC 型三切圆。点击"三切圆",提示取第一个圆,点击 C1 圆周右下部,提示取第二条线,点击直线 L6,提示取第三条线,点击直线 L10,按 0 键将闪动的蓝圆调到所需位置,(回车)作出三切圆 C4,如图 1.55 所示。

5) 作 R10 的圆弧

用"二切圆"功能作 R10 的圆,点击"二切圆",提示取第一条线,点击 L11,提示取第二条线,点击 X 坐标轴,提示切圆半径,输 10(回车),把闪动蓝圆调到需求位置,(回车)作出二切圆。

6) 取图块

取图块之前需要取轨迹,取轨迹之前需先取交点。点击"取交点",点击各个有用的交切

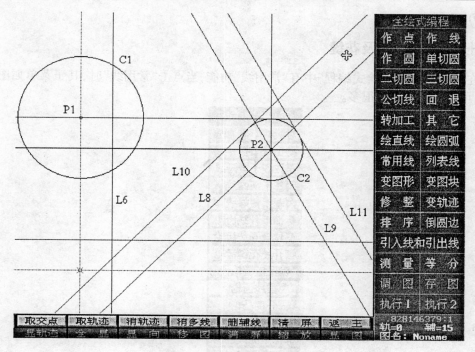

图 1.54　用点角线平移

点,取完交点后如图 1.55 所示。C4 圆与 L6 的
切点是多余的,应将它删去,点击"删辅线",点
击多余的点并将其删去,以免将该圆弧分为同
一圆周的两段轨迹。按 ESC 键。

　　点击"取轨迹",点击 C1 圆周,点击 C4 左下
圆弧,点击 L10、C2 顶部圆弧,点击 L11、X 坐标
轴,点击 L6 下部有用部分及 L3 的有用部分,使
其变为浅蓝或草绿色轨迹线,如图 1.55 中的描
粗的部分。

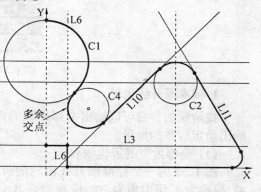

图 1.55　作出三切圆后并取完交点和轨迹

　　取图块,点击"变图块",点击"取图块(方
块)",提示用鼠标给出图块范围,点击图形外左
上角,往右下角移光标时,出现蓝色方框,待蓝
框框住轨迹图形后,点击图外右下角处,蓝框消
失,轨迹全变成蓝色,取图块完毕。

　　7) 用轴对称作出 Y 轴左边图形
　　点击"轴对称",提示给出对称轴,点击 Y
坐标轴,按 ESC 键,点击"满屏",点击"显轨迹",
得到图 1.56 所示的轨迹图形。

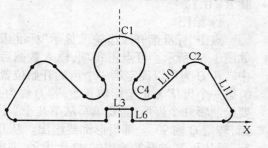

图 1.56　全部轨迹图形

　　8) 排序
　　点击"排序",点击"自动排序"。按 ESC 键,(回车)。

9) 显向

十、渐开线齿轮及花键

在 HF 软件的"全绘式编程"中有"常用线"功能,当点击"常用线"时,其子菜单如图 1.57 所示,可以看到其功能很多。

常 用 曲 线	
对数螺	椭 圆
抛物线	摆 线
正弦线	渐开线
阿基米德螺线 1	
阿基米德螺线 2	
标准渐开线齿轮	
变位渐开线齿轮	
渐开线花键齿轮	
滚子链链轮齿	
摆线齿轮	
分度凸轮	
三角花键或齿条	
非圆节曲线凸轮	
公式曲线(单行)	
公式曲线(多行)	
取曲线逼近精度	
退······出	

图 1.57　常用曲线菜单

1.标准渐开线齿轮

按给定的参数可以绘出全部齿数的齿形,也可以绘出给定齿数的齿形。

(1) 全部齿数的齿轮编程

图 1.58 为一个标准渐开线齿轮的齿形。齿数为 42,模数为 2,压力角为 20°,齿根倒圆 R = 0.8,齿顶倒圆 R = 0.1。

1) 绘图

点击"标准渐开线齿轮",显示"标准齿轮参数"表如图 1.59 所示。可点击每项,输入数据后(回车),其中转角 Q 为用以确定第一个齿的开始位置,若 Q 输为

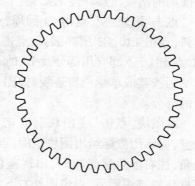

图 1.58　齿轮图形

0,第一个齿从 X 正坐标轴开始,若 Q 输为 90,则第一个齿从 Y 正坐标轴开始。为了说明需要绘制哪几个齿形,需要填写从第几个半齿到第几个半齿。本例要从 Y 正轴开始绘第一个齿,转角 Q 输 90,全部齿形都要绘出。从几个半齿,输 1,到几个半齿,输 84。点击"有效确定"显从正 Y 轴开始绘出的 42 个齿形,左上部列出了该齿轮的各项参数,如图 1.60 所示。

2) 显向

前面所绘出的图形已是排好序的轨迹图形,点击"显向",重绘一次图,小白圆圈从正 Y 轴左侧第一个齿开始逆时针方向移一圈后返回至起点。

后面可进行执行及后置处理。

标 准 齿 轮 参 数

1)外 齿 数	42	1)内 齿 数	
2)模 数	2	2)齿顶圆 R	
3)压 力 角	20		
齿根倒圆 R	.8	齿顶倒圆 R	.1
转角 Q	90		
从几个半齿	1	到几个半齿	84

无 效 退 出	有 效 确 定

图 1.59　标准渐开线齿轮参数表

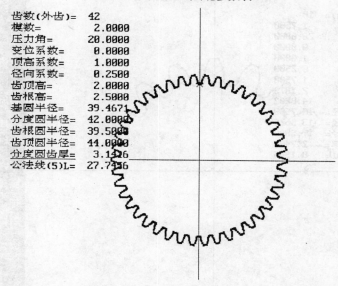

齿数(外齿)=　　42
模数=　　　　 2.0000
压力角=　　　20.0000
变位系数=　　 0.0000
顶高系数=　　 1.0000
径向系数=　　 0.2500
齿顶高=　　　 2.0000
齿根高=　　　 2.5000
基圆半径=　　39.4671
分度圆半径=　42.0000
齿根圆半径=　39.5000
齿顶圆半径=　44.0000
分度圆齿厚=　 3.1416
公法线(5)L=　27.7756

图 1.60　绘出 42 齿的标准渐开线齿形

2.扇形齿轮编程

图 1.61 是一个九个齿形扇形齿轮,该齿轮的模数为 1.75,齿数为 18,压力角为 20°,齿根倒圆 R = 0.8,齿顶倒圆 R = 0.1。

(1) 作图

1) 作九个齿形

点击"常用线",点击"标准渐开线齿轮",显示标准齿轮参数表,将各项参数填入后如图 1.62所示。填完后点击"有效确定",显示九个齿形图及各有关数据,如图 1.63 所示。

2) 绘圆弧 C1

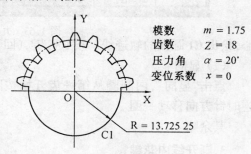

模数　　$m = 1.75$
齿数　　$Z = 18$
压力角　$\alpha = 20°$
变位系数 $x = 0$

R = 13.725 25

图 1.61　九个齿的扇形齿轮

点击"绘圆弧",点击"取轨迹新起点",提示新起点,点击第九个齿形与负 Y 轴的交点,点击"逆圆:终点 + 圆心",提示终点,点击第一齿与正 X 坐标轴的交点,提示圆心,点击圆

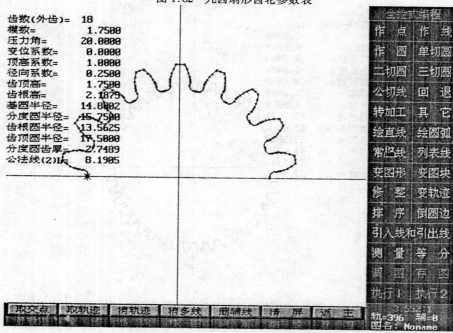

图 1.62　九齿扇形齿轮参数表

图 1.63　九齿扇形齿轮参数表

心,绘出 C1 圆弧的轨迹线。按 ESC 键,(回车)。

（2）显向

点击"显向",白圆圈从第一齿开始按图形逆时针方向移动一圈。

其余略。

3.渐开线内花键

图 1.64 是一个渐开线内花键,齿数 20,压力角 30°,模数 0.8,孔深 20。

在"常用线"功能中,有"渐开线花键齿轮"功能,专门用来绘制渐开线花键。

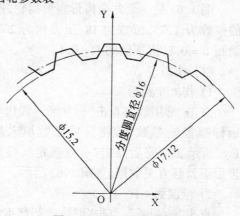

图 1.64　渐开线内花键

（1）绘图

点击"常用线"，点击"渐开线花键齿轮"，弹出"花键齿轮参数"表，如图 1.65 所示。按加工工件要求填好该表，点击"有效确定"，绘出图 1.66 所示的花键孔，左边显示有关数据。

花 键 齿 轮 参 数

齿　　　数	20	模　　　数	0.8
压　力　角	30		
4) 变 位 系 数	0	4) 分度弧齿厚	
内 径 半 径	15.2/2	外 径 半 径	17.12/2
渐开线起点半径	15.2/2	渐开线终点半径	17.12/2
内 径 倒 圆 R	.1←	外 径 倒 圆 R	.1
转　角　Q	0		
从第几个半齿	1	到第几个半齿	40

| 无 效 退 出 | 有 效 确 定 |

图 1.65　花键齿轮参数表

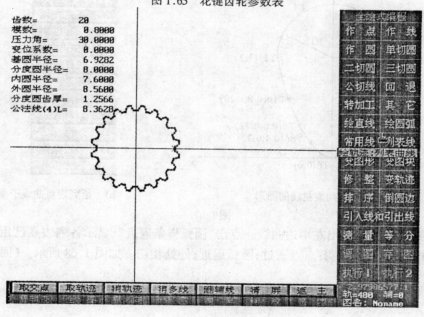

```
齿数=          20
模数=          0.8000
压力角=        30.0000
变位系数=       0.0000
基圆半径=       6.9282
分度圆半径=     8.0000
内圆半径=       7.6000
外圆半径=       8.5600
分度圆齿厚=     1.2566
公法线(4)L=    8.3628
```

图 1.66　绘出的花键孔及数据

（2）显向

点击"显向"，白色小圆圈从 X 坐标轴正半轴开始沿图示轨迹的逆时针方向移动一周后回到起点。

十一、列表曲线、椭圆和多边形

1.列表曲线

列表曲线就是用已知的一系列列成表格的坐标点绘制出的曲线。列表点数据可用直角坐标表达,也可用极坐标表达。

(1) 直角坐标表达的列表曲线

表 1.5 是一条列表的列表点直角坐标值。

表 1.5　一条列表曲线的直角坐标值

列表点编号	T1	T2	T3	T4	T5	T6	T7	T8	T9	T10	T11
X	-1	-0.8	-0.6	-0.4	-0.2	0	0.2	0.4	0.6	0.8	1
Y	2	1.28	0.72	0.32	0.08	0	0.08	0.32	0.72	1.28	2

图 1.67(a)中除列表曲线外,还有一个 R = 1 的半圆。

1) 绘图

① 输入并存列表点。点击"列表线",弹出图 1.67(b)所示的"绘列表点曲线"子菜单。点击"输入列表点",提示第一点坐标(X,Y),输 -1,2(回车),按提示输入 T2 ~ T6 各点数据,按 ESC 键。要存已输入的列表点数据,点击"存列表点文件",提示给出要存的列表点文件名,输 Litu1.66(回车)。

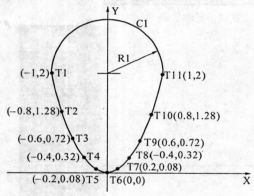

(a)　含列表曲线的图形　　　　　　(b)　绘列表点曲线子菜单

图 1.67

② 给逼近精度并绘出左半边曲线。点击"圆弧样条逼近",显示各列表点已用圆弧样条逼近绘出的曲线,右边说明:点点通过;圆弧逼近;处处相切。如图 1.68 所示。(回车)。

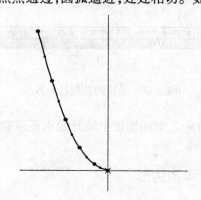

图 1.68　左半边列表曲线

③ 变图块及轴对称。点击"变图块",点击"取图块(方块)",提示用鼠标给出图块范围,点击图外左上角和右下角,曲线变为蓝色图块。点击"轴对称",提示给出对称轴,点击Y坐标轴,按ESC键,点击"满屏",屏幕上显示全部列表曲线的轨迹线,此时若点击"显向",白圆圈从左上端移动到坐标原点,又从右上端开始移动到坐标原点,这不合乎切割顺序要求,必须进行自动排序。

2) 排序

点击"排序",点击"自动排序",(回车)。

3) 显向

点击"显向",白圈从左上端按图形逆时针方向下移至坐标原点,又上移至右上端点停止。

(2) 极坐标表达的列表曲线

图1.69所示为凸轮上点P1至点P2之间这段的列表曲线,其列表点如表1.6所示。

表1.6　图1.69中点P1和点P2的极坐标列表点

极径 ρ/mm	16.4	16.2	15.1	14	12.9	11.9	10.9	9.9	8.9	7.9	6.9
极角 θ/(°)	72.25	75	90	105	120	135	150	165	180	194.75	209.5

1) 绘图

① 绘列表点曲线:

a.输入点P1至点P2之间的各列表点,极坐标的点坐标值输入方法为,在每个点的数据之前先输@接着输极径 ρ,ρ 之后应有逗点,最后输极角 θ 之值,即@ ρ,θ(回车)。

点击"列表线",点击"输入列表点",提示第一点坐标,输@16.4,72.25(回车),提示第二点,用输第一点的相同方法输第二~十一点的极坐标值。按ESC键,显示出输入的全部列表点。(回车),点击"满屏"。

b.显示绘出的列表曲线,点击"列表线",点击"圆弧样条逼近",绘出了列表曲线。(回车)。

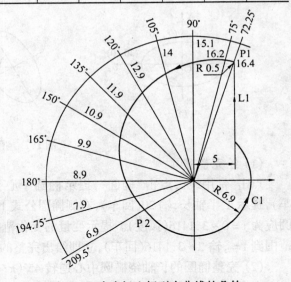

图1.69　含有极坐标列表曲线的凸轮

② 作圆C1。点击"作圆",点击"心径圆",提示圆(X0,Y0,R),输0,0,6.9(回车),作出圆C1。按ESC键,(回车)。

③ 作直线L1。点击"作线",点击"点角线",提示已知直线,点击X坐标轴,提示过点,点击点P1,提示角度,输90(回车),作出直线L1。按ESC键,(回车)。点击"满屏"。

(2) 取交点

点击"取交点",点击圆C1和直线L1的上交点。(回车)。

3）取轨迹及显轨迹

点击"取轨迹"，点击 C1 有用的圆周，点击 L1 有用的直线段，使其变为轨迹线。按 ESC 键。点击"显轨迹"，显示如图 1.70 所示的轨迹线。

4）排序

点击"排序"，点击"自动排序"。

5）显向

点击"显向"，白圆圈由点 P1 按图形逆时针方向移动一圈回到点 P1。

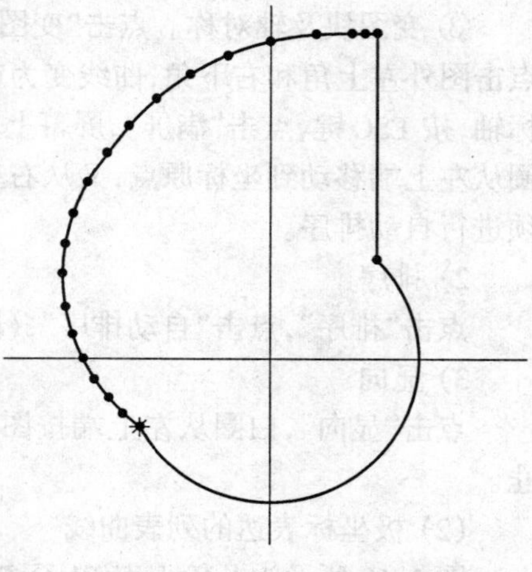

2.椭圆

HF 软件有专门绘椭圆的功能。

已知一椭圆，长半轴 $a = 30$ mm，短半轴 $b = 20$ mm，绘制三种椭圆（图 1.71）。第一种是完整椭圆，

图 1.70　极坐标列表曲线的凸轮轨迹

长轴与 X 坐标轴重合，第二种长轴旋转 45°；第三种是长轴与 X 坐标轴重合，但起始角为 45°，终止角为 315°的不完整椭圆弧。

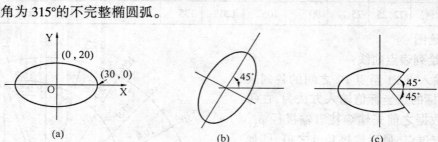

图 1.71　椭圆

（1）绘完整椭圆

点击"常用线"，点击"椭圆"，提示椭圆中心，点击坐标原点，提示 X 半轴长，输 30（回车），提示 Y 半轴长，输 20（回车），右侧椭圆公式下面，说明参变量 t 以弧度计，一个完整的椭圆应为 t = 0 ~ 3.1416（弧度）。提示变量的变化范围：从 t = ，故输 0（回车），提示变量的变化范围到 t = ，输 2 * 3.1416（回车），立即绘出完整的椭圆。

（2）完整椭圆的长轴绕椭圆中心逆转 45°（π/4）

点击"清屏"，点击"常用线"，点击"椭圆"，提示椭圆中心，点击坐标原点，提示 X 半长轴，输 30（回车），提示 Y 半长轴，输 20（回车），提示变量的变化范围：从输 0（回车），提示到，输 2 * 3.1416（回车），绘出 X 坐标轴未旋转的椭圆。

用取图块及旋转来使椭圆旋转 45°，点击"变图块"，点击"取图块"，提示用鼠标给出图块范围，点击图形外左上角和右下角，椭圆变为蓝色图块。点击"旋转"，提示旋转次数，输 1（回车），提示给出每次旋转角度（度），输 45（回车），提示旋转中心，点击坐标原点，绘出 X 长轴逆转 45°后的椭圆，但图块的椭圆还存在，应将原来图块消去。点击"消图块"，只显示转 45°后的椭圆。按 ESC 键。

（3）绘起始角为 45°（π/4），终止角为 135°[（1 + 3/4）π]的椭圆

点击"清屏"，点击"常用线"，点击"椭圆"，提示椭圆中心，点击"坐标原点"，提示 X 半轴

长,输 30(回车),提示 Y 半轴长,输 20(回车),提示变化范围:从,此时的 t 应用弧度输入。输 3.1416/4(回车),提示到,输 7 * 3.1416/4(回车),显示出图 1.71 中的第三种椭圆,按 ESC 键。点击"清屏"。

3.多边形

在 HF 软件的"绘直线"功能中有"多边形"功能。单击"绘直线",弹出图 1.72 所示的绘直线子菜单,点击"多边形",提示外切多边形(1)/内接多边形(2)/一般多边形(3)。图 1.73 为内接多边形,外接圆半径为 R20。

图 1.72　绘直线子菜单

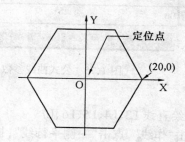

图 1.73　六边形

（1）绘图

点击"绘直线",点击"多边形",根据提示应输 2(回车),提示已知圆(X0,Y0,R),输 0,0,20(回车),提示几边形,输 6(回车),绘出所要求的六边形。按 ESC 键,(回车)。

十二、公式曲线

公式曲线就是用数学表达式表达的曲线

点击"常用线"弹出图 1.57 所示的常用曲线菜单,点击"公式曲线(单行)",就可进行绘图。

1. $Y = 12.5 \times 3.1416 \times (X/50)^{3.521}$公式曲线的图形

图 1.74 所示图形即为该方程的曲线。

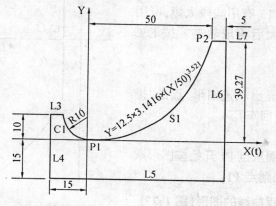

图 1.74　$Y = 12.5 \times 3.1416 \times (X/50)^{3.521}$曲线的图形

（1）绘图

1）绘方程曲线

点击"公式曲线（单行）"，弹出图 1.75 所示的公式曲线参数表。把有关参数填入该表后，点击"有效确定"，就绘出该曲线，如图 1.76 所示。

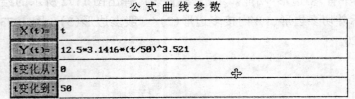

公 式 曲 线 参 数

X(t)=	t
Y(t)=	12.5*3.1416*(t/50)^3.521
t变化从：	0
t变化到：	50

无 效 退 出　　　有 效 确 定

图 1.75　公式曲线参数表

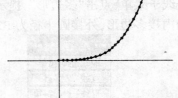

图 1.76　绘出的 $Y = 12.5 * 3.1416 * (t/50)^{3.521}$ 曲线

2）绘直线 L3、L4、L5、L6、L7

点击"作线"，点击"一侧平行线"，提示已知直线，点击 X 坐标轴，提示取平行线所处一侧，点击 X 坐标轴下边，提示平移距，输 15（回车），作出直线 L5，用同样方法，X 坐标轴向上平移 10 及 39.27，Y 坐标轴左移 15，右移 55，就可作出直线 L3、L7、L4、L6。按 ESC 键，（回车）。

3）绘圆 C1

点击"作圆"，点击"心径圆"，提示圆（X0，Y0，R），输 0，10，10（回车），作出圆 C1。按 ESC 键，（回车）。

（2）取交点

点击"取交点"，点击各个有用交点处，按 ESC 键。

（3）取轨迹

所绘出的公式曲线已是轨迹线，不取轨迹。点击"取轨迹"，点击圆 C1 及 L3、L4、L5、L6、L7 的图形上的线段，L3 和 L7 有用线段太短，可用"缩放"功能将图形放大后再取轨迹。按 ESC 键。

（4）显轨迹及排序

点击"显轨迹"，只显出轨迹图形，点击"排序"，点击"自动排序"，（回车）。

（5）显向

点击"显向"，小白圈从点 P1 开始按图形顺时针方向移动一圈后回到点 P1。

2. 含 $Y = 10\sqrt{X}$ 方程曲线的图形（图 1.77）

先绘方程曲线，再绘其它直线。

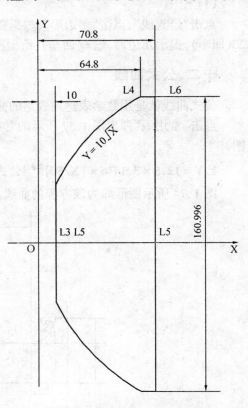

图 1.77　含 $Y = 10\sqrt{X}$ 方程曲线的图形

（1）绘图

1）绘 $Y = 10\sqrt{X}$ 的方程曲线

点击"常用线"，点击"公式曲线（单行）"，弹出公式曲线参数表，如图1.78所示，填完如该图中所示的数据之后，点击"有效确定"绘出的曲线，如图1.79所示。

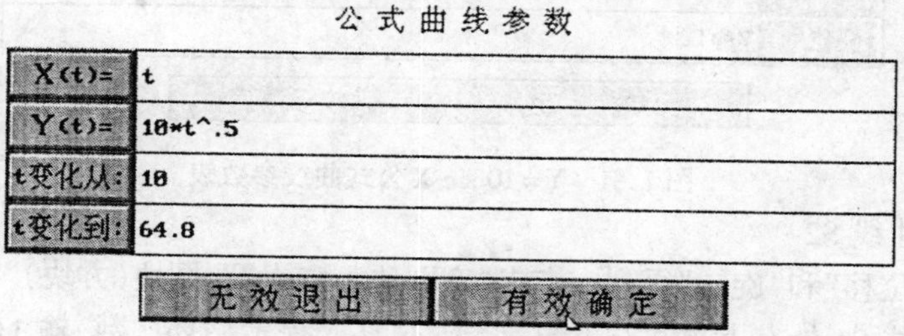

公 式 曲 线 参 数

X（t）=	t
Y（t）=	10*t^.5
t变化从:	10
t变化到:	64.8

| 无 效 退 出 | 有 效 确 定 |

图1.78　公式曲线参数表

2）对称作第四象限的方程曲线

单击"变图块"，单击"取图块"，提示用鼠标给出图块范围，点击图外左上角和右下角，方程曲线变为蓝色，点击"轴对称"，提示给出对称轴，点击 X 轴，绘出对称后的方程曲线。（回车）。

3）作直线 L3、L4、L5、L6

点击"作线"，点击"一侧平行线"，提示已知直线，点击 Y 坐标轴，提示取平行线所处一侧，点击 Y 坐标轴右侧某点，提示平移距，输10（回车），作出直线 L1，用同样方法将 Y 坐标轴平移64.8及70.8，作出 L4 和 L5，将 X 坐标轴用两侧平行线功能可以作出 L6 及其与 X 坐标轴对称的直线。按 ESC 键，（回车）。

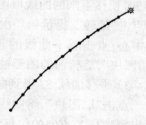

图1.79　绘出的 $Y = 10\sqrt{X}$ 的方程曲线

4）取交点

点击"取交点"，点击图形上各交点。按 ESC 键。

5）取轨迹

点轨"取轨迹"，点迹直线 L3、L4、L5 和 L6 的有用轨迹。点击"显轨迹"，显出全部轨迹线。

6）排序

点击"排序"，点击"自动排序"，（回车）。

7）显向

点击"显向"，白圈从上部的方程曲线左端开始顺时针移动一圈回起点。点击"清屏"。

3．含 $Y = 10\sin X$ 的图形（图1.80）

（1）绘图

1）绘正弦曲线 S1

点击常用线，点击"公式曲线（单行）"，弹出

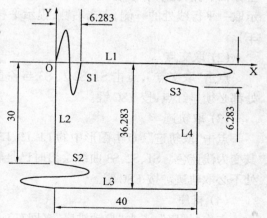

图1.80　含 $Y = 10\sin X$ 正弦曲线的图形

公式曲线参数表，如图1.81所示。按图形数据填入该表，表中 t 变化到 2π 弧度可用 2 * 3.1416或 2 * Pi 均可。填完表后点击"有效确定"，等一会就绘出坐标原点处的正弦曲线 S1。

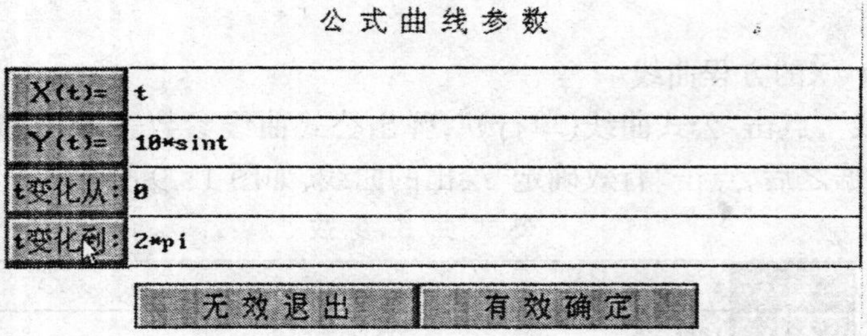

公式曲线参数

X(t)=	t
Y(t)=	10*sint
t变化从:	0
t变化到:	2*pi

无效退出	有效确定

图 1.81　Y = 10 sin X 公式曲线参数表

2) 绘正弦曲线 S2

用取图块"位移"和"旋转"得到。点击"变图块",点击"取图块(方块)",提示用鼠标给出图块范围,点曲线 S1 外左上角和右下角,点击"位移",提示循环次数,输 1(回车),提示给出每次在 X 方向的位移值,输 0(回车),提示给出每次在 Y 方向的位移值,输 - 30(回车),S1 下移 30,使移下来的曲线取图块并旋转 - 90°。点击"取图块(方块)",把移下的曲线取图块,之后点击"旋转",提示循环次数,输 1(回车),提示给出每次旋转角度,输 - 90(回车),提示旋转中心,点击移下曲线的起点,绘出曲线 S2,但旋转前的图块还存在,需要消去图块,点击"消图块",旋转前的图形被消去了,S1 图块变为轨迹图。

3) 平移曲线 S2 得到曲线 S3

点击"取图块",将曲线 S2 取为图块,之后点击"位移",提示循环次数,输 1(回车),提示给出每次在 X 方向的位移值,输 40(回车),提示给出每次在 Y 方向的位移值,输 30(回车)绘出曲线 S3,按 ESC 键。点击轨迹,S1、S2 和 S3 均显轨迹图形。

4) 作直线 L1、L2、L3、L4

HF 软件把 X 坐标轴默认为 L1,把 Y 坐标轴默认为 L2,因此,只需作直线 L3、L4。点击"作线",点击"一侧平行线",提示已知直线,点击 X 坐标轴,提取平行线所处的一侧,点击 X 坐标轴下侧,提示平移距,输 36.283(回车),作出直线 L3。提示已知直线,点击 Y 坐标值,提示取一平行线处的一侧,点击右侧,提示平移距,输 40(回车),作出直线 L4。按 ESC 键,(回车)。

(2) 取交点

点击"取交点",点击 S1、S2 及 S3 与各直线的交点处及 L3 和 L4 的交点,注意每个交点处都必须显红点,按 ESC 键。

(3) 取轨迹

点击"取轨迹",点击图形中的 L1、L2、L3 和 L4,使其变为浅蓝色。S1、S2、S3 曲线绘出时已是轨迹线,此处不必取轨迹。按 ESC 键。

(4) 排序

点击"排序",点击"自动排序",(回车)。

(5) 显向

点击"显向",小白圈由坐标原点开始,按图形顺时针方向移动一圈回到起点,如图 1.82 所示。

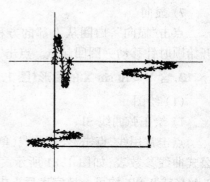

图 1.82　自动排序显向后的图形

1.5　HF 控制系统

在"全绘编程"菜单(图 1.4)中点击"转加工"或在系统主菜单(图 1.3)中点击"加工",就显示图 1.83 的加工界面。现对界面中的各项功能作简单介绍。

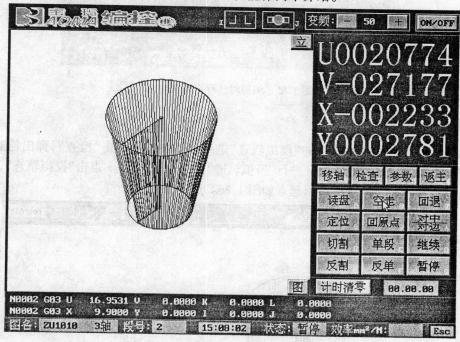

图 1.83　HF 编程控制系统加工界面

一、读盘

要进行加工切割,必须在全绘图编程环境下或[异面合成]下,生成加工文件。文件名的后缀为"2 轴或 2NC"、"3 轴或 3NC"、"4 轴或 4NC"。有了这些文件,就可以选择[读盘]这一项,将要加工的文件进行相应的数据处理,然后就可以加工了。

对某一加工文件"读盘"后,只要不改变参数表里的参数,下次加工时,就不需要第二次"读盘"。

对 2 轴文件"读盘"时,速度较快,对 3 轴和 4 轴文件"读盘"时,时间要稍长一些。可以在屏幕下方看到进度指示。

该系统在读盘时,也可以处理 3B 格式加工单。3B 格式加工单可以在[后置]的[其它]中生成,也可直接在主菜单[其它]的[编辑文本文件]中编辑。当然也可以读取其它编程软件所生成的 3B 格式加工单。

单击"读盘",即图 1.84 所示的菜单,点击"读 G 代码程序",弹出图 1.85 所示的在编程时已存好的要加工图形的文件名。想要加工哪个图形,就点击要加工图形的文件名,该图形被调入加工界面中并显示出来。

读 G 代码程序
读 3 B 式程序
读 G 代码程序(旋转)
读 3 B 式程序(旋转)
退　　出

图 1.84　读盘菜单

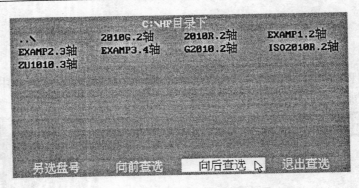

图 1.85　编程时已存好的文件名

二、模拟轨迹

读盘后可用"检查"功能中的"模拟轨迹"进行模拟加工。点击"检查",弹出检查界面。可以"显加工单"、显"加工数据"、进行"模拟轨迹"、"回 0 检查"等。点击"模拟轨迹",用红线由起割点沿切割轨迹描一圈后回起点如图 1.86。点击"回退"。

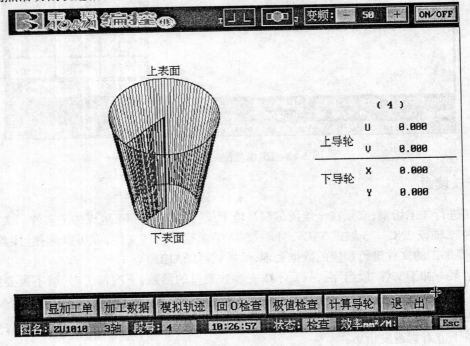

图 1.86　检查界面中模拟轨迹后的图形

三、自动切割

自动切割有六种(图 1.83)。分[切割]、[单段]、[反割]、[反单]、[继续]、[暂停]。

[切割]即正向切割;[单段]即正向单段切割;[反割]即反向切割;[反单]即反向单段切割。在自动切割时,[切割]和[反单]及[反割]和[反向]可相互转换。

[继续]是按上次自动切割的方向继续切割。

[暂停]是中止自动切割,在自动切割方式下,"ESC"键不起作用。

自动切割时,其进给速度是由变频数来决定的,变频数大,进给速度慢。变频数小,进给速快。变频数变化范围从 1～255。在自动切割前或自动切割过程中均可改变频数。按"－"键变频数变小;"按＋"键,变频数变大。改变变频数,均用鼠标操作,按鼠标左键,按 1 递增或递减变化,按鼠标右键,则按 10 递增或递减变化。

在自动切割时,如遇到短路而自动回退时,可按 F5 键中断自动回退。

在自动切割时,可同时进行全绘式编程或其它操作,此时,只要选[返主]便回到系统主菜单,便可选择"全绘编程"或其它选项。

在全绘编程环境下,也可随时进入加工菜单。如仍是自动加工状态,那么屏幕上将继续显示加工轨迹和有关数据。

四、空走

空走分正向空走、反向空走、正向单段空走和反向单段空走。空走时,可按"ESC"键即中断空走。

五、回退

回退即手工回退,手工回退时,可按"ESC"键中断。手工回退的方向与自动切割的方向是相对应的,即:如果在回退之前是正向切割,那么,回退则沿着反向走。

六、定位

1.确定加工起点

对某一文件[读盘]后,将自动定位到加工起点。但是,如果在将一个工件加工完毕,又要从头再加工一个,就必须用[定位]来定位到起点。[定位]还可定位到终点,或某一段的起点。

必须说明,如果在加工的中途停下,又要继续加工,不必用[定位]。可用[切割]、[反割]、[继续]等选项继续进行未完的过程。[定位]对空走也适用。

2.确定加工结束点

在正向切割时,加工的结束点一般为报警点或整个轨迹的结束点。

在反向切割时,加工的结束点一般为报警点或整个轨迹的开始点。

加工的结束点可通过定位的方法予以改变。

3.确定是否保留报警点

加工起点、结束点、报警点在屏幕上均有显示。

七、回原点

将 X、Y 拖板和 U、V(如果是四轴)拖板自动复位到起点,即(0,0)。按"ESC"键,可中断复位。

八、对中和对边

HF 控制卡设计了对中和对边的有关线路,机床上不需要另接有关的专用线路了。在夹具绝缘良好的情况下,可实现此功能。对中和对边时有拖板移动指示,可按"ESC"键中断对边和对中。采用此项功能时,钼丝的初始位置与要碰撞的工件边沿的距离不得小于 1 mm。

九、显示图形

在自动切割、空走和模拟时均跟踪显示轨迹。

在自动切割时,可同时对显示的图形进行放大、缩小和移动等操作。在四轴加工时,还可进行平面显图和立体显图切换。

十、检查

检查两轴时的显示与四轴检查时的显示有一部分不相同。

两轴显示如图 1.87 所示。

显加工单	加工数据	模拟轨迹	回 0 检查	退　出

图 1.87　两轴检查时的显示项目

四轴显示如图 1.88 所示。

显加工单	加工数据	模拟轨迹	回 0 检查	极值检查	计算导轮	退　出

图 1.88　四轴检查时的显示项目

下面作简单说明。

〔显加工单〕　可显示 G 代码加工单(两轴加工时也可显示 3B 加工单)。

〔加工数据〕　在四轴加工时,不但显示上表面和下表面的图形数据,同时还显示"读盘"时用到的参数和当前参数表里的参数,看其是否一致,以免误操作。

〔模拟轨迹〕　模拟轨迹时,拖板不动作。

〔回零检查〕　按照习惯,将加工起点总是定义为原点(0,0),而不管实际图形的起点是否为原点。这便于对封闭图形进行回零检校。

〔极值验算〕　在四轴加工时可检查 X、Y、U、V 四轴的最大值和最小值。显示极值的目的,是了解四轴的实际加工范围是否能满足该工件的加工要求。

由此可见,在四轴加工时,"加工数据"和"极值检查"所显示的内容是有区别的。还应当知道,UV 拖板总是相对于 XY 拖板动作,因此,UV 值也是相对于 XY 的相对值。

〔计算导轮〕　系统对导轮参数有反计算功能,如图 1.89 所示。

导轮的几个参数(即上下导轮距离、下导轮到工作台面距离、导轮半径)对四轴加工,特别对大锥度加工的影响十分显著。这些参数不是事先能测量准确的,可以用反计算功能来计算修正这些参数。

此外,根据理论推导和实验检验,还可以通过对于一个上小下大的圆锥体形状的判别来修正导轮的距离,一般规则为:

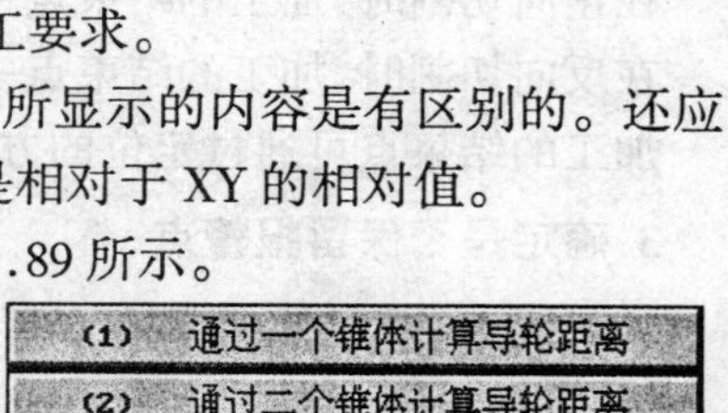

图 1.89　对导轮参数的反计算

若圆锥体的上圆呈现"右大左尖"的形状,则应改大上下导轮的距离;反之,若上圆呈现"左大右尖"的形状,则应改小上下导轮的距离。

若圆锥体的上圆偏大,则应改小下导轮到工作台面的距离;反之,则改大下导轮到工作台面的距离。

十一、移轴

可手动移动 XY 轴和 UV 轴,移动距离有自动设定和手工设定。如图 1.90 所示。

要自动设定,则选"移动距离",其距离为 1.00,0.100,0.010,0.001。

要手动设定,则选"自定移动距离",其距离需按键盘输入。

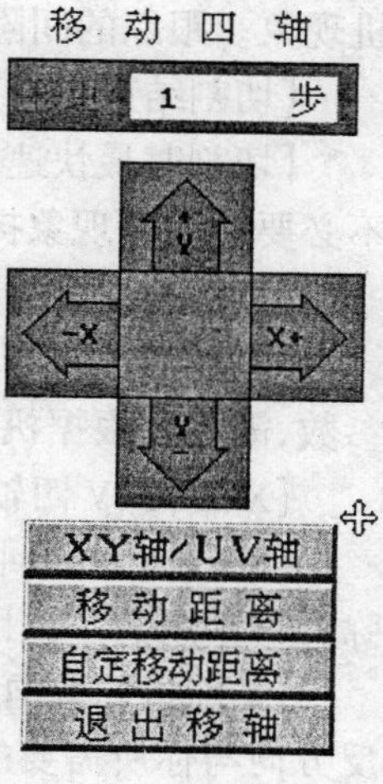

十二、参数设置

[参数]一栏是为用户设置加工参数的。点击"参数",弹出图1.91所示的菜单。

进行锥度加工和上下异形面加工时(即四轴联动时),需要对"上导轮和下导轮距离"、"下导轮到工作台面距离"、"导轮半径"这三个参数进行设置。四轴联动时(包括小锥度)均采用精确计算,即考虑到了导轮半径对 X、Y、U、V 四轴运动所产生的轨迹偏差。平面加工时,用不到这三个参数,任意值都可。

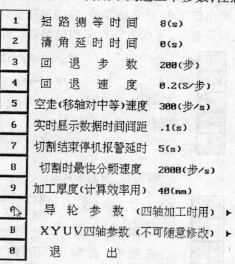

图 1.90　移动四轴

1	短 路 测 等 时 间	8(s)
2	清 角 延 时 时 间	0(s)
3	回 退 步 数	200(步)
4	回 退 速 度	0.2(S/步)
5	空走(移轴对中等)速度	300(步/s)
6	实时显示数据时间间距	.1(s)
7	切割结束停机报警延时	5(s)
8	切割时最快分频速度	2000(步/s)
9	加工厚度(计算效率用)	40(mm)
A	导 轮 参 数 （四轴加工时用） ▶	
B	X Y U V 四轴参数 （不可随意修改） ▶	
0	退 　 出	

图 1.91　设置各项加工参数的表

[短路测等时间]　此项为判断加工有否短路现象而设置,通常设定为 5～10 s。

[清角延时时间]　是为段与段间过渡延时用的,目的是为了改善拐角处由于电极丝变曲造成的轨迹偏差。系统默认值为 0。

[回退步数]　加工过程中产生短路现象,则自动进行回退。回退的步数则由此项决定。手动回退时也采用此步数。

[回退速度]　此项适用于自动回退和手动回退。

[空走速度] 空走时、移轴时、回原点时、对中心或对边时,由此项决定。

[实时显示数据时间] 此项必须设置。此为自动加工时,系统对加工轨迹的实时跟踪,并显示数据的间隔时间。一般地说,计算机主频高时,跟踪的间隔时间可短些;主频低时,跟踪的间隔时间可长些。如果计算机主频较低,而跟踪的间隔时间又短,那么,则可能产生死机现象。跟踪的间隔时间应在 0.05～1 s 之间。

[切割结束停机报警延时] 工件加工完时,报警提示时间,可自行设置。

[切割时最快速度] 在加工高厚度和超薄工件时,由于采样频率的不稳定,往往会出现不必要的短路现象提示。对于这一问题,可通过设置最快速度来解决。

[加工厚度] 计算加工效率需设置加工零件的厚度。

[导轮参数] 此项有导轮类型、导轮半径、上下导轮间距离、下导轮到工作台距离四个参数,需用户根据机床的情况来设置。

[X、Y、U、V 四轴系数] 此项必须设置。而且只需设置一次(一般由机床厂家设置)。

[XY 轴齿补量] 这一项是选择项,是针对由机床的丝杠齿隙发生变化的情况下,作为弥补误差用的。选用此项必须对齿隙进行测量,否则将会影响到加工精度。

[X 拖板的取向]、[Y 拖板的取向]、[U 拖板的取向]、[V 拖板的取向] 如果某轴的正反方向与你所需要的相反,则选择此项(一般由机床厂家设置)。

在加工过程中,有些参数是不能随意改变的。因为在[读盘]生成加工数据时,已将当前的参数考虑进去。比如,加工上、下异形面时,已用到"两导轮间距离"等参数,如果在自动加工时,改变这些参数,将会产生矛盾。在自动加工时,要修改这些参数,系统将不予响应。

点击"导轮参数"时,弹出图 1.92 所示的菜单,在四轴联动时,可用以调整有关参数。当需要对 X、Y、U、V 轴作某些调整时,可点击"XYUV 四轴参数",弹出图 1.93。

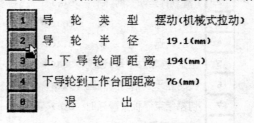

1	导 轮 类 型	摆动(机械式拉动)
2	导 轮 半 径	19.1(mm)
3	上 下 导 轮 间 距 离	194(mm)
4	下导轮到工作台面距离	76(mm)
0	退 出	

图 1.92 导轮参数表

1	XYUV四轴类型	XY:3相6拍 UV:3相6拍
2	X Y 轴 齿 补 量	0, 0(μm)
3	X 拖 板 的 取 向	不反向
4	Y 拖 板 的 取 向	不反向
5	U 拖 板 的 取 向	不反向
6	V 拖 板 的 取 向	不反向
0	退 出	

图 1.93 X、Y、U、V 轴调整

1.6　加工平面图形实例

以图 1.48 三切圆图形为例,该图形在前面已绘出图形的轨迹,并"显向"完毕。但未作引入引出线。这时从加绘引入引出线开始。

1.作引入引出线

点击"引入和引出线",点击"作引线(端点法)",提示引入线的起点,这是一个凸件,根据具体情况,可把穿丝孔中心钻在 16,42 位置,故输 16,42(回车),提示引入线的终点,点击左下角最近的一点,显示出起点和引入引出线。按 ESC 键。

2.后置处理

点击"执行 2",要求输入间隙补偿值,输 0.1(回车),点击弹出菜单中的"后置",弹出后置处理菜单,点击"显示 G 代码加工单(无锥)",显示出 2 轴无锥 G 代码。(回车)、(回车)。

3.G 代码加工单存盘

点击"G 代码加工单存盘(无锥)",提示请给出存盘文件名,输 C:Sanqir63(回车)、(回车)返回系统主菜单。

4.进入加工界面及读盘

点击"加工"进入图 1.83 所示的加工界面。

点击"读盘",点击"读 G 代码程序",显示 C:盘中所存的各个工件的文件名,找到刚才所存的 Sanqir63.2 轴文件名,点击该文件名,提示稍等并显示调文件的进行过程,调完之后显示带引入引出线的图形。

5.模拟轨迹

点击"检查",点击"模拟轨迹",从起点开始用红线画出整个加工轨迹并回到起点。

6.空走

空走与模拟轨迹不同之处,模拟轨迹是在无图的面上绘出图,空走是在已有的浅蓝色图线上描成粗红线图形。

7.自动切割加工

切割前必须将工件调整至穿丝孔位置,穿丝后,要自动找中心之后,开走丝、开工作液并使步进电动机锁住,打开高频脉冲电源,点击"切割"就可以进行自动加工。在切割加工过程中能适时跟踪显示钼丝的加工轨迹。X、Y 坐标值的变化情况是按程序并顺序移动显示。切割加工完毕的图形如图 1.94 所示。

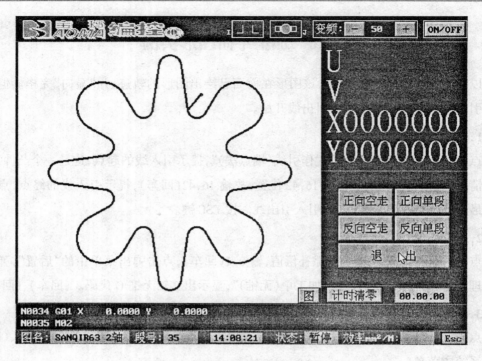

图 1.94　切割加工完毕显示的图形

1.7　加工锥度实例

现要加工一个图 1.95 所示的锥孔,其小端在下,锥孔的斜角(单边锥度)α = 10°。

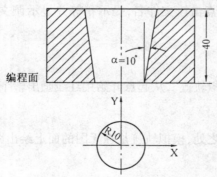

图 1.95　加工锥孔的图形

1.作图

点击"作圆",点击"心径圆",提示圆(X0,Y0,R),输 0,0,10(回车),作出 R = 10 的圆。按 ESC 键,(回车)。

2.取轨迹

作出的辅助圆需取轨迹之后才能作引入线和引出线,取轨迹之前必须先在圆与 X 坐标轴正轴相交处取交点,否则无法取轨迹。

点击"取交点",点击该交点处。点击"取轨迹",点击圆周上某点,圆周变为轨迹线。按

ESC 键。

3.作引入线和引出线

点击"引入线和引出线",点击"作引线(端点)",提示引入线的起点,输 0,0(回车),提示引入线的终点,输 10,0(回车),提示尖角修圆,(回车),作出引入、引出线,并用红箭头在孔内显示出逆时针切割方向,提示确定该方向按鼠标右键,按鼠标右键即可,(回车)。

4.存轨迹图

点击"存图",点击"存轨迹图",提示存入轨迹线的文件名,输 ZUX10(回车),(回车)。

5.后置处理

点击"执行 2",显文件名并要求输间隙补偿值 f,输 0.1(回车),显示补偿后的图形。点击"后置",显示图 1.96 所示的后置处理菜单,点击"生成锥度加工单",显示生成锥体菜单,如图 1.97 所示,点击"给出锥体的锥度和厚度",按提示倒锥输 −10(回车),提示工件厚度,因基准图形在下面输 40(回车)。

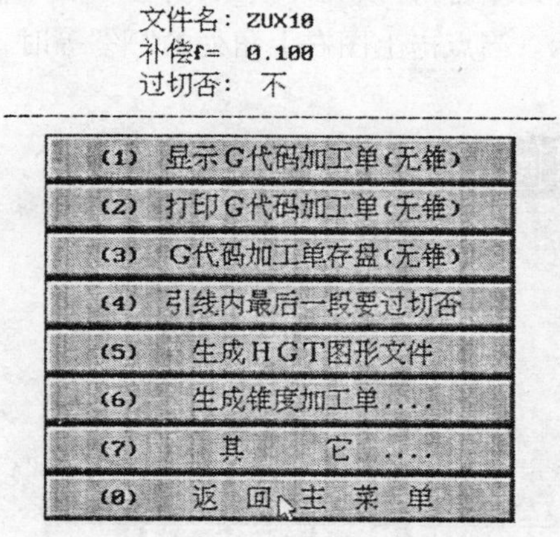

文件名：ZUX10
补偿f= 0.100
过切否：不

（1）	显示 G 代码加工单（无锥）
（2）	打印 G 代码加工单（无锥）
（3）	G 代码加工单存盘（无锥）
（4）	引线内最后一段要过切否
（5）	生成 HGT 图形文件
（6）	生成锥度加工单 …．
（7）	其　　它 …．
（0）	返　回　主　菜　单

图 1.96　后置处理菜单

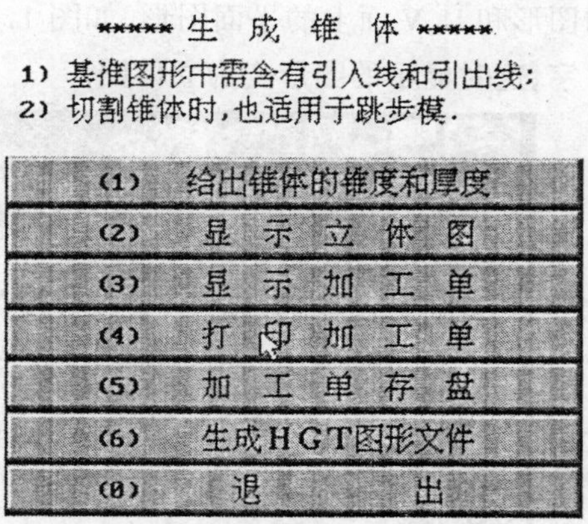

***** 生　成　锥　体 *****
1）基准图形中需含有引入线和引出线；
2）切割锥体时，也适用于跳步模．

（1）	给出锥体的锥度和厚度
（2）	显　示　立　体　图
（3）	显　示　加　工　单
（4）	打　印　加　工　单
（5）	加　工　单　存　盘
（6）	生成 HGT 图形文件
（0）	退　　　　出

图 1.97　生成锥体菜单

6.显示立体图及加工单

点击"显示立体图",点击子菜单中的"显示立体图",显示图 1.98 所示的立体图。点击"退出"。点击"显示加工单",显示表 1.7 所示的 X、Y 和 U、V 的 ISO 代码加工程序单。按 ESC 键。

7.加工单存盘

加工单存盘,以备加工时调出加工用。点击"加工单存盘",提示给出存盘文件名,C:ZU1010 点击"退出"。

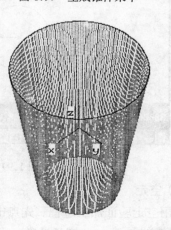

图 1.98　图 1.95 锥孔加工轨迹的立体图

表 1.7　R10,10 度锥体加工 ISO 代码

```
N0000 G92 X      0.0 Y 0.0      {Z  40.000 Q－10.000 OFFSET＝  0.100}
N0001 G01 X      9.9000 Y      0.0000
N0002 G03 X      9.9000 Y      0.0000 I      0.0000 J      0.0000
N0003 G01 X      0.0000 Y      0.0000
N0004 M02
N0001 G01 U      16.9531 V      0.0000
N0002 G03 U      16.9531 V      0.0000 K      0.0000 L      0.0000
N0003 G01 U      0.0000 V      0.0000
N0004 M02
```

[Esc:返回]　要继续请按回车键

8.加工

(1) 读 G 代码

点击"加工",点击"读盘",点击弹出菜单中的"读 G 代码程序",在弹出的 C:\ HF 目录中找到要加工锥孔的文件名 ZU1010.3 轴,点击该文件名,将该文件读出,并显示出 X、Y 面上的图形和 U、V 面上的平面图形,如图 1.99 所示。当点击上图右上角处的"平"等时,变为"立"字,这时显示的图形变为立体图。

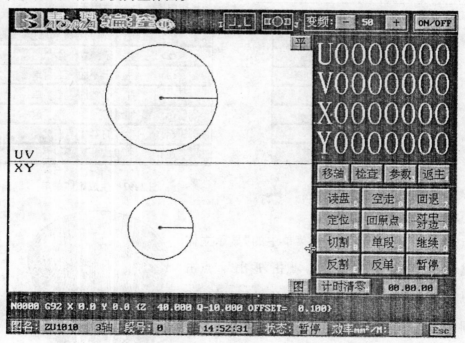

图 1.99　X、Y、U、V 的上、下平面图形

(2) 空走

可用空走验证加工过程。先点击右上角的"平"变为"立",点击"空走",点击弹出菜单的"正向空走",X、Y、U、V 开始计数,立体图上用浅蓝线显示走过的痕迹,如图 1.100 所示。

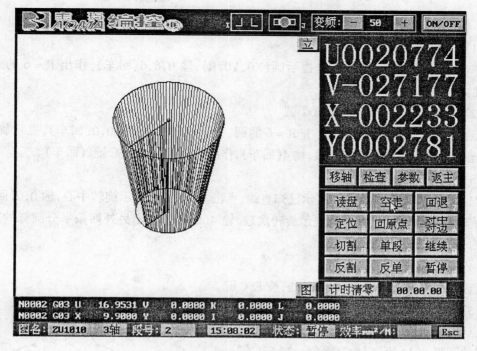

图 1.100　加工锥孔空走过程中的立体圆

（3）加工（略）

1.8　上、下异形面实例

上、下异形面是指工件的上表面和下表面不是相同的图形，但在上下表面形状之间是平滑过渡。如图 1.101 所示，下表面是五角星，上表面是五瓣圆弧形，上下形状之间是逐渐平滑过渡的。

编程时，分别将上下表面图形的程序单独编出来，然后使用异面合成功能将上下两个图形的程序生成切割上下异形面的程序。在对上下两个图形分别编程时，应注意，上、下两个图形的线段必须相等，五角星共有 10 个线段，而五瓣圆弧只有 5 个线段，所以一个圆弧应分为 2 个线段，才能与五角星的每个边相对应。

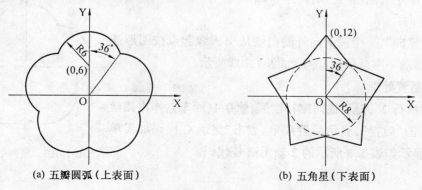

(a) 五瓣圆弧（上表面）　　　　　　　(b) 五角星（下表面）

图 1.101　五瓣圆弧及五角星

1.绘五瓣圆弧及后置处理

（1）绘 R = 6 的圆

单击"作圆"，单击"心径圆"，提示圆（X0，Y0，R），输 0，6，6（回车），作出 R = 6 的圆，按 ESC 键。

（2）用 R = 6 的圆旋转作出五个圆

点击"旋转"，提示已知圆，点击 R = 6 的圆，提示旋转中心，输 0，0（回车），提示旋转角（度），输 72（回车），提示旋转次数，输 4（回车），作出五个圆。按 ESC 键，（回车）。

（3）作圆的五条平分线

点击"作线"，点击"旋转"，提示已知直线，点击 Y 坐标轴，提示旋转中心，输 0，0（回车），提示旋转角（度），输 72（回车），提示旋转次数，输 4（回车），作出另外四条平分圆弧的直线，按 ESC 键，（回车）。

（4）取交点

点击"取交点"，点击 10 个交点处，按 ESC 键。

（5）取轨迹

点击"取轨迹"，从 Y 轴左半圆弧开始点击每两红点（交点）间的圆弧共 10 段，变为草绿色。按 ESC 键。

（6）显轨迹

点击"显轨迹"，得到图 1.102 所示的显轨迹所得的图。

（7）作引入线和引出线

点击"引入线和引出线"，点击"作引线（端点法）"，提示引入线起点，输 0，15（回车），提示引入线终点，点击圆弧与正 Y 坐标轴交点处，作出了引入线和引出线。提示修圆半径（回车），图中有一个红箭表示系统确定的补偿及切割方向为图形的逆时针方向，提示确定该方向按鼠标右键，按鼠标右键。

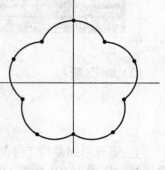

图 1.102 显轨迹所得的五瓣圆弧

（8）排序

点击"排序"，点击"自动排序"，（回车）。

（9）显向

点击"显向"，一个箭头向外的白圈从引入线起点按图形逆时针方向移动一圈后回到起点，如图 1.103 所示。

（10）后置处理

点击"执行 2"，提示输间隙补偿值，输 0.1（回车），作出钼丝轨迹图，点击"后置"，显示后置菜单，点击"显示 G 代码加工单（无锥）"，显示如表 1.8 所示的 2 轴无锥 G 代码。

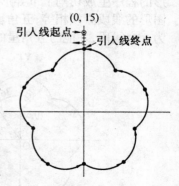

图 1.103 显向后的图形

表 1.8　五瓣圆弧的 2 轴无锥 G 代码

```
N0000 G92 X      0.0 Y 0.0    {Z   0.000 OFFSET =   0.100}
N0001 G01 X     0.0485 Y       - 2.9366
N0002 G03 X    - 5.7301 Y      - 7.0829 I     0.0485 J      - 9.0366
N0003 G03 X   - 11.4592 Y     - 11.2975 I    - 5.6578 J    - 13.1825
N0004 G03 X    - 9.3016 Y     - 18.0746 I    - 5.6578 J    - 13.1825
N0005 G03 X    - 7.0637 Y     - 24.8257 I    - 3.4782 J    - 19.8907
N0006 G03 X     0.0485 Y      - 24.8679 I    - 3.4782 J    - 19.8907
N0007 G03 X     7.1607 Y      - 24.8257 I     3.5752 J    - 19.8907
N0008 G03 X     9.3986 Y      - 18.0746 I     3.5752 J    - 19.8907
N0009 G03 X    11.5563 Y      - 11.2975 I     5.7549 J    - 13.1825
N0010 G03 X     5.8272 Y       - 7.0829 I     5.7549 J    - 13.1825
N0011 G03 X     0.0485 Y       - 2.9366 I     0.0485 J     - 9.0366
N0012 G01 X     0.0000 Y        0.0000
N0013 M02
```

　　　　　2 轴无锥 G 代码格式　　　　［Esc:返回］　要继续请按回车键

（11）生成 HGT 图形文件

点击"生成 HGT 图形文件"，提示给出 HGT 文件名［.HGT］，输 c:HGT5R（回车），（回车）。

2.绘五角星及后置处理

（1）绘五角星的轨迹图

点击"绘直线"，点击"多角形"，提示多角形中心，输 0,0（回车），提示外圆半径，输 12（回车），提示输内圆半径，输 8（回车），提示几角形，输 5（回车），绘出该五角星的轨迹图，按 ESC 键，（回车）。

（2）作引入和引出线

点击"引入线和引出线"，点击"作引线（端点法）"，提示引入线起点，输 0,15（回车），提示引入线终点，输 0,12（回车），提示修圆半径，（回车），在 Y 轴左侧显一个红箭表示切割方向，与五瓣圆弧的一样，符合要求，按鼠标右键，（回车）。

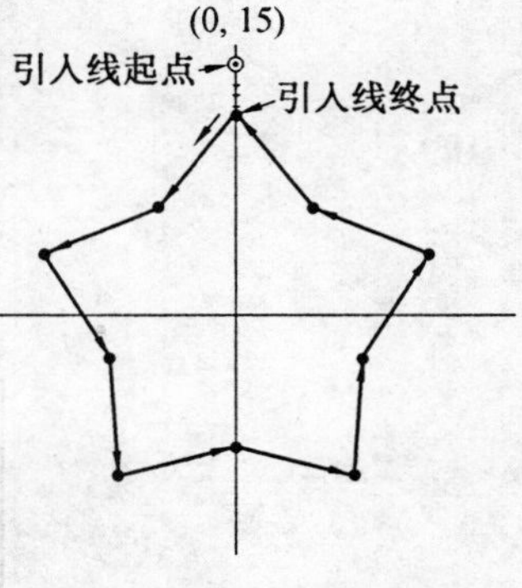

（3）排序

点击"排列"，点击"自动排序"，按 ESC 键，（回车）。

（4）显向

点击"显向"，箭头向外的白圈由起点按图形逆时针方向移动一圈返回起点，如图 1.104 所示。

（5）后置处理

点击"执行 2"，提示输间隙补偿值，输 0.1（回车），绘出五角星的切割轨迹图，点击"后置"，在后置处理菜单中，点击"显示 G 代码加工单（无锥）"，显示五角星的 2 轴无锥 G 代码，如表 1.9 所示。按 ESC 键。

图 1.104　显向后的五角星

表 1.9　五角星的 2 轴无锥 G 代码

```
N0000 G92 X      0.0 Y 0.0    {Z   0.000 OFFSET =   0.100}
N0001 G01 X    – 0.0000 Y      – 2.0457
N0002 G01 X    – 4.7628 Y      – 8.4446
N0003 G01 X   – 11.5595 Y     – 11.2441
N0004 G01 X    – 7.7063 Y     – 17.5039
N0005 G01 X    – 7.1441 Y     – 24.0331
N0006 G01 X      0.0000 Y     – 23.1029
N0007 G01 X      7.1441 Y     – 24.0331
N0008 G01 X      7.7063 Y     – 17.5039
N0009 G01 X     11.5595 Y     – 11.2441
N0010 G01 X      4.7628 Y      – 8.4446
N0011 G01 X    – 0.0000 Y      – 2.8457
N0012 G01 X    – 0.0000 Y       0.0000
G0013 M02
```

　　2 轴无锥 G 代码格式　　　　　[Esc:返回]　要继续请按回车键

（6）生成 HGT 图形文件

点击"生成 HGT 图形文件"，提示给出 HGT 图形文件名[.HGT]，输 C:HGT5V(回车)，(回车)。

3.异面合成

点击"异面合成"，显示图 1.105 所示的"合成异面体菜单"，点击"给出异面图形名"，提示给出上表面(UV)曲线的轨迹线文件名，输 C:HGT5R，提示给出下表面(XY)曲线的轨迹线文件名，输 C:HGT5V，提示给出工件厚度，输 50(回车)。提示是按长度合成(y)/按段合成(回车)。

点击"显示立体图"，点击弹出小菜单的"显示立体图"，显出立体图形，(回车)。

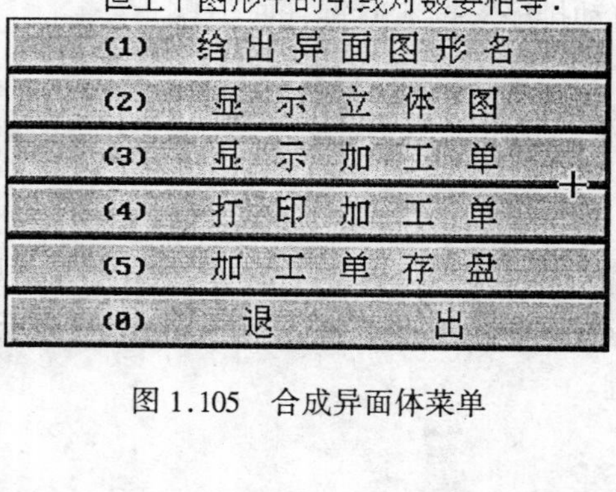

合 成 异 面 体

1）合成异面体的原图形均为 HGT 文件
2）HGT 图形中需含有引入线和引出线
3）上下图形中，引入线起点要相等
4）按段合成时，上下面线段数要相等
5）合成异面体时，也适用于跳步模，
　　但上下图形中的引线对数要相等.

(1)	给 出 异 面 图 形 名	
(2)	显 示 立 体 图	
(3)	显 示 加 工 单	
(4)	打 印 加 工 单	
(5)	加 工 单 存 盘	
(0)	退 出	

图 1.105　合成异面体菜单

4.显加工单及加工单存盘

（1）显加工单

点击"显示加工单"，显示表 1.10 所示的异面合成后的 G 代码加工程序单。按 ESC 键。

表 1.10　异面合成后的 G 代码加工程序单

N0000 G92 X	0.0 Y 0.0	{Z	50.0000}			
N0001 G01 X	− 0.0000 Y	− 2.8457				
N0002 G01 X	− 4.7628 Y	− 8.4446				
N0003 G01 X	− 11.5595 Y	− 11.2441				
N0004 G01 X	− 7.7063 Y	− 17.5039				
N0005 G01 X	− 7.1441 Y	− 24.8331				
N0006 G01 X	0.0000 Y	− 23.1029				
N0007 G01 X	7.1441 Y	− 24.8331				
N0008 G01 X	7.7063 Y	− 17.5039				
N0009 G01 X	11.5595 Y	− 11.2441				
N0010 G01 X	4.7628 Y	− 8.4446				
N0011 G01 X	− 0.0000 Y	− 2.8457				
N0012 G01 X	0.0000 Y	0.0000				
N0013 M02						
N0001 G01 U	0.0000	− 2.9000				
N0002 G03 U	− 5.7787 V	− 7.0463	K	0.0000 L	− 9.0000	
N0003 G03 U	− 11.5078 V	− 11.2609	K	− 5.7063 L	− 13.1459	
N0004 G03 U	− 9.3501 V	− 18.0380	K	− 5.7063 L	− 13.1459	
N0005 G03 U	− 7.1122 V	− 24.7091	K	− 3.5267 L	− 19.0541	
N0006 G03 U	0.0000 V	− 24.8313	K	− 3.5267 L	− 19.0541	
N0007 G03 U	7.1122 V	− 24.7091	K	3.5267 L	− 19.0541	
N0008 G03 U	9.3501 V	− 18.0380	K	3.5267 L	− 19.8541	
N0009 G03 U	11.5078 V	− 11.2609	K	5.7063 L	− 13.1459	
N0010 G03 U	5.7787 V	− 7.0463	K	5.7063 L	− 13.1459	
N0011 G03 U	0.0000 V	− 2.9000	K	0.0000 L	− 9.0000	
N0012 G01 U	0.0000 V	0.0000				
N0003 M02						

[Esc:返回]　　要继续请按回车键

（2）加工单存盘

点击"加工单存盘"，提示给出存盘的文件名［.4 轴］，输 C：\ HF 5RV(回车)。

5.加工

点击主菜单的"加工"，显示加工界面，点击"读盘"，点击"读 G 代码程序"，点击 C：\ HF 目录下的 HF5RV.4 轴，这时加工界面上显示导轮参数及工件厚，在下方显一个读盘的进度指示长条，稍等，读盘完毕后，加工界面如图 1.106 所示。

（1）显示加工的立体图形

点击图 1.106 中上图右上角的"平"字，变为"立"字，上、下图形也调整到立体位置。

（2）空走

点击"空走"，点击"正向空走"，X、Y、U、V 开始计数，立体图出现加工的轨迹线，如图 1.107所示。空走完毕，如图 1.108 所示。

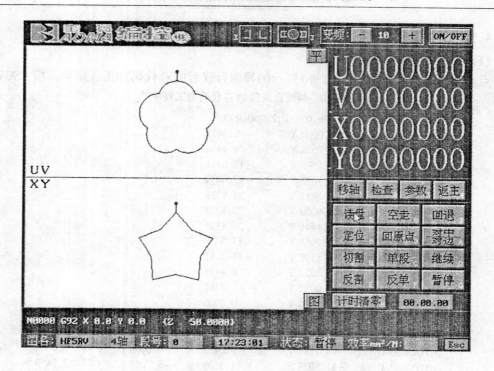

图 1.106　读 C：\ HF 盘完毕时的加工界面

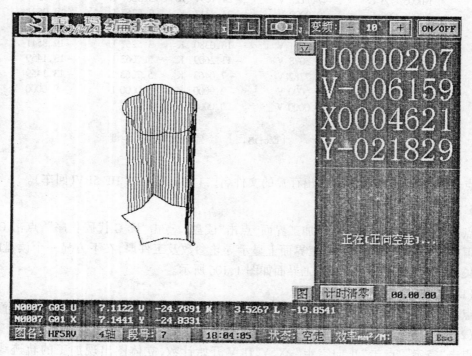

图 1.107　空走过程中的立体图

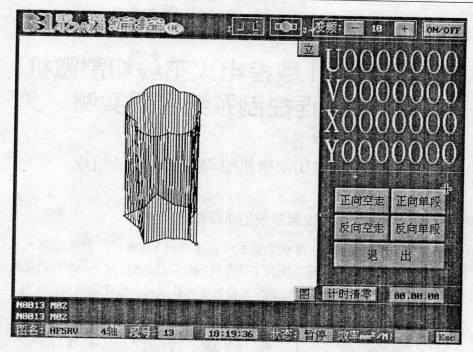

图1.108　五瓣圆弧及五角星空走完毕的图形

第二章　YH 数控电火花线切割微机编程控制系统应用实例

2.1　YH 线切割微机编程控制系统的组成

一、YH 线切割微机编程控制系统的组成框图

YH 微机编程控制系统由 YH 微机绘图式编程系统和 YH 微机控制系统两大部分组成 (图 2.1)。用 YH 绘图式微机编程系统为工件图样编出程序后,在同一台微机中把编出工件的 ISO 代码转给 YH 微机控制系统,用于控制数控电火花线切割机床切割加工工件。

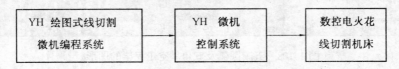

图 2.1　YH 微机编程控制系统的组成框图

二、YH 编程控制卡

YH 线切割微机编程控制系统的软件由苏州开拓电子技术有限公司研制,固化在 YH 控制卡和电子卡上,由 YH 接口卡与机床连接,卡的外形照片如图 2.2 所示。将此卡插于 486 以上 IBM – PC 或兼容机上,就可以使用这台微机编写线切割程序并控制线切割机床加工。

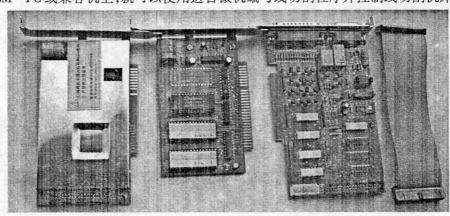

图 2.2　YH 线切割微机编程控制卡照片

2.2　YH 数控电火花线切割微机编程控制系统的特点

① 在同一台微机中采用双 CPU 结构,使其既具有绘图式微机编程功能,又具有控制线切割机床进行切割加工的功能;

② 微机在控制线切割机床进行切割加工的同时,还可以同时用于绘图式微机编程;

③ 线切割加工程序采用国际标准 ISO 代码;

④ 在加工中加工轨迹在微机屏幕上实时跟踪显示,必要时工件轮廓还可以用三维图形显示;

⑤ 具有停电记忆功能,突然停电时能保存当时的数据,来电后就能继续进行加工;

⑥ 所用的编程系统是先进的绘图式线切割微机编程系统;

⑦ 除能对常见的工件进行编程和加工之外,还能编制大锥度工件以及上、下异形面工件的程序并进行加工。

2.3　YH 数控电火花线切割微机控制系统

一、控制屏幕简介(图 2.3)

YH 线切割微机控制系统的各种按钮、状态及图形显示,均可在屏幕上实现。只要点击

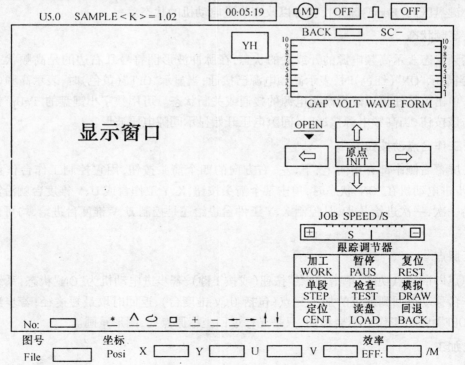

图 2.3　YH 控制屏幕

(光标点取)有关按钮,就能实现相关功能。所谓点击就是把光标移动到该按钮上,并轻按一下鼠标左键,若只点击一次,就称为单击。

1.显示窗口

显示窗口占屏幕左部大部分位置,可显示加工工件的图形、加工轨迹或增量(相对)坐标的 ISO 代码。单击屏幕上部的显示窗口切换标志[YH](或按 F10 键),就能改变所显示的内容。当进入系统时,首先显示工件的图形,以后每单击一次[YH],依次为增量坐标、ISO 加工代码、工件图形。当前加工 ISO 代码的增量坐标,采用大号字体显示。

2.间隙电压指示

屏幕右上角的一个长方块位置处,用以显示放电间隙的平均电压波形(也可设定为指针式电压表方式)。在波形显示方式下,两侧边各有一条 10 等分线段,以空载间隙电压为 10(即满幅值),在等分线段下端的黄色线段指示间隙短路电压的位置。波形显示方块的上部有两个指示标志:

① 短路回退标志"BACK",短路时该标志变为红色。

② 短路率指示"SC",它表示当前间隙电压在设定短路值以下的百分比。

3.电机状态

电机状态表示步进电动机是否接通电源,在步进电动机标志图右边有一个状态指示按钮,上面显示"ON"或"OFF"。当显示"ON"(红色)时,表示步进电动机 X、Y 均已接上电锁定(可以进给);当显示"OFF"(黄色)时,表示步进电动机已断电(不能进给),点击该按钮(或按数字小键盘区的"Home"键)时,就可以改变步进电动机的状态。

4.高频状态

高频状态表示高频电源的开或关的状态,在脉冲波形图符号几右边的是高频状态指示按钮,当显示"ON"(红色)时,表示高频电源已接通;当显示"OFF"(黄色)时,表示高频电源已关断。单击该按钮可以改变高频电源的接通或关断状态。可用数字小键盘的"PgUp"键来代替单击该按钮,当高频电源接通时,间隙电压开始显示间隙电压波形。

5.工作台点动按钮

在屏幕右侧中部有指向上、下、左、右方向的四个箭头按钮,用它控制工作台作点动进给,当步进电动机在"ON"状态时,单击某个箭头按钮,X、Y 工作台或 U、V 锥度台就沿箭头方向进给一次,一次进给几步,是控制 X、Y 工件台进给还是控制 U、V 锥度台进给,均可预先设定。

6.原点

原点即回原点功能,单击"原点"按钮(或按 I 键),若步进电动机为"ON"状态,系统将控制工作台移动返回到最近的加工起点(包括 U、V 锥度台),返回时取最短途径;若步进电动机为"OFF"状态,工作台不会移动,只是光标返回坐标原点处,图形重画。

7.加工

单击"加工"按钮(或按"W"键),首先自动接通步进电动机和高频的电源,然后进行插补加工。

8.暂停

单击"暂停"按钮(或按"P"键或数字小键盘区的"Ins"键),系统将中止当前的功能(如加工、单段、模拟、定位、回退等)。

9.复位

单击"复位"按钮(或按"R"键),将中止当前一切工作,清除数据,并关断高频和步进电动机(注意,在加工状态下,复位功能无数)。

10.单段

单击"单段"按钮(或按"S"键),系统自动接通步进电动机和高频的电源,进行插补加工至当前程序段结束时,自动停止进给,并关断高频电源,单击"单段"继续进行加工。

11.检查

单击"检查"按钮(或按"T"键),系统以插补方式发出一个进给脉冲,若步进电动机处于"ON"状态,机床工作台将进给一步。

12.模拟

单击"模拟"按钮(或按 D 键),系统以插补方式在屏幕的显示窗口绘出工件图形的加工轨迹,在屏幕左下角处显示当前程序段内容和程序段号码(NO:□),在 X、Y 和 U、V 后面显示适时变化的 X、Y 和 U、V 的坐标值。若步进电动机处于"ON"状态,机床工作台将随之进给。

13.定位

单击"定位"按钮(或按"C"键),可以进行自动对中或自动对端面的工作。

14.读盘

单击"读盘"(或按"L"键),可以读入数据盘上的 ISO 或 3B 程序代码,并快速绘出图形。

15.回退

单击"回退"按钮(或按"B"键),钼丝作回退移动至当前程序段起点时停止,若再单击"回退"键,钼丝沿前一段程序继续回退。该功能不能自动接通步进电动机和高频的电源,若需要应事先接通。

16.跟踪调节器

跟踪调节器的作用是调节进给速度和稳定性,在调节器上方的英文字母 JOB SPEED/S 后面所显示的数字,表示进给的瞬时速度,单位为步/s。调节器中部的红色指针表示调节量的大小,单击左端的"十"按钮(或按"End"键),指针向左移动,表示进给速度加快,单击右端的"一"按钮(或按"PgDn"键),指针向右移动,表示进给速度减慢。

17.段号显示

此处显示的当前加工的程序段号,需要修改时可单击该处,用弹出的屏幕小键盘输入需要的起割程序段号。注意,切割锥度时,不能任意设置起割程序段号。

18.局部观察窗

按"近镜"按钮(或 F1 键),见图 2.4。在显示窗左上方打开一个局部窗口,显示出放大

10 倍的当前插补轨迹,重按该按钮时,局部窗关闭。

图 2.4　图形显示调整

19.图形显示调整

在屏幕上显示的图形,需要时可以将其放大或缩小规定的倍数,或使用图形向左、右、上、下移动,如图 2.4 所示(仅在模拟或加工时有效)。需要实现某种功能,可多次点击该按钮或直接按 F1、F2、F3、F4、F5、F6、F7 中的相关按键。各键的功能为:

"↓"或 F7 键　图形向下移动 20 单位;

"↑"或 F6 键　图形向上移动 20 单位;

"→"或 F5 键　图形向右移动 20 单位;

"←"或 F4 键　图形向左移动 20 单位;

"—"或 F3 键　图形缩小 0.8 倍;

"十"或 F2 键　图形放大 1.2 倍。

20.坐标显示

在屏幕上方的坐标负责显示 X、Y 和 U、V 的绝对坐标值。

21.效率

此处显示切割加工进给速度,单位为 mm/min,每加工完一段程序,系统自动统计所用的时间,并算出每分钟进给多少毫米,用此数值乘工件被切割的厚度(mm),就得到切割速度 $v_{wi}(mm^2/min)$,它才是加工效率。

22.窗口切换标志

当屏幕显示处于加工控制状态时,单击屏幕上方的"YH"标志(或按"ESC"键),系统将转换成"YH"绘图式编程屏幕。应该记住,若系统处于加工、单段或模拟状态,控制与编程切换后用"YH"绘图或编程方法进行编程,不会影响"YH"控制系统正常控制线切割加工工件。

二、"YH 电火花线切割控制系统"详解

1.加工工件的 ISO 或 3B 程序代码读入

将存有工件加工程序代码的软盘插入数据盘驱动器(一般为 A 驱动器)中,单击"读盘"按钮(或按"L"键),选择代码制式(ISO 或 3B 格式,代码文件名的扩展名必须是 ISO 或 3B)后,屏幕上显示磁盘上存储的全部加工程序代码文件名的文件选择窗,如图 2.5 所示。要想读入某个文件,单击该文件名,该文件名的背景变为黄色,再单击该选择窗左上角的"□"(撤消)按

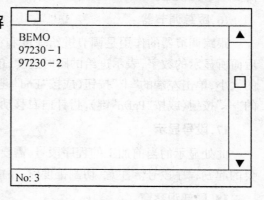

图 2.5　文件选择窗

钮,系统自动读入该选定的文件代码,并快速绘出其图形。

若已存在软盘上的文件比较多,在已显示出的文件名中没找到原来已存在该软盘上的文件名,可以单击该选择窗右边上下两个"▲"形标志按钮,可用来向前或向后翻页,就能找到所需要的文件名。

注意　若在读入时屏幕上出现报警窗口,显示出"设备错误"的提示,可能是驱动器上的小门未关、数据盘放置不当、数据盘损坏、数据盘路径选择不当等,这时应该检查软盘、驱动器或数据盘设置等,排除故障后,单击报警窗口的"YES"按钮,待报警窗消失后再重新开始读入。

2.模拟检查

为了检验所读入工件程序代码及插补的正确性,当步进电动机在"OFF"的状态下时,系统以2 500步/s的速度进行快速插补,在屏幕上同时显示其加工轨迹及坐标。若模拟检查时,步进电动机处于"ON"状态。机床工作台同时进给,可检查机床的控制正确性及精度。

进行"模拟检查"的方法为:

① 读入加工程序;

② 根据需要选择步进电动机的状态;

③ 单击"模拟"按钮(或按"D"键),就可以进入模拟检查状态。

模拟检查时,屏幕下方显示当前的X、Y及U、V的绝对坐标值,若需要观察增量(相对)坐标,可单击上面显示的切换标志"YH"(或按"F10"键),系统将以大号字体显示当前插补的增量坐标值,在显示窗口下方显示当前插补的程序代码及该程序的段号。

模拟检查时,在图形显示方式下,单击显示调整按钮左端的"近镜"(局部观察)按钮(或按F1键),可在显示窗口左上角处打开一个局部观察窗,在其中显示放大10倍的插补轨迹。

在模拟检查过程中,若步进电动机处于"ON"状态,点击跟踪调节器的"十"或"一"按钮,可以调节模拟检查的速度。

若要在中途停止模拟检查过程,可单击"暂停"按钮,要继续进行模拟检查,可单击"模拟"按钮。

3.加工

对已读入的工件加工程序代码进行模拟检查无误后,可把工件装夹好,将钼丝移动到加工起始点,打开走丝和工作液就可以进入加工。

单击"加工"按钮(或按"W"键),系统自动接通步进电动机和高频的电源,开始插补加工。

此时应注意间隙电压指示器上的加工电压波形和电流表上的加工电流。一般可能会出现以下情况:

(ⅰ)非跟踪状态

间隙电压满幅,加工电流为零或很小,屏幕下方的X、Y显示坐标值没有变化。此时应加快跟踪。

处理的方法是,点击跟踪调节器的"十"按钮(或按"End"键),使红色指针逐渐向左移动,直至间隙电压波形出现峰谷,X、Y坐标值发生变化计数,电流表上加工电流增至一定数值。

（2）欠跟踪状态

虽然已开始切割加工，但电流太小，且电流表指针不停地摆动，表示加工不稳定。

处理的方法是，点击跟踪调节器的"十"按钮（或按"End"键），使跟踪加强，加工电流表指针稳定，跟踪调节器上方 JOB SPEED/S 后面的进给瞬时速度值稳定。

（3）过跟踪状态

若经常出现短路回退，为过跟踪，进给太快了。

处理方法是，点击跟踪调节器的"一"按钮（或按 PgDn 键），直到加工电流刚好稳定，此时间隙电压显示峰谷明显，JOB SPEED/S 后面所显示的进给瞬时速度值也稳定，使其达到较好的跟踪状态。

4. 短路回退

本系统具有短路自动回退和手动回退两种功能。

（1）短路自动回退

在加工或单段加工时，一旦出现短路，系统就自动停止插补运算，若在设定的控制时间内，短路达到所设定的次数，系统将控制其按所设定的速度自动回退。若在所设定的时间内（一般为 5 s）仍不能消除短路现象，将会自动切断高频电源并停机。在自动短路回退状态下，波形方式间隙指示器上的回退标志（BACK）显示红色，插补轨迹也显红色（彩显版本）。

（2）手动回退

在非"加工"或非"单段"状态下，单击"回退"按钮（或按"B"键），系统回退，回退速度为系统设定的回退速度，回退至当前段结束时自动停机。

5. 自动定中心和自动定端面

系统可根据屏幕设定，自动定中心及自动定 + X、– X、+ Y、– Y 四个端面。

（1）选择定位的方法

① 用光标点击参数窗标志 OPEN（或按 O 键），弹出参数设定窗，可见其中有定位（LOCATION XOY）项。

② 单击"XOY"，显示 XOY—定中;XMAX—正 X 向对边;XMIN—负 X 向对边;YMAX—正 Y 向对边;YMIN—负 Y 向对边。

③ 选定合适的定位方式后，单击左下角的 CLOSE 标志。

（2）定位

单击步进电动机状态标志，使其成为 ON（若原已为 ON 不必点击），单击"定位"钮（或按 C 键），系统根据选定的方式自动进行，当钼丝碰到工件上的某一端面时，在屏幕的相应位置显示一条亮线。单击"暂停"钮可中止定位操作。

6. 机床工作台点动进给控制

在屏幕右侧的中部，有标有上、下、左、右方向箭头的四个点动按钮，单击其中某按钮，可以控制机床工作台作点动或定长向箭头所指方向进给，若步进电动机处于"OFF"状态下，单击点动按钮时，工作台不会进给，仅用作坐标计数。

每点动一次工作台能进给的距离，可用如下方法设置。单击"OPEN"按钮（或按 O 键），显示"STEPS(10) * "，单击灰色窗口，将依次出现 * ,0、1、2、3,不同的代号代表每点动一次工作台移动的步数。如表 2.1 所示。

表 2.1　点动一次不同代号移动的步数　　　　（每步 1 μm）

代　　号	*	0	1	2	3
点动一次移动步数	一直移动至松开鼠标器按键时	1 步	10 步	100 步	1 000 步

7.程序代码的显示

单击屏幕上面的显示切换标志"YH"（或按 F10 键），每单击一次，按顺序显示图形、增量（相对）坐标、程序代码，在模拟检查、加工及单段加工时不能进入程序代码显示方式。

8.编辑、存盘和倒置

在程序代码显示状态下，单击程序代码的任一行，该行就变亮，使系统进入编辑状态，屏幕下边显示如下的 S、I、D、Q、↑、↓六种功能键。每种功能键的功能如表 2.2 所示。

表 2.2　编辑状况下各功能键的功能

符号	S	I	D	Q	↑	↓
功能	代码存盘	代码倒置	删除当前行	退出编辑态	向上翻页	向下翻页

在编辑状态下可对当前点亮行用键盘输入数据或删除。代码倒置后，变为与原来切割方向相反的程序代码，可用于倒切加工，要使用某种功能可单击该功能的符号，编辑结束后，单击 Q 按钮退出，并返回图形显示状态。

9.参数设置

前面讲过的有些参数需要预先设置，其中包括机床参数和其它参数。要设置参数时，单击"OPEN"按钮（或按"O"键），在屏幕上打开如表 2.3 所示的机床参数窗。

表 2.3　机床参数窗

（1）X、Y、U、V Axis GAP		
X—Axis Gap	0	用于补偿 X 轴的齿隙误差
Y—Axis Gap	0	用于补偿 Y 轴的齿隙误差
U—Axis Gap	0	用于补偿 U 轴的齿隙误差
V—Axis Gap	0	用于补偿 V 轴的齿隙误差
（2）Ctrl Time(s)	5	用于控制短路自动回退
（3）Short Cut set U	10	短路时采样电路电平为高频满幅的百分比
（4）Back Enable V	90	间隙电压低于短路设值的比率大于该值时自动回退
（5）Max, M－Speed	60	步进电动机最高进给速度（步/s）
（6）Back speed	60	步进电动机短路回退最大速度（步/s）
（7）Frame High	200	上、下导轮间的中心距（mm）
（8）Wheel Radius	15.0	导轮半径（mm）
（9）Power Auto OFF	3	加工结束时，全机自动停电前的等待时间（s）
（10）Max. Manua ISPD	200	最大点动速度
（11）Acute Wait TM	500	当前程序段加工结束后的等待时间（ms）

Close

机床参数 MACH.DATA(已由生产厂设定,用户不能随便更改,否则可能会使机床无法正常工作。若开机时窗口显示"Controller Coef ERROR!"表示控制柜内保存的机床参数已丢失,在这种情况下应按厂家提供的资料进行正确的机床参数设置后才能保证机床正常工作)。

(1) X、Y、U、V 轴的齿隙补偿

齿隙是指步进电动机经齿轮和丝杠螺母传动,带动工作台移动时,当丝杠反转后,由于齿轮和丝杠螺母存在传动间隙,所以当丝杠刚开始反转时,工作台并不移动,当丝杠转动致使传动间消除时,工作台才开始随着丝杠转动而移动,丝杠反转后空转期间步进电动机转过的步数所对应的脉冲数标志着齿隙的大小,齿隙补偿就是每当丝杠反转后,控制系统向步进电动机多发相当于齿隙的脉冲数。

(2) 控制时间 CTRL TIMES(s)

控制时间的设定单位为秒(s),该值主要用以控制短路自动回退的调整及处理(见后面"BACK ENABLE")。

(3) 短路设定值 SHORT CUT SET(V)

短路设定值用以设定钼丝与工件短路时,其采样电路的电平幅值,单位为满幅的百分比。当打开高频,钼丝还未接触工件时,间隙电压指示器上的间隙电压波形应接近满幅(10小格)。当钼丝与工件短路时,间隙电压指示器上的幅值就是短路幅值。根据此短路幅值可以设定一个短路设定值(%)。

(4) 回退 BACK ENABLE

在设定时间内(CTRL TIME),系统在每次采样时,所检测到的间隙电压若低于短路设定值(SHORT CUT SET V)的比率大于或等于该值时,系统开始自动回退。

(5) 最大进给速度 MAX.M – SPEED

最大进给(插补)速度的设定值,确定了步进电动机的最高进给速度(步/s)。

(6) 回退速度 BACK SPEED

回退速度的设定值,确定了步进电动机回退的最大速度(步/s)。

(7) 上、下导轮中心间的距离 FRAME HIGH

此是机床丝架上、下导轮中心间的距离(mm)。

(8) 导轮半径 WHEEL RADIUS

导轮半径是机床导轮的半径(mm)。

(9) 全机停电等待时间 POWER AUTO OFF

此值为加工结束时,全机停电前的等待时间(s)。

(10) 最大点动速度 Max.Manua ISPD

(11) 插补结束等待时间 ACUTE WAIT TM

此值为每条代码插补结束时的等待时间,只在清角功能打开时有效。

10. 点动 MANUAL

设置 X、Y、U、V 拖板点动按钮。

用光标点击灰色窗口,依次为 XY、UV,其意义为:

XY 点动按钮,控制 XY 方向的步进电动机;UV 点动按钮,控制 UV 方向的步进电动机。

11. 三维 MODEL

三维 MODEL 负责实现工件轮廓三维造型功能，单击"OPEN"按钮，在弹出的参数窗口，单击"三维"使之变为"YES"，同时弹出图 2.6 所示的三维造型参数表，其中厚度为工件的实际厚度(mm)；基面是工件下平面与下导轮中心的距离(mm)；转角为 X、Y、Z 三个坐标方向的转角(°)，标高是工件投影的显示比例，色号可选择造型的颜色。参数选择完毕后，单击"CLOSE"按钮退出。

三维造型参数	Modelling
厚度 ____50	基面 ____0
High	Base
转角 X ____0 Y ____0 Z ____0	
Spin	
标高 ____30	色号 ____11
ZixH	Colo
CLDSE	

图 2.6 三维造型参数表

注意 通常屏幕显示的三维图形都是上、下导轮的运动轨迹，但是上下异形面工件的导轮轨迹与实际工件相差甚远，因此可以应用三维造型功能准确地描绘出工件任意截面的轮廓轨迹。要实际描绘出工件的准确形状，还必须正确设置机床参数中的 FRAME HIGH(两导轮的中心距)。

12. 间隙 Gap Volt Wave

间隙 Gap Volt Wave 可以选择加工间隙的显示方式。有 Wave(波形显示方式)和 Metr(模拟电表方式)。选择方法为，单击灰色窗口，依次为 Wave、Metr。

13. 锥补 Taper Mod Yes/No

在切割锥度工件时，钼丝倾斜后使其与导轮的切点与钼丝在垂直位置时发生变化，因而使钼丝偏离理论位置，如图 2.7 所示。锥补就是补偿由于钼丝与导轮切点变化所造成的误差。为了正确补偿这种误差，在设置机床参数时，必须设置实际的线架高度 FRAME HIGH 和导轮半径 WHELL RADIUS(单位均为 mm)。补偿方法为，开机时为"No"，需要锥度补偿时，单击"No"，使之变为"Yes"。

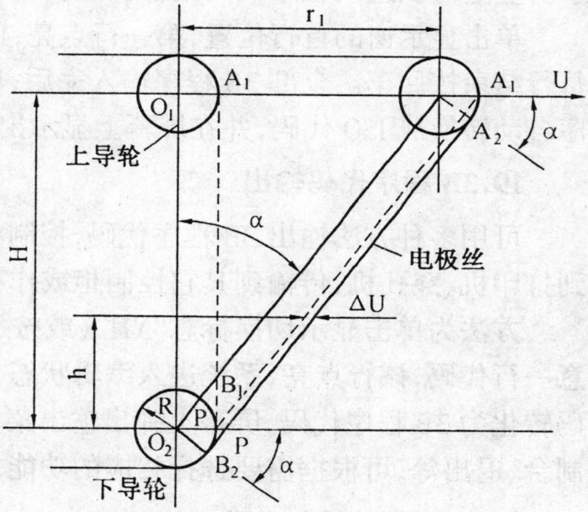

14. 清角 Acute Yes/No

在线切割时由于钼丝有滞后现象，偏离理论位置，这样在切割转角处会把尖角切成圆角，如图 2.8 所示，一种方法是在切割 AB 段时，先切割至点 C 再切回点 B 之后，才切割 BD 段，这样尖角就不会切成圆角。而使用清角功能，按工件图形编程，系统自动完成清角工作，当 AB 段程序执行完后，等待一定时间，钼丝到达点 B 后，再执行 BD 段程序。开机时为"No"，在切割有清角要求的工件时，单击"No"，使其变为"Yes"。使用清角功能前，必须预先在机床设置中将 ACUTE WATE TM 插补结束等待时间设置好。

图 2.7 锥补

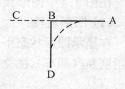

图 2.8 清角

15. 计时牌的使用

在屏幕上边有一个记录切割加工时间的计时牌，在"加工"、"模拟"和"单段"工作时，计时牌能自动打开记录加工时间,当中止插补加工时,计时自动停止。为使计时准确,加工前应将计时牌清零,方法为单击计时牌(或按"pq"键)。

16.反向切割

读入工件程序代码后,点击窗口切换标志"YH"(或按 F10 键),直至显示工件程序代码时,单击某一行代码,该行点亮,再单击屏幕下部图形显示调整标志 S、I、D、Q 中的 I 按钮,系统自动将程序代码的顺序倒置,单击"Q"按钮返回图形显示,并在屏幕右上角处显示倒走标志"V",表示程序代码已经倒置完毕。倒置后的程序代码,在"加工"、"单段"、"模拟"时都以与原来相反的方向切割。上下异形面的工件程序代码没有倒置功能。

17.断丝处理

在加工过程中遇到断丝时,可单击"原点"按钮(或按 I 键),工作台移动,使丝架位于工件的开始切割点,锥度台移动使钼丝自动回至垂直位置。应特别注意,断丝后绝对不要关断步进电动机的电源。若断丝处距切割终点较近,可将程序代码倒置后,再进行与原来切割方向相反的反向切割。

18.3B 程序的直接输入

单击"复位"按钮,清除屏幕,单击显示切换标志"YH"两次(或按"F10"键两次),屏幕显示窗呈空白状进入程序代码编辑状态。

单击显示窗的首行位置,第一行点亮,此时可用键盘输入 3B 程序,每行只输一条程序,每行结束按回车。全部 3B 程序输入完后,单击显示窗下边的"Q"按钮,系统把输入的 3B 程序自动转换成 ISO 代码,并在屏幕上显示出其图形。

19.3B 程序代码输出

可用多种方法输出 3B 程序代码,控制柜可将 ISO 代码转换成 3B 程序代码,并将其输送到打印机、穿孔机,传输到其它控制柜或作存盘处理。

方法为单击显示切换标志"YH"(或按 F10 键)两次,窗口显示当前的 ISO 代码,单击任意一行代码,该行点亮,系统进入编辑状态;单击显示窗下方的"□"按钮,系统自动将 ISO 代码转化为 3B 程序代码,屏幕上弹出输出菜单,菜单内容有:代码打印、代码显示、穿孔机、控制台、退出等,可根据需要选择相应的功能。

20.图形的旋转与平移

在图 2.4 中图形显示调整的左段有图形旋转按钮"↻"和图形平移按钮"∧"。

(1)图形旋转

在显示图形状态下,单击屏幕下方的"↻"按钮,弹出图 2.9 所示的旋转角度输入窗,输入角度 90°(回车),图立刻逆时针转动 90°至新的位置。

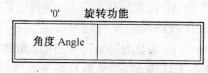

图 2.9　图形旋转输入窗

(2)图形平移

在图形显示状态下,单击屏幕下部的"∧"按钮,弹出平移距离输入窗,如图 2.10 所示,单击窗中的 X,用弹出的小键盘输入 X 平移距离值(回车),单击 Y,输入 Y 平移距离值(回车),再单击窗口左上角的撤消标志"□",图形将根据输入的 X、Y 距离平移到新的位置处。

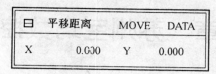

图 2.10　平移距离参数窗

21.返回 DOS 系统

若需要返回 DOS 系统,可同时按大键盘的 CTRL 和 Q 键,系统将返回 DOS 系统,显示 D:＼>。若要再进入 YH 状态,可输 YH 即 D:＼>YH(回车),此时屏幕上显示 YH 系统的控制状态。

2.4　YH 绘图式线切割微机编程系统应用实例

YH 绘图式线切割微机编程系统在"数控电火花线切割加工技术"一书中的"第五章"中有详细讲解,并有大量的编程实例。

第三章　苏州宝玛数控机床

3.1　概　　述

一、苏州市宝玛数控设备有限公司简介

苏州市宝玛数控设备有限公司专业从事电火花数控设备的研发、生产和销售服务,是中国同行业中极少拥有双体系认证(ISO 9001:2000 质量管理体系和 ISO 14001:1996 环境管理体系)和"出口质量认证"的企业。公司在"面向未来,开拓创新"的经营理念指导下,组织和培养了一支拥有自主研发能力的高效技术团队,使该公司接连获得五项国家专利和两项金奖,并连年被权威机构评为"全国消费者质量信得过产品"和"全国产品质量售后服务用户满意企业"。

该公司生产的"宝玛"牌数控线切割机床以"大锥度、大行程、高效率、高精度、新结构"著称,"宝玛"牌高速小孔加工机以其"高品位、高质量、超稳定、低价位",在中国市场销售中遥遥领先;特别是"宝玛"牌电火花成型机以其"高品质、低维修",深得众多用户的称赞和认可。目前,"宝玛"机床在国内外市场供不应求,远销至韩国、新加坡、马来西亚、伊朗、巴基斯坦、俄罗斯、叙利亚等东南亚、中东、非洲国家和荷兰、德国等欧洲国家。

该公司面对中国市场数控操作人才急缺的现状,投下巨资创办了宝玛数控设备培训学校,为各大知名企业培养和输送了大量拥有国家鉴定机构考核证书的数控应用人才,在同行业中开创了产学结合的先河。

宝玛作为国内知名企业,始终遵循"质量保证服务"这一理念,将"客户就是上帝"的口号落到实处。

二、产品特点

该公司的产品以大锥度、大厚度、大行程、高效率、高精度为特色,DK7732 - 50 系列采用滚柱、淬火钢导轨,滚珠丝杠传动,最大切割厚度有 300、500 两种,DK7763 - 80 系列采用直线滚动导轨,最大切割厚度有 500、800、1 000,线架均为变跨距结构,并可配有机动升降机构。锥度切割 DK7732 - 80 系列均有 6°/100 mm、60°/100 mm 及 90°/30 mm;100、120 系列,最大切割厚度为 500,行程有 1 200、1 600、1 800、2 000,可实现 6°/100 mm 的锥度切割。所有的机种均能实现上下异形面的切割。

机床的主要铸件均采用树脂砂造型,并作二次人工时效处理。机床刚性高,且精度保持性好。走丝机构采用变频调速,运转噪声低,且换向平稳。"进电方式"可实现导电块进电和储丝筒进电互换。

控制采用立柜式微机编程 - 控制一体化系统,控制采用自己开发的 XKG - 2002 控制机,具有自动对中、短路回退、断丝停机、回原点、停电记忆、加工结束自动停机等功能,可

在屏模上作模拟加工,加工轨迹跟踪显示,加工时间和进给速度显示,能实现 3B 代码和 ISO 代码的互换。

最大切割速度为 $v_{wi} = 120 \ mm^2/mm$,最佳表面粗糙度为 $Ra \le 2.5 \ \mu m$。

三、整机外形及产品主要型号

1.整机外形(图 3.1)

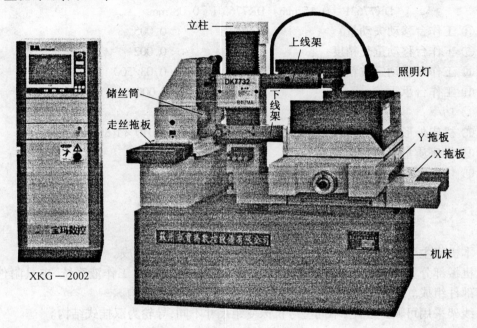

图 3.1 机床外形图

2.主要型号

该公司生产的主要型号有:DK7732A、B、C、D、E、F、G、H;DK7740A、B、C、D、E、F、G、H;DK7750A、B、C、D、E、F、G、H;DK7763B、D、F、H、I;DK7770B、D、F、H、I;DK7780B、D、F、H、I;DK77100;DK77120D 等。

四、主要用途和适用范围

该机床适合加工高精度、高硬度、高韧性的导电金属模具,样板及形状复杂的零件,特别适合加工冷冲模、挤压模、塑料模、滚齿刀、精密零件(大锥度、等锥、不等锥、上下异形等复杂面)及大载荷和大厚度大型模具。本机床是电火花线切割机床的新一代产品。广泛应用于机械、汽车、航空航天、电子仪器、军工、轻工、家用电器等行业,是制造企业以柔克刚的利器。

五、主要技术参数

以 DK7763 为例

① 工作台行程:　　　　　mm　　　　　800 × 630

② 最大切割厚度:　　　　　mm　　　　　500

③ 最大切割锥度：< 100 mm 时　　DK7763D ± 3°　　DK7763F ± 30°　　DK7763H ± 15°

④ 钼丝直径：　　　　　ϕ0.15 ~ ϕ0.20 mm

⑤ 最大切割速度 v_{wi}：(材料 Cr12 需淬火)工件厚为 100 mm 时　　　120 mm^2/min

⑥ 最佳表面粗糙度：(工件厚为 40 ~ 50 mm)　　　　$Ra \leqslant 2.5\ \mu m$

⑦ 加工精度：切割圆柱体时(直径 ϕ12 mm，高 40 mm)　　　0.015 mm

　　　　　　　切割圆锥体时(大径为 ϕ12 mm，锥度为单边 3°，高 40 mm)　　DK7763D　0.04

　　DK7763F　0.15 mm　DK7763H　0.08 mm

⑧ 工作台移动失动量：　　　　　mm　　　　0.005

⑨ 工作台移动重复精度：　　　　mm　　　　0.002

⑩ 工作台移动定位精度：纵向：　mm　　　　0.03/500

⑪ 工作台承重：　　　　　　　　kg　　　　3 000

⑫ 功率：　　　　　　　　　　　kW　　　　2

⑬ 机床外形尺寸：($L \times W \times H$)　mm　　　　2 040 × 1 850 × 1 690

⑭ 机床质量：　　　　　　　　　kg　　　　4 500

⑮ 供电：　　　　　　　　　　　3N – 380V50Hz

3.2　机床的主要结构

本机床主要由机械部分、电气控制柜及冷却系统三部分组成。

机械部分主要由床身、工作台、线架、锥度装置、走丝部件、工作液系统、夹具附件、防水罩等部件组成。机床采用精密镶钢导轨和精密级滚珠丝杠机构。

线架采用可调式变距，不同型号机床变距尺寸不同，导轮为双挂式结构。

一、床身

床身是采用高强度铸铁(HT250)成形的基座，为机床的承重部件。因该机床加工时，切削力小。床身直接用垫铁与基础接触，安装、调节十分方便。一般不采用地脚螺钉安装。床身上安装上拖板、中拖板。上拖板、中拖板通过滚珠丝杠传动，实现工作台运动，床身上连接立柱及走丝机构组合件。

二、走丝部件与线架

走丝部件上的储丝筒往复旋转，带着电极丝正反运动，线架上的导轮及排丝轮保持着电极丝的运动轨迹，导电块用来进电。

三、锥度装置

锥度装置装在线架上，通过步进电动机使锥度装置作 U、V 轴向移动，与 X、Y 轴配合完成四轴联动功能，实现锥度切割。

四、工作台

工作台即上拖板，工作台面上有 T 形槽，用来安装夹具装夹工件。

五、工作液系统

工作液系统包括水箱、工作液、流量控制阀、进液管、回液管以及过滤装置。由于工作液的质量及清洁程度直接影响加工稳定性和表面质量,因此在机床运行中,要注意工作液的粘污程度,并及时更换新的工作液。

六、夹具与附件

附件箱有拆装组合器、紧丝轮组合、轴承拆卸工具、摇手柄组合。

不同型号机床提供不同型号的夹具。DK7750 及以下机床为框架型夹具,DK7750 以上为独立方箱型夹具。

3.3 机床的传动

机床机械部分主要有工作台传动系统、走丝部件传动系统及锥度装置传动系统。

一、工作台的传动路线

工作台的传动路线如图 3.2 所示。

X 向:控制系统发出进给脉冲→步进电动机 Q→齿轮副 24/112→丝杠→螺母带动 X 拖板运动。

Y 向:控制系统发出进给脉冲→步进电动机 P→齿轮副 24/112→丝杠→螺母带动 Y 拖板运动。

二、走丝部件的传动路线

走丝部件的传动路线如图 3.3 所示。

电动机 M→联轴器→储丝筒高速旋转→齿轮副 34/117→齿轮副 34/117→丝杠→螺母带动走丝拖板,使高速旋转的储丝筒带动电极丝按一定速度作直线运动,并将电极丝整齐地排绕在储丝筒上,行程开关控制储丝筒正反转。

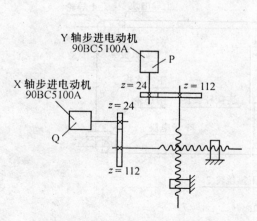

图 3.2 X、Y 工作台的传动路线

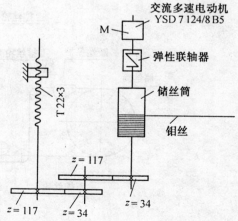

图 3.3 走丝部件的传动路线

三、线架锥度装置的传动路线

线架锥度装置的传动路线如图 3.4 所示。

储丝筒旋转带动电极丝往复运动,排丝轮保持电极丝轨迹,导电块进电,两个步进电动机 E、B 控制十字拖板 U、V 运动,实现锥度切割。

U 向:控制系统发出脉冲→步进电动机 E→齿轮副 24/50→丝杠→螺母。

V 向:控制系统发出脉冲→步进电动机 B→齿轮副 24/50→丝杠→螺母。

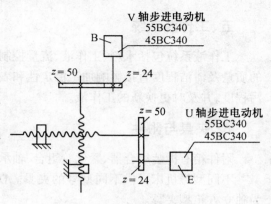

图 3.4　锥度装置的传动路线

四、上悬臂升降的传动路线

手动或升降电动机→蜗杆→蜗轮、螺母组合→升降丝杠→悬臂上下移动,实现变跨距调整。

五、走丝路径

(1) 锥度为 0°、6°的走丝路径(图 3.5(a))

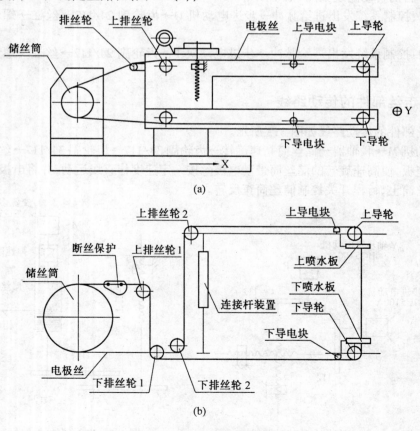

(a)

(b)

图 3.5　30°、60°的走丝路径

储丝筒→排丝轮(跨距小时直接用上排丝轮,跨距大时按图 3.5(a)挂丝)宝石挡丝块→上导电块→上导轮→下导轮→下导电块→宝石挡丝块→断丝保护→储丝筒。

(2) 锥度为 30°、60°的走丝路径(图 3.5(b))

储丝筒→断丝保护→上排丝轮 1→下排丝轮 1→下导电块→下导轮→上导轮→上导电块→上排丝轮 2→下排丝轮 2→储丝筒。

六、大锥度机构连接杆装置的使用和调节

大锥度连杆装置采用分段接长式,它由直线轴承 1、连杆 2、随动接杆 3 及接长杆 4 组成(图 3.6),工作时随动接杆与连杆用紧定螺钉固定在一起,连杆与直线轴承相对移动实现摆动运动。由于直线轴承与连杆的运动精度很高,因此,其工作精度高,精度稳定性和保持性均较高。

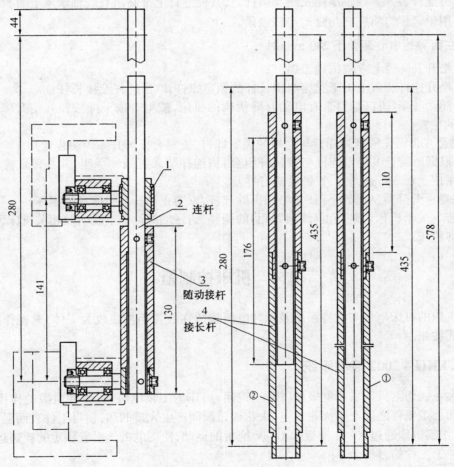

图 3.6　连接杆及行程范围示意图

① 当用随动接杆和连杆组合工作时,上、下导轮中心距调节范围为 141 ~ 296 mm;

② 当用随动接杆、连杆和接长杆①(L = 159 mm)组合工作时,上、下导轮中心距调节范围为 280 ~ 435 mm;

③ 当用随动接杆、连杆和接长杆②(L = 298 mm)组合工作时,上、下导轮中心距调节范

围为 435 ~ 578 mm。

大锥度机构工作时,连杆应比直线轴承上端高出 50 mm,以保证在工件厚 100 mm,切割 60°锥度时直线轴承有足够的滑移距离。

当调整上、下导轮中心跨距时,请按以下步骤操作:

1. 在两导轮中心距小于等于 280 mm 时

① 松开升降臂与立柱的锁紧螺钉;

② 松开连杆装置上锁紧连杆的锁紧螺钉,取出连杆;

③ 摇动升降丝杠(带有电动升降机构的机床,按上升或下降按钮),使升降臂运动到所需的位置;

(注意　必须先松开升降臂与立柱的锁紧螺钉,否则会损坏升降传动装置)

④ 将连杆装入直线轴承座及随动接杆内,并使连杆上部高出直线轴承座上面 50 mm;

⑤ 用锁紧螺钉将连杆与随动接杆锁紧。

2. 在两导轮中心距大于 280 mm 时

① 松开升降臂与立柱的锁紧螺钉;

② 松开连杆装置上的下支座与接长杆的锁定螺钉,取出连杆及接长杆;

③ 摇动升降丝杠(如对带有电动升降机构的机床,按上升或下降按钮),使升降臂运动到所需的位置;

(注意　必须先松开升降臂与立柱的锁紧螺钉,否则会损坏升降传动装置)

④ 根据所需长度配置连杆与接长杆组合,将连杆装入直线轴承座,并且保证连杆高出直线轴承座上面 50 mm,然后将锁紧螺钉拧紧。

(注意　升降臂从高处下降时,必须拆除连杆,以防止连杆及机床意外损坏)

警告　关于机床切割高度(线架跨距)的调整,请仔细阅读以上说明及相关机床警示,否则会损坏机床。

3.4　机床控制柜

该机床的机床电气与数控系统及脉冲电源均放在数控柜内集成为一体,其操作按钮采用触摸式按钮。

一、XKG – 2002 控制系统

电火花线切割机床采用电极丝(钼丝、钨钼丝)作为工具电极,在脉冲电源的作用下,工具电极和加工工件之间产生火花放电,火花通道瞬间产生大量的热,使得工件表面融化甚至气化,线切割机床通过 X – Y 拖板和 U – V 拖板的运动,使得电极丝沿着预定的轨迹运动,从而达到加工工件的目的。

XKG – 2002 型高速走丝线切割控制机是该公司最新研发的通用线切割控制器。

SKG – 2002 线切割控制机的走丝系统用变频换向控制,它能使走丝平稳换向,可降低控制机的故障率,改善整机性能。

1. XKG – 2002 系统组成(图 3.7)

通过插在系统主机上的 ISA 插槽中的 Wedm circuit board 控制接口卡实现对具体执行元

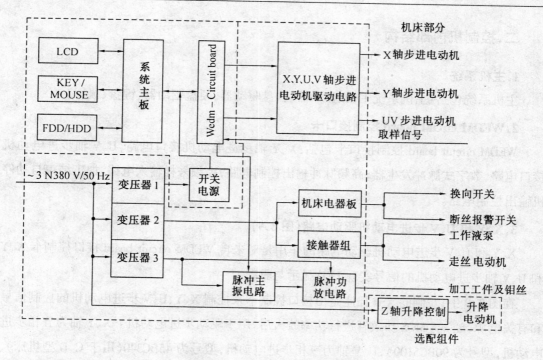

图 3.7　XKG – 2002 控制系统框图

件的采样及部件驱动与控制,以完成对所需特定零件的切割加工。

2.控制机的内部结构及部件分布(图 3.8)

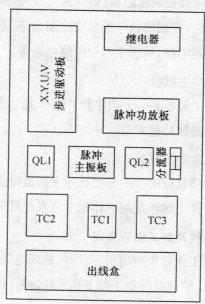

图 3.8　控制机的内部结构框图

二、控制机内部结构

1.主机系统

主机系统包括：主机系统主板、显示器、软盘驱动器、硬盘驱动器、键盘、鼠标。

2.WEDM circuit board 控制接口卡

WEDM circuit board 控制接口卡包括：X、Y 轴步进电动机接口电路，U、V 轴步进电动机接口电路，数字式脉冲发生器，高频脉冲输出控制电路，高频采样输入电路，加工结束自动停机输出控制电路。

3.X、Y 和 U、V 步进电动机驱动电路（图 3.9）

X、Y 和 U、V 步进电动机驱动电路的作用是对来自 WEDM circuit board 接口控制卡 X、Y 和 U、V 轴步进电动机的信号实现 LED 显示与驱动。

在图 3.9 中，左侧的 XS4 插座是由接口控制卡来控制 X、Y、U、V 步进电动机的控制信号和有关电源，经 V－MOS 功效管进行功率放大后，用于驱动步进电动机。X、Y 轴为五相步进电动机，型号为 90BC5100A，U、V 轴为三相步进电动机，型号为 45BC340（用于 C、D 型机床）、55BC340（用于 E、F、G、H 型机床）。

4.机床电器控制板

机床电器控制板包括：走丝换向开关控制电路、工作液泵开关控制电路、高频主电源开关控制电路、控制机总电源启动控制电路、断丝采样电路、换向断脉冲控制电路、走丝电动机高低速控制电路、短丝全行程控制电路等。

5.脉冲主振板

脉冲主振板是一个数字脉冲信号发生器。4.00 MHz 晶振作为主频，经过调整拨码开关得到所需的脉冲宽度与脉冲间隔。

6.脉冲功放板

脉冲功放板的作用是把脉冲主振板提供的信号进行功率放大，从而进行火花放电。本机使用软件为编程控制一体化专业系统软件。

7.断丝及加工结束处理

当在工作过程中出现断丝时，机床电器会自动关闭走丝电动机、工作液泵、高频电源，蜂鸣器长鸣，控制系统由于得不到采样信号，作短路回退处理，屏幕上出现提示信号等待处理。当工件加工结束后，系统会自动关闭走丝电动机、工作液泵、高频电源，等待处理。

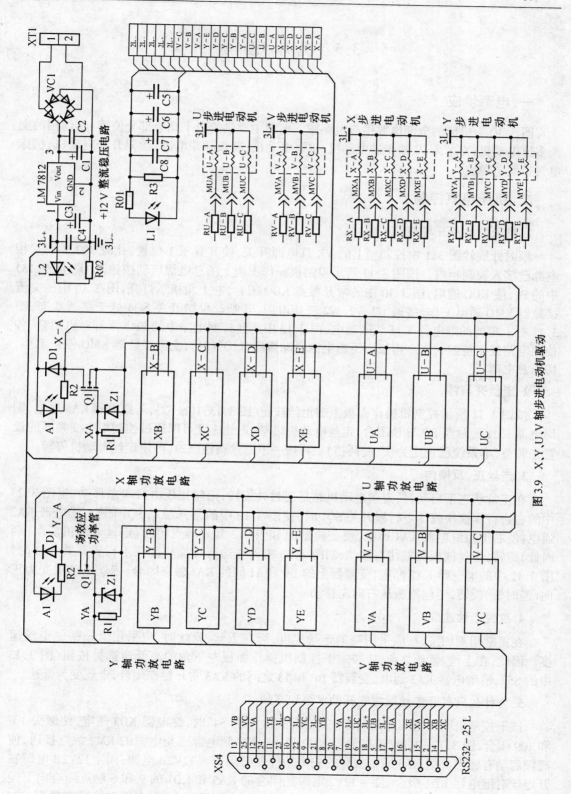

图 3.9　X,Y,U,V 轴步进电动机驱动

3.5　机床电气

一、电源供应

图 3.10 为机床的全部电源供应电路图。电源主要供给以下几个部分使用：走丝用的交流多速电动机；X、Y、U、V 轴步进电动机；水泵电动机；高频脉冲电源；丝架升降电动机；机床电气控制电源。

二、机床电气控制

1. 机床总电源开与关

顺时针旋转图 3.1 中控制柜上的 VK 总电源开关，使其置于 1 位置，此时 380 V 的三相电源已接入控制柜内。按图 3.11 所示控制机操作面板上的总电源启动按钮"I/O"（图 3.13）中的 S1，使 KDO 通电，图 3.10 中的常开触点 KDO 闭合，左上角指示灯亮，图 3.10 中的交流接触器 KMO 通电工作，接通 U2、V2、W2 三相电源，若断丝保护开关 SQ4 处于接通状态，图 3.12 右上角处的继电器 KA5 线圈通电，图 3.13 中走丝控制电路中的 KA5 常开触点闭合，各控制电路处于待控状态。再按一下总电源启动按钮"I/O"（S1），交流接触器 KMO 停止工作，切断总电源。

2. 走丝开与停

按图 3.11 所示控制机操作面板上的走丝按钮（图 3.13 中的 S2），若继电器 KA5 通电，则继电器 KD1 的触点 BP 与 G 闭合，走丝电动机启动，走丝速度可以通过控制柜中变频器的设置来调整（本系统已设定为快、慢两挡）。再按一下走丝按钮（S2），可使走丝电动机停转。

3. 走丝正、反换向

在正常状态下启动时，走丝电动机总是逆时针旋转，走丝拖板由右向左移动，当图 3.23 中的右边行程撞块撞压下行程开关 SQ1 时，使图 3.12 中的常开触点 SQ1 闭合，继电器 KA2 通电，使右上角继电器 KA1 通电，使变频器的 BP 和 12 常开触点闭合，走丝电动机反向（顺时针）旋转，走丝拖板由左往右移动，当图 3.23 中的左边行程撞块撞压下行程开关 SQ2 时，图 3.12 中的继电器 KA2 断电，变频器上的 BP 和 11 间的 KA1 触点闭合，走丝电动机变为正向（逆时针）旋转，走丝拖板从右向左移动。

4. 改变走丝速度

在正常切割加工时，应采用高的走丝速度，而在上丝、紧丝时，应采用低一些的走丝速度。因此，在上丝、紧丝之前，应按一下控制机操作面板左下角的高低速选择按钮（图 3.13 中的 S5），使继电器 KA3 通电，变频器 BP 和 13 之间的 KA3 常开触点闭合，走丝变为低速。

5. 为什么只有开走丝后才能开动水泵和高频

按下控制机面板上的高频电源按钮（图 3.13 中的 S4）时，继电器 KD3 通电，使触头 107 和 109 闭合，图 3.10 中的交流接触器 KM2 通电，使高频电源三相电源的 KM2 触点接通，使高频启动有输出。但 KD3 通电吸合的先决条件是必须有 +12V2B 电源，而 +12V2B 电源在开走丝时继电器 KD1 吸合，使 +12V2 电源经闭合的 KA5 和 KD1 的 9 和 6 触点闭合向下通至水泵控制电路中，把它叫做 12V2B，12V2B 就作为启动水泵 KD2 继电器和接通高频用 KD3

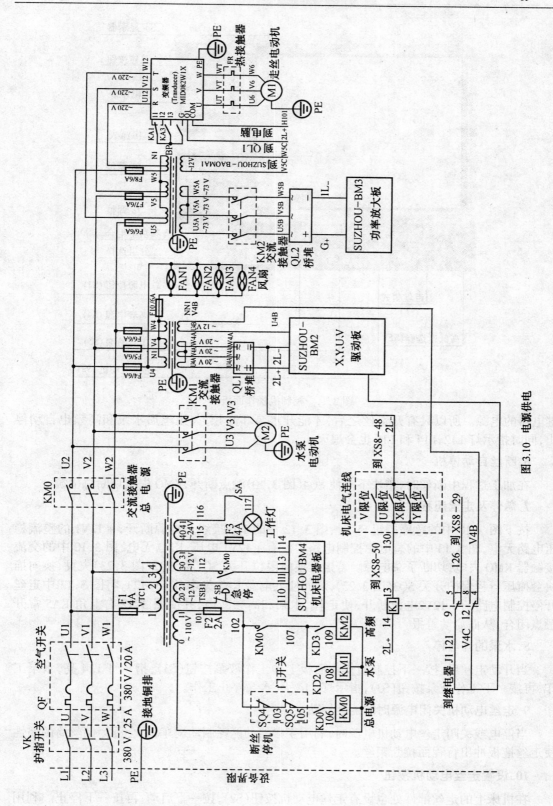

图 3.10　电源供电

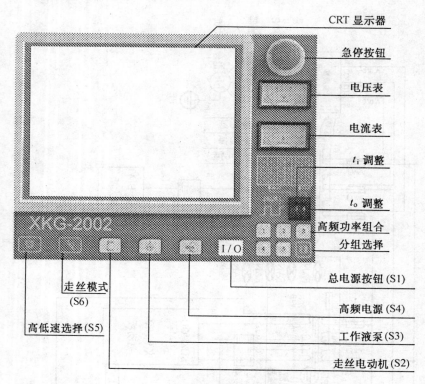

图 3.11　控制机操作面板

继电器的电源。所以只有开走丝之后,才能开水泵和高频,关走丝后水泵和高频也自动停止,同时指示灯 L12、L14 和 L16 也会熄灭。

6.断丝自动停机

在加工过程中断丝时,撞块下落使 SQ4(图 3.10)触点断开,KMO 失电切断总电源。

7.急停及走丝超程保护

按下图 3.10 中的急停按钮 SB 时,图 3.12 中的 110 接线与电源断开,+ 12V1 的整流稳压电路无电,图 3.13 中的总电源控制电路中没有 + 12V1 电压;KDO 无电,图 3.10 中的交流接触器 KMO 失电,切断了总电源。若走丝换向限位开关 SQ1 和 SQ2(图 3.23)失灵,换向撞块会撞压行程保护开关 SQ3(图 3.23),从而使继电器 KA5 失电(图 3.12),将图 3.13 中走丝开停控制电路的 + 12V2电源断开,使走丝、水泵和高频断电,并使图 3.12 右上角 KA5 常开触点闭合,从而启动警报

8.水泵的开与停

当开动走丝后,按一下控制机操作面板上的工作液泵按钮(S3),指示灯 L14 亮,水泵工作,再按一下工作液泵按钮(S3),指示灯 L14 灭,水泵停止工作。

9.走丝电动机关闭电源时的能耗制动

当停电或关闭走丝电动机电源时,利用变频器的能耗制动刹车,不会因为储丝筒的惯性使走丝拖板冲出行程而拉断钼丝。

10.设置走丝电动机按钮

在机床上的走丝部件处也设有走丝电动机按钮(S2),按一下启动,再按一下停止。利用

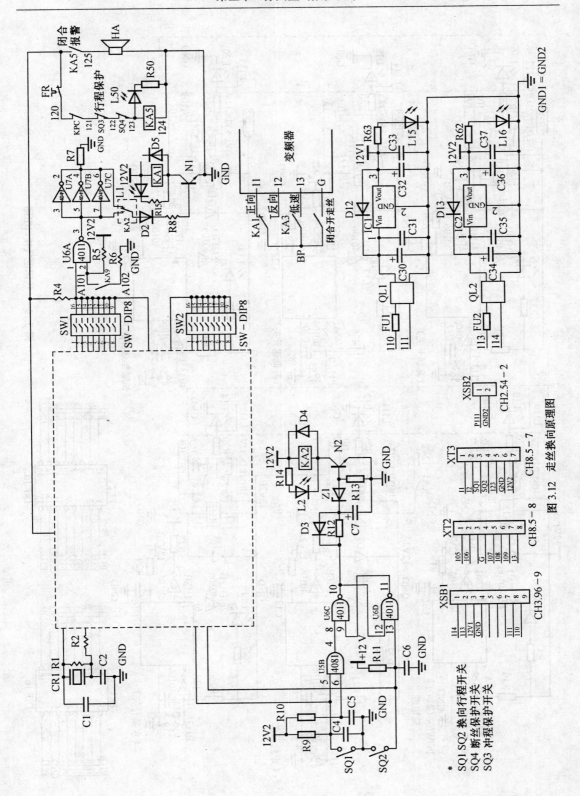

图 3.12 走丝换向原理图

* SQ1 SQ2 换向行程开关
  SQ4 断丝保护开关
  SQ3 冲程保护开关

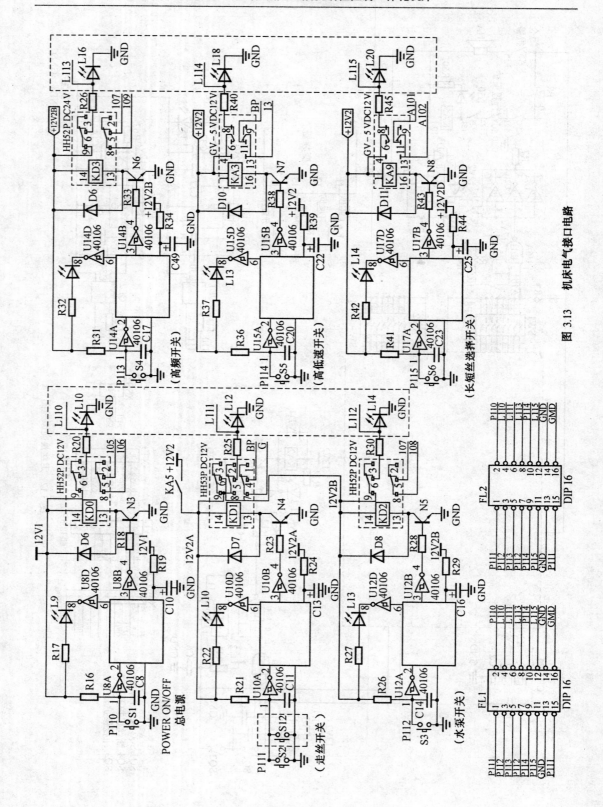

图 3.13 机床电气接口电路

该按钮可以很方便地完成走丝操作。绕丝时必须先按一下控制机面板上的高低速选择（SLOW/FAST）按钮（图 3.13 的 S5），指示灯 L18 点亮，走丝电动机低速转动。

3.6 脉冲电源

一、概述

XKG－2002－4 脉冲电源是宝玛公司研制的一种新型高效率电源。脉冲电源的振荡级采用集成电路，振荡频率稳定，抗干扰能力强，前置放大驱动一致性好。功放级采用大功率 IGBT 大功率管，并联使用，输出电流大，加工效率高。XKG－2002－4 高频电源还具有分组脉冲波形输出，适用于厚度小又要求具有表面粗糙度 Ra 值小的工件。

本电源主要技术指标和工艺指标：

电源电压：$3 \sim AC380 \ V$，$50 \ Hz$；

脉冲峰值电压：$\leqslant DC110 \ V$；

脉冲参数：见表 3.1 和表 3.2；

切割表面粗糙度：$Ra \leqslant 2.5 \ \mu m$（加工条件：切割速度 $v_{wi} \geqslant 20 \ mm^2/min$）；材料为淬火 Cr12，厚度 $40 \sim 50 \ mm$）；

最大切割速度 $v_{wi} \geqslant 120 \ mm^2/min$（条件同上）；

最大加工厚度：$500 \ mm$；

最大加工电流：$6 \ A$（条件同上）。

二、原理说明

现以 XKG－2000－1 脉冲电源为例，该脉冲电源主要由直流电源、振荡级、前置放大级、功率放大级和取样电路组成，其方框图如图 3.14 所示。

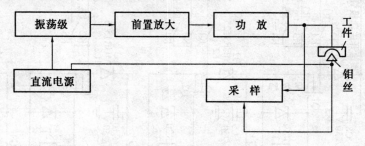

图 3.14 脉冲电源方框图

前置放大级采用集成电路 MC4049 并联使用的方式，以确保驱动场效应管正常工作。

左图 3.15 中，功放级采用四只大功率场效应管并联使用的方式，通过高速开关二极管泄放反电势，以保护场效应管并抑制电极丝的损耗，功率管 1～5 只可任意投入或减少使用。

图 3.15 是 XKG－2000－1 脉冲电源的功放级及通至工件和钼丝加工区的放电回路，图中共有四个场效应功放管，由前置放大级传来的信号推动工作，功放前面的那部分省略，每个功放管的负载限流电阻是可以选择搭配的，用图 3.16 中的五个按键和图 3.17 中的高频能量选择接口电路配合选择。图 3.17 中共有五个选择电路，分别接通 K1、K2、K3、K4、K5 五

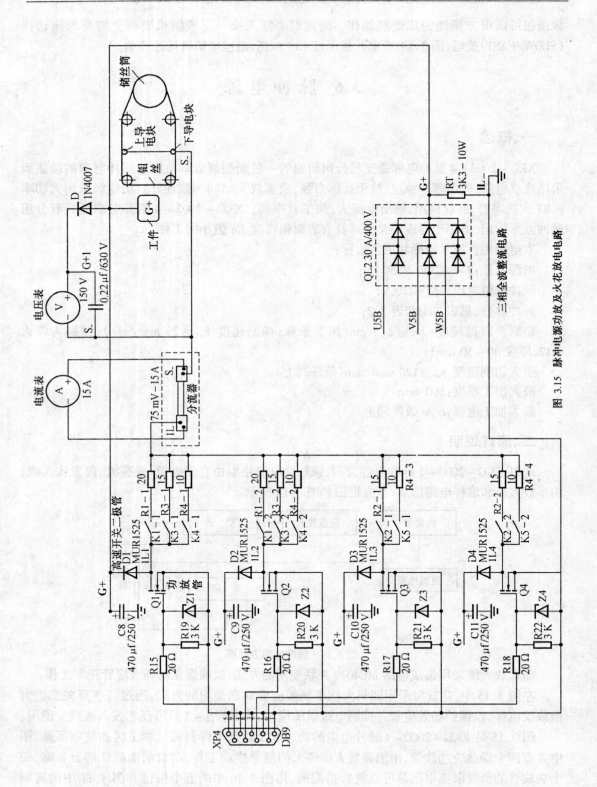

图 3.15　脉冲电源功放及火花放电电路

个继电器的线圈电源,如按图3.16中的按钮1时(图3.17的按钮PUSE1),继电器K1通电吸合,使图3.15中的K1-1和K1-2触点闭合,第1和第2个功放管投入工作,其负载电阻均为20 Ω。按其它键时原理相同,据此可以理解表3.2、3.5、3.6的功率组合。

三、加工参数的选择

1.短路峰值电流与按键的关系

加工参数的选择涉及的方面较多,使用者所实现的效果必然有所不同。如加工精度、表面粗糙度要求不同,使用的钼丝品牌、粗细、工作液种类不同,使用者的操作实践经验、熟练程度不同,加工零件的材质及热处理状态不同,用户供电电网波动程度不同等因素均要影响到加工效果。

2.功率管组合选择不同按钮时所代表的短路峰值电流 $\hat{I}_s$(图3.16及图3.17)

① $\hat{I}_s = 10$ A ② $\hat{I}_s = 13$ A ③ $\hat{I}_s = 13$ A ④ $\hat{I}_s = 8$ A ⑤ $\hat{I}_s = 8$ A

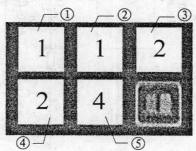

图3.16 脉冲电源功率组合按钮

3.脉冲电源参数选择(供参考)

在脉冲电源上可以用置挡数来选择脉冲宽度 t_i 和脉冲间隔 t_o,脉冲宽度 t_i 可参考表3.1,脉冲间隔 t_o 可参考表3.2。

表3.1 脉冲宽度 t_i 置档数表

加 工 类 型	精	中	粗
脉冲宽度 t_i(置挡数)	0、1	2、3、4、5	6、7、8、9
切割速度 $v_{wi}/(\text{mm}^2 \cdot \text{min}^{-1})$	≥15	≥20 ~ 60	≥100

表3.2 脉冲间隔 t_o 置档数表

工件厚度/mm	40	40 ~ 100	500
脉冲间隔 t_o(置挡数)	2、3	4、5	5 ~ 9
功率组合	按钮 1 + 1 + 2	按钮 1 + 2 + 2 + 4	按钮 1 + 1 + 2 + 2

4.脉冲电源置挡数与电参数对照

脉冲宽度可参看表3.3,脉冲间隔可参看表3.4。

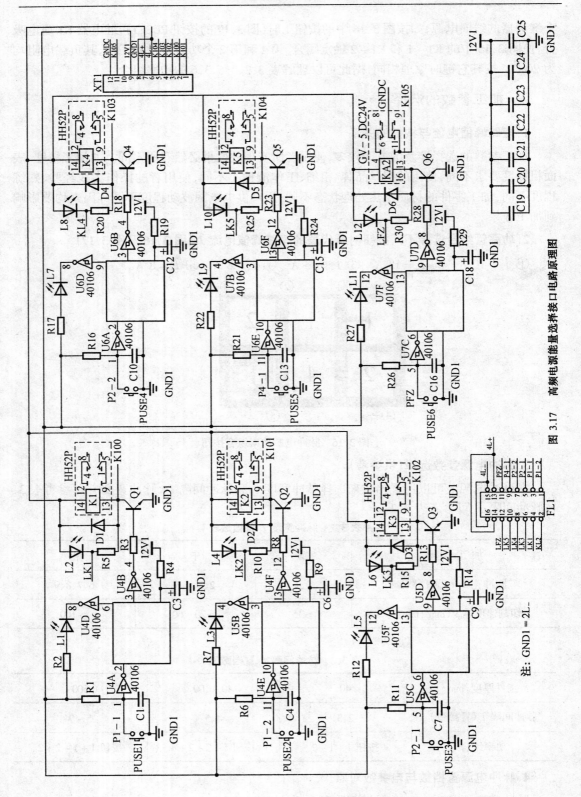

图 3.17 高频电源能量选择接口电路原理图

表 3.3 脉冲宽度 $t_i(\mu s)$	
0	6
1	8
2	12
3	16
4	24
5	32
6	48
7	64
8	96
9	96

表 3.4 脉冲间隔 $t_o(\mu s)$	
0	3 倍 t_i
1	4 倍 t_i
2	5 倍 t_i
3	6 倍 t_i
4	7 倍 t_i
5	8 倍 t_i
6	9 倍 t_i
7	9 倍 t_i
8	9 倍 t_i
9	9 倍 t_i

5. 用于要求表面质量的加工(小脉冲宽度和小短路峰值电流)(可参考表 3.5)

表 3.5　要求表面质量时 t_i 和 t_o 的选择

序号	工件厚度/mm	脉冲宽度 $t_i/\mu s$	脉冲间隔 t_o(置数)	功 率 组 合
1	0~20	0(6 μs)	2	按钮 1+1
2	20~40	1(8 μs)	3	按钮 1+2+2
3	40~60	2(12 μs)	4	按钮 1+1+2
4	60~90	3(16 μs)	4	按钮 1+2+2+4
5	90 以上	4(24 μs)	5	按钮 1+1+2+2+4

6. 用于要求切割速度的加工(大脉冲宽度和大短路峰值电流)(可参考表 3.6)

表 3.6　要求切割速度 v_{wi} 高时 t_i 和 t_o 的选择

序号	工件厚度/mm	脉冲宽度 $t_i/\mu s$	脉冲间隔 t_o(置数)	功 率 组 合
1	0~20	4(24 μs)	4	按钮 1+1+2
2	20~40	5(32 μs)	5	按钮 1+1+2+2
3	40~60	6(48 μs)	5	按钮 1+1+2+4
4	60~90	6(48 μs)	6	按钮 1+1+2+4
5	90 以上	7(64 μs)	6	按钮 1+1+2+4

3.7　变频器参数设定方法

(1) 接通电源;显示 $\boxed{0.0}$ 。

(2) 按 $\boxed{\text{MODE}}$ 键,显示 $\boxed{00.}$,再按 $\boxed{\text{V}}$ 到 $\boxed{00--}$ 时,按住约 10 s 将显示出"可设定参数量" $\boxed{19}$ 。再用 $\boxed{\text{V}}$ 、 $\boxed{\wedge}$ 键变更到自己所需的参数量。

(3) 按 $\boxed{\text{MODE}}$ 键,显示 $\boxed{00.}$,再按 $\boxed{\wedge}$ 到 $\boxed{99--}$ 时,按 $\boxed{\text{MODE}}$ 键,显示 $\boxed{01--}$ (显示的顺序,现为第一个),按 $\boxed{\wedge}$ 键选择顺序。再按 $\boxed{\text{MODE}}$ 键,显示 $\boxed{--00}$,即第一个显示的为 00(第 0 速的频率),可用 $\boxed{\text{V}}$ 、 $\boxed{\wedge}$ 来选择需要设定的参数。直到参数全部设定完为止。

(4) 按 $\boxed{\text{MODE}}$ 键,按 $\boxed{\text{V}}$ 键退到 $\boxed{00}$,按 MODE 键,再按 $\boxed{\text{V}}$ 、 $\boxed{\wedge}$ 键来选择参数值。按照表 3.7 依次输入各参数值。

变频器参数设定(无特殊情况请勿改变)如表 3.7 所示。

表 3.7　变频器参数设定表

顺序号	号码	设定值	顺序号	号码	设定值
01	00	25	11	15	100
02	01	50	12	26	2.0
03	16	TEr	13	27	POS
04	17	PnL	14	36	100
05	18	2	15	37	1.0
06	21	2.0	16	46	Fsrs
07	31	0.5	17	51	STbL
08	19	100	18	55	rEu
09	22	5.0	19	60	0 - F
10	32	5.0			

注:约 3 s 不触动键,会退回到监视方式,故这时请再按一次 $\boxed{\text{MODE}}$ 键。

3.8　机床内部接线图

图 3.18 中表示机床各部分之间的内部接线关系,此图对机床电气维修有一定的指导作用。

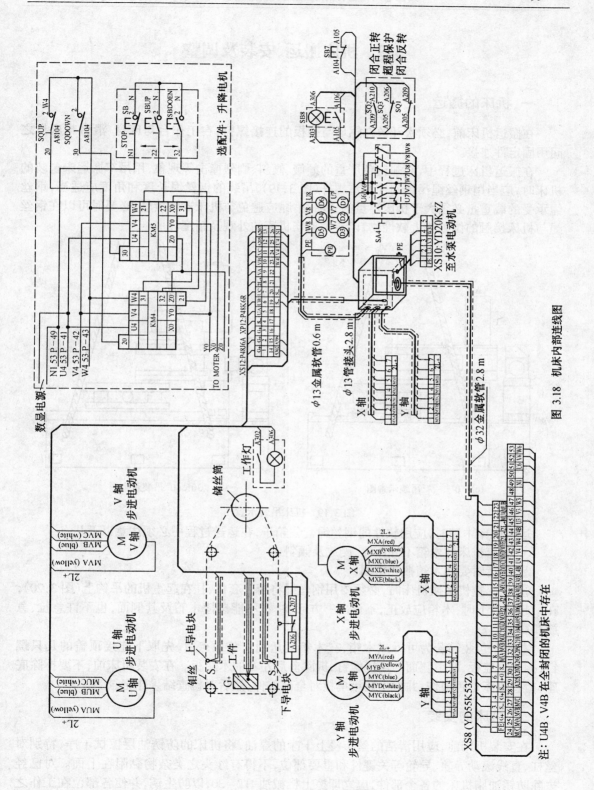

图 3.18 机床内部连线图

3.9　机床搬运、安装及调整

一、机床的搬运

在搬运机床前,必须松开丝杠螺母与拖板的连接螺钉,在工作台与床身、滑台与床身之间用固定件连接。

在搬运机床过程中,必须避免严重的颠簸、倾斜、剧烈撞击等现象,用吊车搬运未包装的机床时,应当用钢丝绳吊钩勾住起重螺杆(图3.19),吊装的钢丝绳长度和角度应适当,钢丝绳承受的载重量必须大于机床重量的4倍,吊绳应避免与机床零件接触,必要时可以在钢丝绳与机床接触的位置垫上软性物,以避免损伤机床的外观及精度。

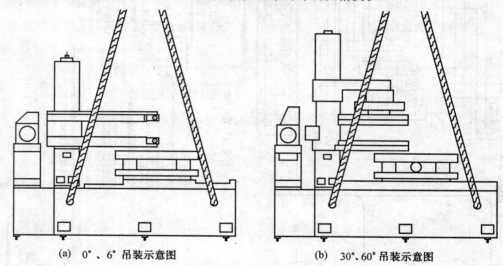

(a)　0°、6°吊装示意图　　　　　　　(b)　30°、60°吊装示意图

图3.19　机床吊装示意图

运送机床木箱时,应用软性的钢丝绳套住箱子,在运送过程中必须注意以下几点:

① 装有机床的木箱不许倒置、侧放及倾斜;

② 搬运时要将木箱捆扎牢固;

③ 用起重机吊搬机床时,必须要用钢丝绳将箱子套住,挂在起重机的吊钩上(图3.20),在吊起或放下时,木箱应放正,不许向一方倾斜,也不能碰撞木箱及其侧面,也不许急拉、急放和震动。

本机床包装箱若为可拆式木箱,在木箱运送到安装地点后,先取下连接顶盖的几只螺钉,拆除顶盖板,取下侧面的连接螺钉,拆除前后左右的木箱板。在安装机床前,不要拆除底座,检查机床是否损伤,并根据装箱单核对全部附件,然后对检查结果作记录。

二、机床的安装

在安装机床前,应用清洁的丝布浸上干净的煤油,将机床的防锈油层擦拭干净,特别对丝杠、直线滚动导轨、导轮等关键件和重要部位,不得有纱头之类杂物黏附在上面。对已经去除防锈油脂机床的各个部件,应立即擦上机械油 HT-30,以防生锈,并使各部位在工作之前充分润滑。

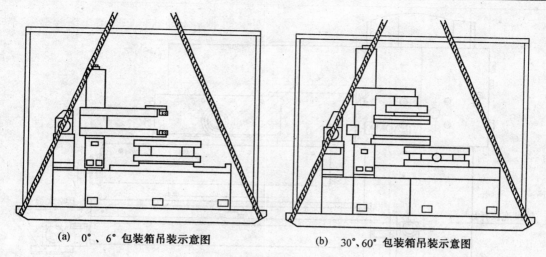

(a) 0°、6° 包装箱吊装示意图　　　　　(b) 30°、60° 包装箱吊装示意图

图 3.20　包装箱吊装示意图

安装时先安装工作台及床身。

选择机床的安装方向时,应尽量使操作者面对自然光源,机床周围不允许有强烈的震动、强电磁场以及噪声干扰,否则会直接影响机床的正常工作。如果工作场地条件较差,可采用防震式地基,使机床与震源隔离。防震沟内可填充软性物消震。机床在出厂时,已将工作台与滑台、滑台与床身之间用固定压板连接,因此在调机时必须先拆除工作台与滑台、滑台与床身之间的固定压板,然后拧紧丝杠螺母与拖板螺母角铁的连接螺钉。(保留固定压板,以便再次搬运机床时使用)

机床安放在地基上后,用水平仪器进行检查,为了调整方便,最好在下面放上机床垫铁,调整时,须在工作台的纵、横向各放一只水平仪。水平仪在纵向、横向的读数不允许超出 0.04/1 000。工作台床身调好后,校正立柱悬臂移动对工作台的平行度和垂直度。

本机床属精密机床,建议工作环境温度控制在(20 ± 5)℃,不得与重型机床安置在一起,四周避免有震动源。

本机床整机使用三相四线制 3N－380 V 50 Hz,中线不采用。为了保证操作者的人身安全和控制系统的稳定性,机床与控制柜的外壳必须接地桩地线(即大地 PE),以防发生触电事故。

三、机床的调整

在机床运转前,各加工面所涂防锈油均应清除干净,螺钉与螺栓均应紧牢,螺钉均应按照下述方法适当调整,机床上的四周均无障碍物,导轨、丝杠必须清洁无污物,润滑油均须注足,电气线路和地线均应接好,检查无漏油。

1.锥度装置的调整(图 3.21)

根据工件的厚度选择相应的切割跨距,一般喷水板喷嘴 2、3 离工件 5 ~ 10 mm 较为合适,调整跨距时,先松开锥度连杆 1 悬臂上的支紧螺钉,将切割跨距调整到合适位置,然后再拧紧支紧螺钉。

用 90°角尺或钼丝校正器校正钼丝垂直度,校正前松开锥度小拖板锁紧螺钉,转动小步进电动机调整旋钮,调整后拧紧锁紧螺钉。(60°锥度装置,手动 U、V 方向两旋钮调整)

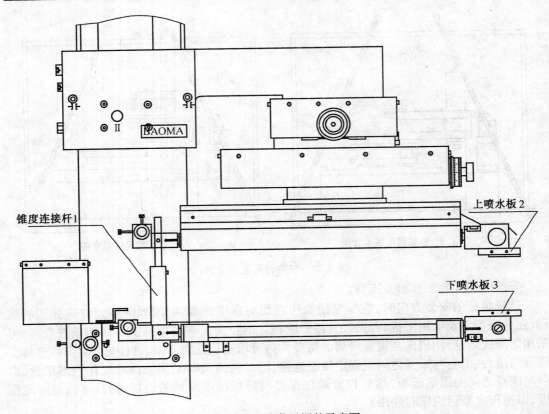

图 3.21　锥度装置调整示意图

2.导轮的调整(图 3.22)

调节螺钉 7 和螺母 6,可消除导轮轴向间隙,调整时,既要保证导轮转动灵活,又要无轴向间隙,更换时,导轮或轴承内要加高速润滑脂。

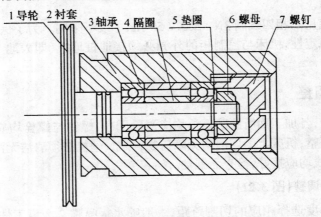

图 3.22　导轮调整示意图

3.关于工作台间隙

不同型号的机床配不同的导轨,DK7750 及以下小型机床采用镶钢导轨和滚珠丝杠传动、DK7750 以上机床采用直线导轨和滚珠丝杠传动,用户不必调整工作台间隙。

3.10 机床的操作

开动机床前,应熟悉机床各部件及控制柜的正确使用方法,机床按下述方法调整。

1.观察机床运行状态

启动电源开关,让机床空载运行,观察其工作状态是否正常,内容有:

① 控制柜必须正常工作 10 min 以上;

② 机床各部件运转正常;

③ 脉冲电源与机床电气工作正常,换向切断脉冲电源无失误;

④ 各个行程开关触点灵敏;

⑤ 工作液各个进出管路畅通无阻,压力正常。

2.根据机床润滑要求注润滑油

3.工作液一般以每隔 10 ~ 15 天更换一次为宜

4.根据电极丝使用情况决定是否调换电极丝

5.工件的装夹

① 装夹工件前,应校正电极丝与工作台面的垂直度,然后将夹具固定在工作台上;

② 工件装夹前,应清洁工件放置面和夹具放置面,注意工件装夹是否导电良好;

③ 装夹工件时,应根据图样要求用百分表等量具找正基准面,使其与工作台的 X 向或 Y 向平行,装夹位置应使工件的切割范围控制在机床的允许行程之内。工件及夹具等在切割过程中不应碰到走丝部件的任何部位。工件装夹完毕后应清除干净工作台面上的一切杂物。

6.电极丝的绕装

(1) 丝速设定

本机床走丝电动机采用三相交流电动机,转动图 3.23 所示机床走丝电动机操作面板上的 SA4 至"2"挡(采用高速挡,可以获得 8 ~ 10 m/s 的速度,采用低速挡,可以获得 2 ~ 4 m/s 的速度)。切割前应将图 3.11 中的丝速选择按钮 的指示灯熄灭,使走丝电动机处于高速控制状态。(注:旋钮 SA4 的"0"为空挡、"2"为正常加工挡)

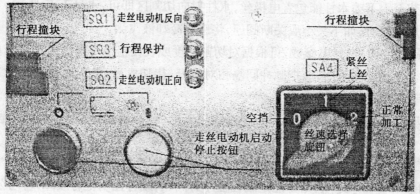

图 3.23 机床走丝电动机操作面板

（2）上丝

开机前行程调节撞块移向两顶端。将电极丝盘置于上丝机构伸出轴上，紧固旋钮，然后将电极丝一端经排丝轮绕到储丝筒并用螺钉压住（应将储丝筒摇至终端位置），均匀缠绕几圈后，上丝前应将丝速选择按钮 的指示灯开启发光，这时走丝电动机处于低速控制状态，开启走丝电动机旋转绕至另一端，根据所需上丝量适时关闭走丝电动机，剪断电极丝，电极丝按照正确的走丝方式绕好，回到储丝筒上并压紧，反向缠绕几圈。

调节行程挡块间距，保证储丝筒两端有 5～10 mm 钼丝缠绕长度的余量。

上丝时，注意转向和走丝拖板的移动方向，防止冲出行程。

注意　开走丝拖板时，必须拿掉摇动手柄，以防飞出伤人。走丝行程限位采用丝杠螺母脱开法，丝杠尾部有一段无螺纹，超行程时脱开螺母，丝杠空转，复位时推动走丝拖板手摇储丝筒，使丝杠拧入螺母即可。

（3）紧丝

采用紧丝轮手动紧丝，电极丝在经过一段时间使用后，会因弹性疲劳及加工过程中产生拉伸而变松，可采用手动紧丝方法重新张紧，注意用力均匀。

SA4 选择开关的 O 挡是为防止走丝控制系统失效而设置的。（当正常加工时，处于"2"挡；当在绕丝或紧丝时用"1"挡；当走丝控制出现故障时，应将 SA4 选到"0"挡，以免伤人）

7. 操作步骤

① 启动电源开关。

② 把加工程序输入控制柜。

③ 根据工件厚度调整线架跨距（切割工件时避免调整跨距）。

④ 把工件装夹到夹具上。

⑤ 绕电极丝（电极丝绕好后，应手动紧丝 1～2 次，紧丝时应用力均匀）。

⑥ 丝速选择：切割时应把丝速选择旋钮置为"2"（高速挡）。

⑦ 开启走丝电动机，换向正常。

⑧ 开启水泵电动机，调节喷水量。开启水泵时，应注意把调节阀调至关闭状态，然后逐渐开大，调节至上下喷水柱能包着电极丝，水柱射向切割区即可，水量不可太大。

注：开启水泵时，如不关小或关断阀门，将造成冷却液飞溅。

⑨ 开脉冲电源，选择电参数，可根据对切割速度或表面粗糙度等的要求选择（详见脉冲电源部分）。电极丝切入时，应把脉冲间隔相对拉开，待切入后，稳定时再调节脉冲间隔，使加工电流满足要求。

⑩ 启动程序，进入切割时，调节跟踪观察机床电流表，使指针稳定。（允许电流表指针略有晃动）

⑪ 加工结束后检查 X、Y 坐标是否到终点（如果在程序终点，则说明切割正常，可拆下工件清洗；如果未在程序终点，则可能是编程程序有问题，或者控制柜有故障，可与公司联系）。

注：控制柜控制面板上有红色急停按钮开关，工作中如有意外情况，按下此开关，即可断

电停机。

8.锥度切割

① 松开锥度十字拖板锁紧螺钉(大锥度无锁紧螺钉)。

② 先调整跨距,再调整电极丝垂直度。

③ 用高度尺测量出上下主导轮的中心线距离 H_2、下导轮中心线到装夹工件夹具面的距离 H_1 以及所要切割的工件厚度 H(图 3.24)。

在编制切割锥度工件程序时,根据要求把 H、H_1、H_2、r 输入锥度程序编制窗口,系统自动生成锥度加工程序,把程序转入控制界面就可以进行锥度切割加工了(具体请参阅第一章)。

④ 锥度切割丝杠副的间隙调整。先打开锥度装置的上下盖板,用专用扳手按图 3.25 所

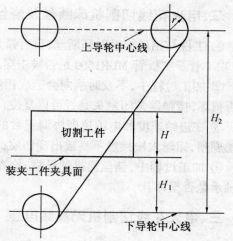

图 3.24 切割锥度时必需的几个尺寸

示调松或收紧丝杠副,要求转动灵活,无轴向间隙(新机出厂时已作好调整,用户一般不必自行调整)。

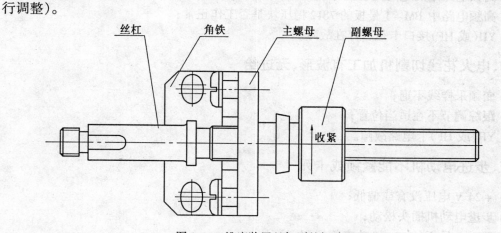

图 3.25 锥度装置丝杠副的间隙调整

3.11 常见故障的排除方法

一、电脑显示屏黑屏

① 检查内存是否松动;

② 检查显卡是否松动;

③ 检查 CPU 风扇是否转动;

④ 检查 CPU 接插件是否松动;

⑤ 检查电脑电源箱的风扇是否转动;

⑥ 检查电脑主机电压是否正常;

⑦ 检查电脑主机电源是否开启。

二、电火花线切割机床断丝及烧丝

① 工件与钼丝接触时即断丝,且有弧光放电现象(直流放电),检查 BM－3 号板 BH60－100 功率管及二极管 MUR1560 是否被击穿;

② 加工过程中,不及时换向会造成钼丝冲断,检查换向撞块上螺钉是否拧紧,行程开关是否损坏,接触器常闭触头是否可以复位;

③ 在进给速度和电蚀速度协调正常的情况下,加工中途断丝,检查排丝轮及导轮是否跳动剧烈,钼丝太松接触不良或出现凹痕;

④ 加工过程中,储丝筒排丝异常,检查储丝筒纵向是否有问题,是否有间隔,储丝筒座的轴承是否损坏。

三、电火花线切割机无高频电压

① 高频电路中 BM－3 号板功率管是否损坏;

② 高频电路中整流桥是否有电压;

③ 高频电路中的电阻是否烧坏或脱线;

④ 高频电路中 BM－1 号板的 7812 稳压块是否工作正常;

⑤ YH(或 HF)接口卡是否存在故障。

四、电火花线切割机加工有波形、无进给

① 变频采样线不通;

② 跟踪调节不在适当位置;

③ YH(或 HF)卡电路故障。

五、步进电动机不能紧锁或卡死

① ＋24 V 电压没有或偏低;

② 步进电动机插头松动;

③ BM－2 号板的 VMOS 功率管损坏;

④ YH(或 HF)接口电路故障;

⑤ 驱动电路中限流电阻烧断开路;

⑥ 机械故障、步进电动机主轴卡死或丝杠齿轮卡死。

六、走丝电动机故障

① 加工时,走丝电动机不能制动,检查 FU14 保险丝是否断裂;

② 加工时,走丝电动机不能换向,检查行程开关及中间继电器;

③ 走丝电动机无法启动时,应检查断丝保护开关、红色急停按钮、热继电器、走丝电动机冲程保护(行程开关),机械方面出现的问题,应检查丝杠与螺母卡死或走丝齿轮卡死;

④ 加工时,储丝筒出现异响,应检查储丝筒座轴承、丝杠与螺母是否上润滑油,油槽是否有油,上油环是否脱离丝杠。

七、加工时常见问题

① 当加工的零件表面粗糙度不好时,检查电参数是否正确,钼丝是否抖动,钼丝是否张紧,工作液是否脏,走丝是否异常,机床床身是否水平,导轮和排丝轮是否异常;

② 当加工零件尤其是切割厚件时,易出现短路及电流、电压不稳定的情况,这时应检查电参数、变频调节、采样线接触是否良好,YH(或 HF)接口卡电位器及水泵工作是否正常;

③ 当加工的零件精度低时,检查步进电动机是否有失步现象,导轮与排丝轮是否有跳动现象,钼丝是否有异常抖动现象,工作台与丝杠间隙是否变大,材料有没有变形等。

八、机械常见问题

① 拖板 X、Y 轴有 90°误差,应调节上拖板 V 型导向导轨;

② 储丝筒有噪声,应更换储丝筒座轴承;

③ 储丝筒换向声音大,应更换储丝筒轴的键、走丝电动机键及弹性块;

④ 储丝筒有横向间隙,应检查走丝丝杠螺母及轴承座的轴承。

九、工件表面有明显丝痕

① 电极丝松动或抖动,采用紧丝方法排除;

② 跟踪不稳定,调节电规准及进给跟踪速度;

③ 工件材质或热处理有问题,更换工件。

十、抖丝

① 电极丝松动,将电极丝收紧;

② 轴承由于长期使用导致精度降低或导轮磨损,应更换轴承及导轮;

③ 储丝筒换向时冲击及储丝筒跳动增大,应调整储丝筒。

十一、导轮跳动、有啸叫声或转动不灵活

① 导轮轴向间隙大,调整导轮的轴向间隙;

② 导轮侧面跳动,换导轮;

③ 工作液进入轴承,应用汽油清洗轴承;

④ 长期使用轴承导致精度降低或导轮磨损,应更换轴承及导轮。

十二、断丝

① 电极丝由于长期使用而导致老化发脆,更换电极丝;

② 电极丝太紧及严重抖丝,更换新丝或导轮组件;

③ 工作液供应不足,电蚀物排屑不出,调节工作液流量或更换工作液;

④ 工件厚度大,电规准选择配合不当,正确选择电规准;

⑤ 储丝筒拖板换向间隙大造成叠丝,调整拖板换向间隙;

⑥ 限位开关失灵,拖板超出行程位置,检查限位开关;

⑦ 工件表面有氧化皮,手动切入或去除氧化皮。

十三、松丝

① 电极丝安装太松,重新紧丝;

② 电极丝由于使用时间过长而产生松动,更换电极丝。

3.12　机床的润滑及保养

开动机床前,必须完全熟悉机床润滑系统和润滑规程,将各润滑部位充分润滑,以保证机床的性能及使用年限。

为了润滑机床的滑动面和运动机构,在机床上设有油杯和油孔。图 3.26 和图 3.27 为各润滑部件的示意图。

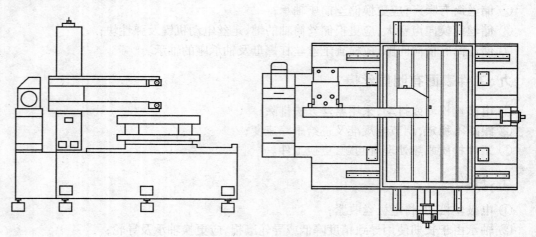

图 3.26　0°、6°润滑部位示意图

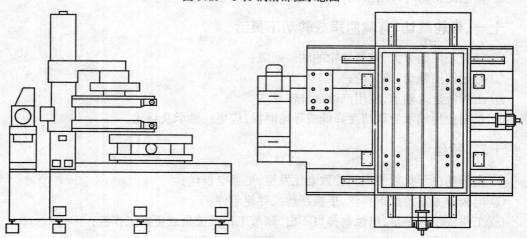

图 3.27　30°、60°润滑部位示意图

机床各运动副的润滑采用人工定期润滑,其润滑规程及注意事项列于表 3.8 中。

表 3.8 机床的润滑表

序号	润滑部位	润滑方法	润滑期
1	走丝部件的梯形丝杠	储油槽润滑	半年更换一次
2	走丝拖板及导轨面	油枪注射	每班一次
3	走丝变速齿轮	油枪注射	每班一次
4、5	X、Y 向螺母丝杠	ZG－2 钙基润滑脂 GB 491	三个月一次
6、7	X、Y 向导轨	油枪注射	每周一次
8、9	X、Y 向变速齿轮	ZG－2 钙基润滑脂 GB 491	半年一次
10	U、V 向丝杠	ZG－2 钙基润滑脂 GB 491	每周一次
11	U、V 向变速齿轮	ZG－2 钙基润滑脂 GB 491	半年一次
12	升降丝杠及蜗轮螺母	油枪注射	每周一次
13	升降导轮	油枪注射	每周一次

注:2、6、7、12、13 加润滑油时需要打开防护罩。

整机应保持清洁,停机 8 h 以上应擦干净,并涂油防锈。锥度装置的导电轮、排丝轮周围应经常用煤油清洗,以保持其洁净,清洗后的脏油不得流入工作台的回水槽内。

导轮及其轴承一般使用 3～4 个月后应成套更换,对切割表面粗糙度有较高的要求时,应视情况即时更换导轮、排丝轮;当改变切割钼丝的规格时,也应立即更换导轮、排丝轮。

如发现工作液循环系统存在工作液有堵塞现象,应及时疏通,特别要防止工作液渗入机床内造成短路,以致烧毁电气组件。

机床设有断丝保护机构,一旦断丝,应及时将电极丝清理干净。

机床应与外界振动隔离,避免接近强烈的电磁场,整个工作区应保持整洁。当供电电压超过额定电压 ±10% 时,控制柜应该外接稳压电源(3N－380 V 3 kW)。

该机床在两班工作制和按操作规则的工作条件下,其精度保持在机床精度范围内的时间大于 2 年,机床自投入使用到第一次大修时间不小于 8 年。

第四章 苏州恒宇数控机床

4.1 概 述

苏州市恒宇机械电子有限公司,是国内数控电火花机床专业生产厂家。公司成立于1995年,主要产品有电火花线切割机床、电火花高速穿孔机及电火花成型机床。公司注重产品开发和技术改良,2004年开发的中速走丝线切割机床是一种新型的高性能价格比的线切割放电加工机床,其特点是完全消除了高速走丝切割后留在工件表面上的换向条纹,实现了无条纹切割,部分代替了低速走丝加工。

产品型号:DK7732X、DK7740X、DK7750X、DK7763X、DK7780X 等中速走丝线切割机床。

产品特点:中速走丝,无条纹切割,表面粗糙度可达到低速走丝线切割机床水平,是高速走丝的更新换代产品。控制系统分为立式和台式两种,均为微机编程控制一体化系统。可实现四轴联动;可以切割大锥度、变锥体、上下异形面等复杂工件;直接调用 AUTOCAD 图形;变频跟踪动态调节;全绘图式编程,编程、控制分时操作;并可为其它单板(单片)机控制台编程及传送 3B 程序。常备功能齐全(自动找中心、碰边定位、结束关机、手动及自动回退、回原点、停电记忆、轨迹显示、任意角度旋转、跳步加工、任意段加工、自检程序、程序读、存盘等)。全中文界面操作,一目了然,一学就会。

机械采用滚珠丝杠,镶钢 V 型导轨或直线滚动导轨。三相六拍或五相十拍两种驱动方式,采用无触点软换向,声音小,运行稳定可靠。断丝保护、越行程保护、加工完毕自动关机等功能完善,有 ±(3°~30°)多种锥度供选择。

最大切割厚度 1 000 mm,最大切割速度大于 120 mm²/min,最佳表面粗糙度 $Ra <$ 2.27 μm。

电话:0512~65350671

邮编:215008

地址:江苏省苏州市城北公路沪宁高速新区出口处南 300 米

邮箱:hengyu@sz-hengyu.com

网址:www.sz-hengyu.com

4.2 机床及传动系统

1.机床

图 4.1 是机床外形图,图 4.2 是走丝部件传动图,图 4.3 是 X 坐标工作台传动图。

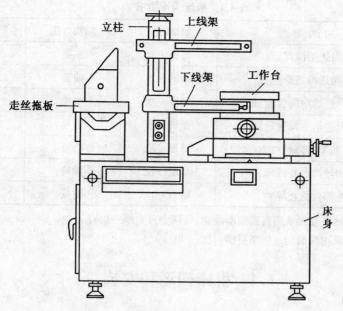

图 4.1 机床外形简图

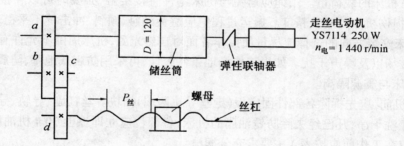

图 4.2 走丝部件传动图

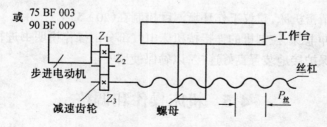

图 4.3 X 坐标工作台传动图

4.3 机床的润滑

机床润滑按表 4.1 进行。

表 4.1 机床润滑要求

编号	加油部位	加油时间	加油方法	润滑油种类
1	横向进给滚珠丝杠	每班一次	油壶	20#机油
2	纵向进给滚珠丝杠	每班一次	油壶	20#机油
3	横向进给中间齿轮轴	每班一次	油枪	20#机油
4	纵向进给中间齿轮轴	每班一次	油枪	20#机油
5	线架升降丝杠	每班一次	油枪	20#机油
6	储丝筒丝杠螺母	每班一次	油枪	20#机油
7	各部件拖板导轨	每班一次	油枪	20#机油

注:① 线架上导轮的滚动轴承用高速润滑油脂,每两个月更换一次;

② 其它滚动轴承用润滑脂每半年更换一次。

4.4 机床搬运和安装

① 机床外包装箱吊运,主机吊运所用的钢丝绳长度和角度应适当,钢丝绳的直径必须能承受被吊机床的载荷量。吊绳应避免与机床零件直接接触,必要时可以在接触处填放软性物,以免损伤机床外观及精度。搬运过程中应避免颠簸、倾斜、冲击等不平稳现象。

② 机床安装方向的选择应尽量使操作者面对自然光源,机床周围不允许有强烈的震动源和强电磁场以及噪声干扰。如果工作场地条件欠佳,可采用防震式地基,防震沟内填充软性物,使机床与震源隔离。

③ 开机前,应先拆除各部件固定板(走丝导轨两端)挡块。丝杠副、导轨、导轮等各种运动部件应擦洗干净,凡已经去除防锈油脂的机床,各部位应立即擦上 30#机油以防止生锈,各运动部位在工作前应按表 4.1 要求充分润滑。

④ 调整机床水平,将水平仪放在工作台的台面上,水平仪在台面纵、横向的读数公差为0.04/1 000。

⑤ 本机床属精密机床,建议工作环境温度控制在(20±5)℃。

⑥ 机床与脉冲电源、控制机的连接按机床电气部分的操作说明书进行。

⑦ 机床应与保护接地装置良好连接,以确保使用安全。

4.5 机床操作和调整

1.班前的准备工作

启动电源开关,让机床空载运行,观察其工作状态是否正常。控制机必须正常工作10 min以上。机床各部件应正常工作。脉冲电源和机床电器工作正常无误。各个行程开关触点灵敏,工作液各个进出管路、阀门畅通无阻,压力正常,扬程符合要求。添加或更换工作液,一般以每隔一个星期更换一次为宜。决定是否调换电极丝和调整线架。用 90°角尺或电极丝垂直度校正器将电极丝校正于和工作台台面垂直。检查工作台,按下控制机键盘,控制步进电动机的键,手摇工作台纵横向手轮,检查步进电动机是否吸住。输入一定位移量,使刻度盘正转、反转各一次,检查刻度盘是否回"0"位。

2. 工件装夹

将夹具固定在工作台上,装夹工件时,应根据图样要求用百分表找正工件的基准面,使其与工作台的横向或纵向平行。检查工件位置是否在工作台行程的有效范围内。

工件及夹具在切割过程中,不应碰到线架的任何部位。

工件装夹完毕后,要清除干净工作台面上的一切杂物。

3. 导轮的调整

调整导轮时,既要保持导轮传动灵活,又要无轴向窜动。更换导轮时,轴承内要加高速润滑脂。

4. 操作步骤

① 开机。按下电源开关,接通电源。

② 把加工程序输入控制机。

③ 开走丝。按下走丝开关,让电极丝空运转,检查电极丝抖动情况和松紧程度。若电极丝过松,则应充分且用力均匀紧丝。

④ 开水泵,调整喷水量。开水泵时,应先把调节阀调至关闭状态,然后逐渐开启,调节至上下喷水柱包容电极丝,水柱射向切割区即可,水量不必太大。上线架底面前部有一排水孔,经常保持畅通,避免上线架内积水渗入机床电器箱内。

⑤ 开脉冲电源选择电参数。用户应根据对切割速度、加工精度、表面粗糙度的要求,选择最佳的电参数。电极丝切入工件时,应把脉冲间隔拉开,待切入后,稳定时再调节脉冲间隔,使加工电流合乎要求。

⑥ 开启控制机,进入加工状态。观察电流表在切割过程中,指针是否稳定,仔细调节,切忌短路。

⑦ 加工结束后应先关闭水泵电动机,再关闭走丝电动机,检查 X、Y 坐标是否到终点。

到终点时拆下工件,清洗并检查质量,若未到终点,应检查程序是否出错及控制机是否有故障,及时采取补救措施,以免工件报废。

机床电气操纵面板和控制面板上都有红色急停按钮开关,工作中如有意外情况,按下此开关,即可断电停机。

4.6 线切割加工工艺

为了更好地发挥线切割机床的使用效能,操作者在使用本机床时,应注意以下几点:

① 根据图样尺寸及工件的实际情况,计算坐标点编制程序,但要考虑工件的装夹方法和电极丝的直径,并选择合理的切入部位。

② 切割形状复杂的工件之前,最好操作控制机使机床空走一次,或使用切割薄片试件逐个校对所编制的程序。

③ 装夹工件时,注意位置和工作台移动范围,使加工型腔与图样要求相符。对于加工余量较小或有特殊要求的工件,必须精确调整工件与工作台纵横移动方向的平行度,避免因

余量不够导致工件报废,并记下工作台起始纵、横向坐标值。

④ 加工凹模、卸料板、固定板及某些特殊型腔时,均需先把电极丝穿入工件的预钻穿丝孔中。

⑤ 必须熟悉线切割加工工艺的特殊性,影响电火花线切割加工精度的主要因素和提高加工精度的具体措施,从而发挥线切割技术的优势,提高机床使用的经济效益。在线切割加工中,除机床的运动精度直接影响加工精度外,电极丝与工件之间的火花间隙的变化和工件的变形对加工精度亦有不可忽视的影响。

⑥ 机床精度。机床精度在出厂前已全部按有关标准调试合格,但在加工精密工件之前,操作者仍须对机床进行必要的精度检查和调整。

a.检查导轮。加工前,应仔细检查导轮的 V 形槽是否损伤,并应去除堆积在 V 形槽内的电蚀物。

b.检查工作台纵、横向丝杠副传动间隙。由于频繁往复运动会使传动精度发生变化,因此在加工精密工件前,要认真检查和调整,符合相应标准后,再开始加工。

c.电极丝与工件间的火花间隙的大小与材料、切割速度、冷却液成分等因素有密切关系。

i.火花间隙的大小随工件材料、热处理、切割厚度的不同而变化,而且材料的化学、物理、机械性能的不同以及切割时的排屑、消电离能力的不同对火花间隙也有影响。

ii.火花间隙的大小与进给速度的关系。在有效的加工范围内,进给速度快,火花间隙小,进给速度慢,火花间隙大,但进给速度绝不能超过腐蚀速度,否则就产生短路。在切割过程中保持一定的加工电流,那么工件与电极丝之间的电压也就一定,则火花间隙大小也一定。因此,要想提高加工精度,在切割过程中就要做到变频均匀,加工电流也基本稳定,进给速度也就能保持一定。

iii.火花间隙大小与冷却液的关系。冷却液成分不同,其电阻率不同,排屑和消电离能力不同,进而影响火花间隙的大小。因此,在加工高精度工件时,一定要实测火花间隙并根据它进行编程或选定间隙补偿量。

⑦ 减少工件材料变形的措施:

a.采用合理的工艺路线。以线切割加工为主要工序时,钢件的加工路线为:下料、锻造、退火、机械粗加工、淬火与回火、磨加工、线切割加工、钳工整修。

b.选择工件材料。工件的材料应选择变形量小、淬透性好、屈服极限高的材料,如用做凹凸模具的材料应尽量选用 CrWMn、Cr12Mo、GCr15 等合金工具钢。

c.提高锻造毛坯的质量。锻造时要严格按规范进行,掌握好始锻、终锻温度,特别是高合金工具钢还应该注意碳化物的偏析程度,锻造后需要进行球化退火,以细化晶粒,尽可能降低热处理的残余应力。

d.注意热处理的质量。进行淬、回火热处理时,应合理选择工艺参数,严格控制规范,操作要正确,淬火加热温度尽可能采用下限,冷却要均匀,回火要及时,回火温度尽可能采用上限,时间要充分,尽量消除热处理后产生的残余应力。

e.合理的工艺措施:

i.正确安排冷热工序顺序,以消除机械加工产生的应力。

ii.从坯料切割凸模时,不能从外部切割进去,要在离凸模轮廓较近处钻出穿丝孔,同时要注意到切割的部位不能离坯件周边的距离太近,要保证坯料有足够的强度,否则会使切割工件变形。

ⅲ.切割起点最好在两段轮廓线的接交处,这样开口变形小。

ⅳ.切割较大工件时,应边切割边加夹板,或用垫块垫住,以便减少因已加工部分垂下而引起变形。

ⅴ.对于尺寸很小或细长的工件,影响变形的因素较为复杂,切割时采用试探法,边切边测量,边修正程序,以到达到图样要求为止。

4.7　机床电气控制

该机床的机床电气控制电路包括:水泵电路、走丝电路及走丝正反转自动换向电路,换向时自动关断脉冲加工电路、停机能耗制动电路以及无人自动值班电路等。

一、机床电气操作面板(图4.4)

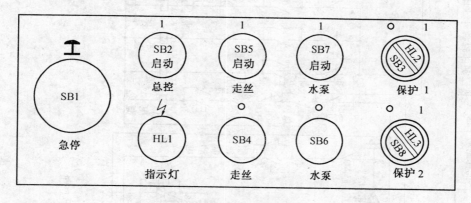

图 4.4　机床电气操作面板

二、机床电气操作顺序(图4.5)

1.插上电源插头接好电源线

该机床电气采用 3N – 50 Hz 380/220 V 三相四线制进电交流电源。用户将插头 XP6 插入插座 XS6 内(图4.8),并将插头 XP6 上引出的 5 根导线接至用户的电源配电盘上(即插头 XP6 的 P 端引出线接电源火线,N 端引出线接电源中线,E 端引出的黄绿双色线接地)。

2.机床电气各按钮操作

① 机床电气操作面板上的指示灯 HL1 亮,表示 3N – 50 Hz 380/220 V 交流电源进入机床电气安装板。

② 控制变压器 TC 通电,可随时开启或关断工作照明灯 EL。

③ 将机床电气操作面板上的旋钮开关 SB3(保护)旋至"1",SB3 中指示灯 HL2 亮,表明钼丝已装入且后导轮及导电块引出线接触良好。反之如 HL2 不亮,则表明钼丝未装入或后导轮及导电块引出线接触不良。

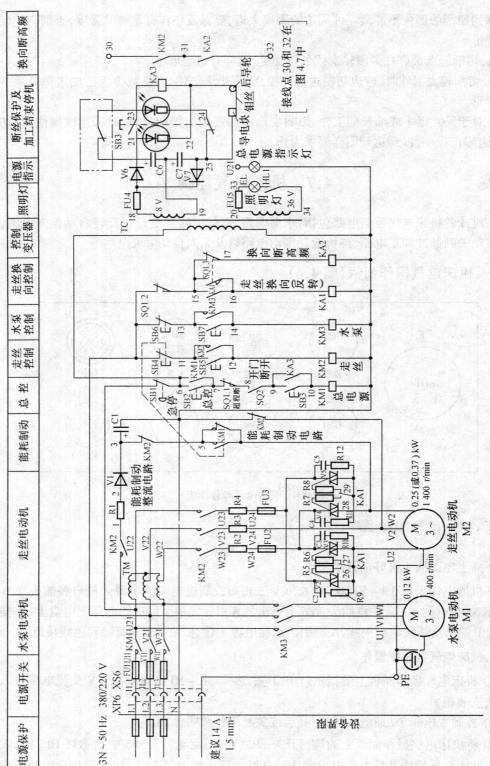

图 4.5　机床电气电路图

再将机床电气操作面板上的旋钮开关 SB8(保护 2)旋至"1",在钼丝已装入后导轮及导电块接触良好状态下,继电器 KA3 线圈通电吸合,KA3 常开触点闭合,将 SB3 锁定,此时即可将旋钮开关 SB3(保护 1)旋至"0"位置。

因按下机床控制面板上的总电源控制按钮 SB2 时,交流接触器 KM1 线圈通电吸合,使三相电源的 KM1 常开触点闭合,自锁触点 KM1 使 SB2 自锁,动力电路和控制电路都接通了电源。

（4）工作液水泵电动机的控制

总电源接通后,按下水泵按钮 SB7,交流接触器 KM3 线圈通电吸合,KM3 的常开自锁触头闭合,使 SB7 自锁,通至水泵电动机三相电路中,使 KM3 的三个常开触点闭合,水泵电动机 M1 运转,可将工作液输送到加工区。要使水泵电动机停转,可按下按钮 SB6。

（5）走丝电动机的控制

1）走丝开动及停止

总电源接通后,按下走丝按钮 SB5,交流接触器 KM2 线圈通电吸合,KM2 常开自锁触点闭合,使 SB5 自锁,通至走丝电动机三相电路中,使 KM2 的三个常开触点闭合,走丝电动机运转,带动钼丝作沿钼丝轴线的运动。再按 SB4 按钮,可使走丝停止。

2）走丝换向（图 4.6）

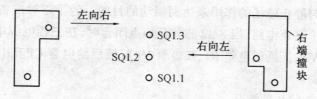

图 4.6　走丝换向

钼丝的长度是有限的,储丝筒上的钼丝放出丝,至储丝筒两端需要走丝电动机换为相反的方向转动时,走丝拖板的撞块会压到行程开关 SQ1.3 或 SQ1.2,而使走丝电动机作相反的方向旋转。

① 设走丝电动机正转,当走丝拖板的撞块压到行程开关 SQ1.3 时,使 SQ1.3 的常开触点闭合,继电器 KA1 线圈通电吸合,使晶闸管换向电路中的 KA1 常开触点闭合,改变换向电路,使通往走丝电动机三相电的两相互相交换通电,因而使走丝电动机 M2 反向旋转,钼丝反向运动,走丝拖板也反向移动;

② 当走丝拖板反向移动至其上的撞块压到行程开关 SQ1.2 时,SQ1.2 常闭触点断开,使继电器 KA1 线圈失电,于是晶闸管换向的 KA1 常闭触点闭合,使通向走丝电动机三相电路中的两相又恢复正转时的通电线路,使走丝电动机 M2 正转。

（6）走丝换向时切断脉冲(高频)电源的控制

走丝换向时丝速不但很慢,而且还会出现丝速为零的瞬间,若在换向时不切断脉冲(高频)电源供电,往往会在换向时由于仍产生火花放电而使钼丝被火花烧断。继电器 KA2 控制当走丝换向时切断脉冲(高频)电源供电。在机床电气电路图的最右边,在编号 30～32 的接线点之间,KM2 常开触点和 KA2 常开触点串联。当走丝电动机转动时,触点 KM2 闭合,有走丝但不换向时,继电器 KA2 线圈通电,而使常开触点 KA2 闭合保证高频,换向时,线号 15 和 16 之间的 SQ1.3 常开触头闭合时,带动与其相连的常闭复合触点 SQ1.3(在线号 15 和 17 接线点之间的)断开,使 KA2 继电器线圈断电,在接线点 31 和 32 之间的常开触点 KA2 断开,使高频切断,换完向后走丝拖板往相反的方向移动,这时行程开关 SQ1.3 不再受压,SQ1.3 的常开触点打开,常闭触点闭合(接线点 15 和 17 之间的),继电器 KA2 线圈通电,使接线点 31 与 32 之间的常开触点 KA2 闭合,高频又恢复接通了。当走丝拖板反向移动至另一端压下行程开关 SQ1.2 时,在 KA1 断电的同时 KA2 也断电,也使高频切断,换向后 SQ1.2 不再受压又使高频接通。

(7) 停走丝电动机 M2 时的制动

1) 停走丝电动机时为什么要制动

三相异步电动机切断电源后,由于惯性作用,转子要经过一段时间才能完全停止旋转。对于线切割机床,加工结束后,夜间或无人在现场时,走丝电动机继续空转可能会超出行程。在加工过程中发生断丝时,储丝筒继续旋转会使断后的钼丝缠乱,很难清理,而且会浪费一些钼丝。因此希望走丝电动机尽快停转。

2) 能耗制动电能的储备

能耗制动是在走丝电动机断开三相交流电源之后,迅速在定子绕组上加一个直流电压,利用转子感应电流与静止磁场的作用来达到制动的目的。为了随时准备好直流电能,在电路图的左上部有一个整流电路,当 KM2 的常开触点闭合时,在三相电源中的 W21 这一相与零线 N 之间的 220 V 电压通过电阻 R1、二极管 V1 整流后给电容 C1 充电,为走丝电动机能耗制动作好电能储备。

3) 需要能耗制动的几种情况

① 当按 SB4 停止走丝时,SB4 常闭触点断开,交流接触器 KM2 线圈失电释放,三相电源 KM2 常开触点断开,走丝电动机 M2 停转,若要立即停止电动机 M2,可继续将 SB4 按到底,在能耗制动电路中的复合触点(常开触头)闭合,电容 C1 中储存的电能通过两个 KM2 常闭触点对走丝电动机 M2 实现能耗制动;

② 走丝换向时,若换向行程开关 SQ1.2 或 SQ1.3 失灵,走丝拖板上的撞块压到 SQ1.1 (图 4.6)时,断开总电源交流接触器 KM1 控制电路中的常闭触点 SQ1.1,切断了总电源控制电路,使交流接触器 KM1 失电释放机床控制电路和动力电路,并使其失电停机,电容 C1 储存的电能对走丝电动机 M2 进行能耗制动;

③ 当加工结束或断丝时,继电器 KA3 线圈失电释放,总电源控制电路中的 KA3 常开触点断开,交流接触器 KM1 失电释放,机床电气控制电路和动力电路失电停机,电容 C1 储存的电能对走丝电动机 M2 进行能耗制动;

④ 当打开电气箱门时,门开关常开触点 SQ2 断开,切断总电源控制电路,交流接触器 KM1 线圈失电释放,机床电气控制电路和动力电路失电停机,电容 C1 储存的电能对走丝电动机 M2 进行能耗制动;

⑤ 当按下急停按钮 SB1 时,交流接触器 KM1 失电释放,机床控制电路和动力电路失电停机,电容 C1 储存的电能对走丝电动机 M2 进行能耗制动。

三、机床电气与控制机及与脉冲电源的连接插座(表 4.2 及表 4.3)

表 4.2、4.3 可与图 4.7 对照着看。

表 4.2	与控制机连接的 XS4 插座
端子号	连接的机床电气
1	正 24 V(X、Y 轴)
2	正 24 V(X、Y 轴)
3	X 轴步进电动机(X1)
4	X 轴步进电动机(X2)
5	X 轴步进电动机(X3)
6	X 轴步进电动机(X4)
7	X 轴步进电动机(X5)
8	Y 轴步进电动机(Y1)
9	Y 轴步进电动机(Y2)
10	Y 轴步进电动机(Y3)
11	Y 轴步进电动机(Y4)
12	Y 轴步进电动机(Y5)
13	锥度 U 轴步进电动机
14	锥度 U 轴步进电动机
15	锥度 U 轴步进电动机
16	锥度 V 轴步进电动机
17	锥度 V 轴步进电动机
18	锥度 V 轴步进电动机
19	正 24 V(U、V 轴)
20	正 24 V(U、V 轴)
21	取样 +
22	取样 −
23	断高频
24	断高频
25	加工结束停机信号
26	加工结束停机信号

表 4.3	与脉冲(高频)电源连接的 XS5 插座
端子号	连接的机床电气
1	
2	
3	
4	N
5	PE
6	
7	
8	
9	取样 +
10	取样 −
11	
12	开高频
13	开高频
14	脉冲(高频)输出正端(工件)
15	脉冲(高频)输出负端(钼丝)
16	

注:① 机床电气装设降压变压器 TM,那么 XS5 插座端子号 1、2、3 无引线;
　　② 如机床电气未装设降压变压器 TM,那么 XS5 插座端子号 1、2、3 有引线,并引入到走丝电动机 M2 电路上;
　　③ 因控制台、脉冲电源配置不同的需要,也有可能 XS5 插座端子号 1、2、3 接三相交流电源,供控制台或脉冲电源之用。

四、机床电气与五相十拍控制机和脉冲电源接线示意图(图 4.7)

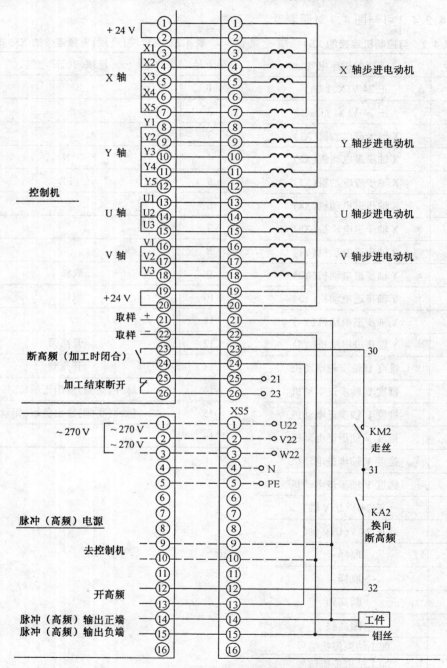

图 4.7　机床电气与五相十拍控制机和脉冲电源连接示意图

五、机床电气互连及其电器元件位置图

机床电气互连图见图 4.8,机床电气安装板电气元件位置及接线图见图 4.9,机床电气元件部件位置示意图见图 4.10。

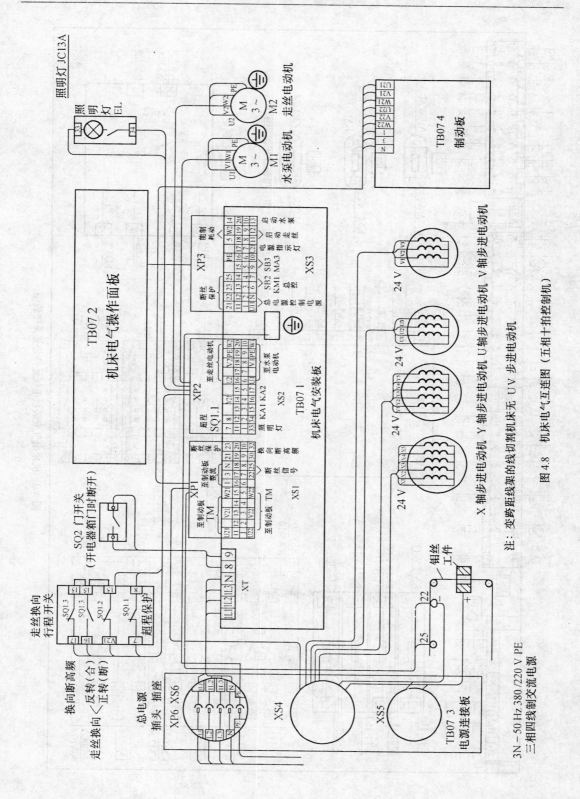

图 4.8 机床电气连互图（五相十拍控制机）

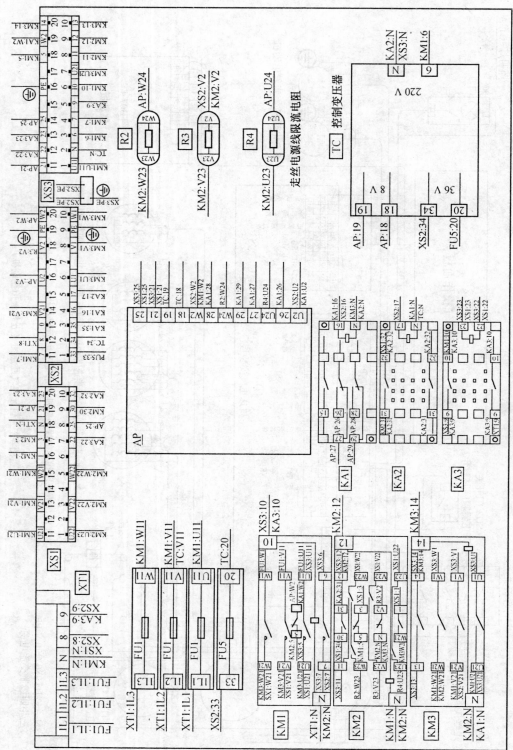

图 4.9　机床电气安装板电气元件位置及接线图

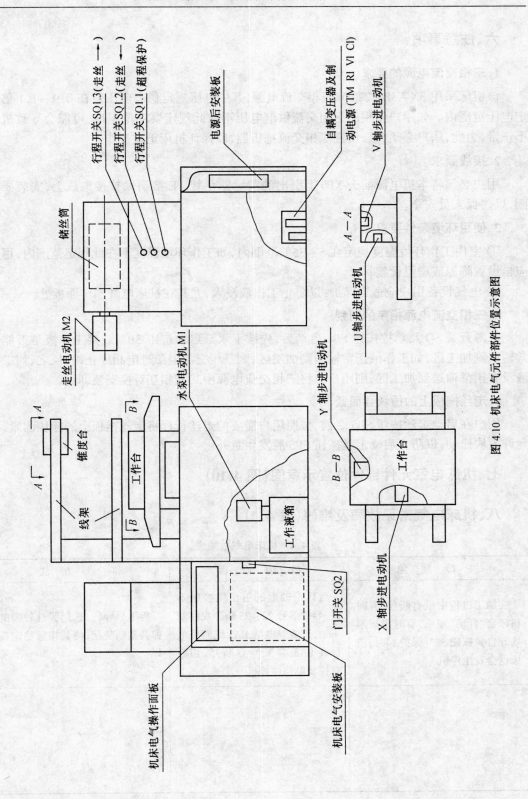

行程开关 SQ1.3（走丝 →）
行程开关 SQ1.2（走丝 ←）
行程开关 SQ1.1（超程保护）

电源后安装板

自耦变压器及制
动电源（TM RI VI CI）

V 轴步进电动机

储丝筒

走丝电动机 M2

A — A

U 轴步进电动机

水泵电动机 M1

A

锥度台

A

线架

工作台

B

B

工作台

Y 轴步进电动机

B — B

工作台

工作液箱

门开关 SQ2

X 轴步进电动机

机床电气操作面板

机床电气安装板

图 4.10　机床电气元件部件位置示意图

六、注意事项

1.三相交流电源的要求

该机床采用 3N − 380/220 V 三相交流电源,其中电压规定稳态电压值在 0.9~1.1 倍额定电压范围内。如用户使用的三相交流供电电压不在此规定要求范围内,可能会导致机床不正常,为此,用户必须自己设置三相交流稳压器,以保证机床正常工作。

2.接线要求

用户必须将本机电源插头 XP6 上引出的黄绿双色线 PE 接到保护接地线上,安装要牢固,以确保人员安全。

3.使用环境条件要求

① 室内工作环境温度规定在 5~35℃范围内,如工作环境温度不在此规定范围内,用户应自设置降温或增温设施;

② 电气设备用户应适当保护,以防止工作液浸入,尤其在机床电气操作面板处。

4.三相交流电源相序的判别

电源开关 SQ 及总控按钮 SB2 启动后,先按下水泵启动按钮 SB7,观察工作液是否能正常输送到加工区,如工作液正常输送到加工区,则三相交流电源进电相序正确,反之,如工作液没有正常输送到加工区,则用户应将三相交流电源中二相相互对换安装即可。

5.走丝拖板上的撞块要固紧

用户在启动走丝按钮 SB5 之前,按照用户需要的走丝行程将走丝拖板上的撞块固紧,不允许撞块松动,以防止启动走丝按钮 SB5 后发生意外。

七、机床电气元件部件位置示意图(图 4.10)

八、机床电气常见故障及维修(表 4.4)

表 4.4　机床电气故障表

故　障　现　象	故　障　原　因	维　修　方　法
在加工过程中没有断丝,有时机床会"自动"停机,有时出现刚松开自锁按钮 SB3(保护1)时,机床也会发生停机	后导轮轴上的引出线接触不良,导致线号 22~25 断开或间断不通,造成继电器 KA3 线圈失电释放 KA3,常开断点断开,切断总控制电路而停机	拆下后导轮,选用弹性较强的弹簧重新装配,使其接触稳定良好

4.8 HYP-4脉冲电源(未提供电路图)

1.主要特点

HYP-4线切割脉冲电源是该公司综合了国际上优秀低速走丝线切割机脉冲电源的最新技术而研制成功的新一代超高效率、优良表面粗糙度、高速走丝线切割脉冲电源,其主要特点:

① 采用新型超大功率晶体管作功放管,强劲有力,不仅效率高,而且切割表面粗糙度也控制得很好;

② 独特的功能板块接插式结构和完善的自诊断功能,真正实现了免维护;

③ 可以切割 1 000 mm 以上的大厚度工件及特殊材料,如磁性材料、硬质合金等;

④ 具有良好的排屑功能,切割稳定,效率高,不易短路和断丝;

⑤ 采用~220 V交流电压供电,可方便地与任何线切割机床配套;

⑥ 采用铝合金贴塑面机箱,操作简便,外形精美。

2.主要技术参数及工艺参数

供电电源:AC 220 V 50 Hz,交流电压;

消耗功率:小于等于 800 W;

空载电压:DC 105 V;

带载电压:DC 100 V;

加工电流:0.5 ~ 10 A,可调;

最大短路电流:20 A;

表面粗糙度 Ra:1.6 μm;

稳定的切割速度 v_{wi}:80 ~ 120 mm²/min,最大切割速度大于 150 mm²/min;

脉冲宽度:5 ~ 90 μs,分 10 挡,可调;

脉冲间隔比(t_o/t_i):4 ~ 13,分 10 挡,可调;

功率管:3 只任选。

3.主要结构

HYP-4脉冲电源采用非标总线结构,分为 3 块可插式功能板,电源板 1 块,主振板 1块,功率板 1 块。其中,主振板、功率板均带有自诊断按钮;电源板交直流两侧均设有自诊断LED指示灯;各功能板工作正常与否,可借助诊断按钮采用目测法,即可迅速判断故障所在。

4.联机

HYP-4后面板上共有 SX1、SX2、SX3 三个联机插座。

① SX1 为交流 220 V 电源进线插座,端脚定义见表 4.5;

表 4.5 电源进线

1	2	3
L	N	PE

② SX2 为本电源与机床之间的联机插座,端脚定义见表 4.6;

表 4.6　与机床间的连线

1	2	3	4	5	6	7
P +	P +	JD0	JD1		P –	
8	9	10	11	12	13	14
工件	P –	钼丝	PE		VP –	VP –

表 4.6 中：

① JD 为机床走丝电动机换向断高频继电器。JD0 – JD1 为常闭触点或常开触点；

② P + 为高频输出"＋"，与机床工作台夹具连接；

③ P – 为高频输出"－"，与机床线架上的导电轮或导电杆连接；

④ VP + 为高频采样"＋"，有两种接法：

a. 与机床线架上的专用采样导电轮或导电杆连接；

b. 没有专用采样导电轮或导电杆的机床，可与 P – 并接于导电轮或导电杆上，前一种接法的效果好，因为一旦有断丝现象发生，控制台即无采样信号输入，从而立即停止插补进给，便于在断丝点穿丝继续切割。

⑤ SX3 为本电源与控制台之间的连机插座，接线端脚定义见表 4.7。

表 4.7　与控制台的连线

1	2	3	4	5	6	7	8
+ 12 V	GJ1						GND/VP
9	10	11	12	13	14	15	
GJ0	GJ2	DZP		VP +			

表中：

① + 12 V 为本电源输出电压，GND 为 + 12 V 地；

② VP + 为机床高频采样信号经本电源转给控制台的采样信号"＋"，VP – 为采样信号"－"；

③ GJ 为控制台开关高频的继电器触点，GJ0 – GJ1 为常闭触点，GJ0 – GJ2 为常开触点，择其一送给本电源。

5. 操作面板使用说明

操作面板如图 4.11 所示。

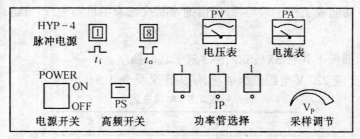

图 4.11　操作面板

图 4.11 中：

① PS 手动/自动高频开关,按下时,LED 指示灯亮,为手动开启高频,工作电压表 PV 有 +100 V 指示值,弹起时,控制台为自动开启高频,与 HYNC – 1 编控系统连机时,高频的开启由控制台控制,所以 PS 开关应处于弹起状态;

② 功率管开关,共有三挡,可以单独使用,也可以并联使用,如接通一个"置 1"开关,可以提供最大加工电流 4 A,通过调节 t_0,可实现 0.5~4 A 共 10 个级差的加工电流的设定,当三挡并联使用时,电流可实现 1.5~12 A 共 10 个级差的加工电流的设定;

③ VP 采样电位器,其作用与一般控制台面板上的变频跟踪电位器功能相同,与本公司生产的 HYNC – 1 编/控系统配套使用时可以作为变频粗调用;

④ 脉冲宽度 t_i 设定,t_i 拨码开关的码位数字对应的脉冲宽度见表 4.8。

表 4.8

t_i 拨码开关码位数字	脉冲宽度 $t_i/\mu s$
0	5
1	10
2	20
3	30
4	40
5	50
6	60
7	70
8	80
9	90

(5) 脉冲间隔 t_0 设定,t_0 拨码开关的码位数字对应的脉冲间隔与脉冲宽度之比(t_0/t_i)见表 4.9。

表 4.9

t_0 拨码开关码位数字	t_0/t_i
0	4
1	5
2	6
3	7
4	8
5	9
6	10
7	11
8	12
9	13

6.调试

① 运输过程中的颠动,常会造成功能板松脱,因此要求用户在通电之前应先打开机盖,检查 3 块功能板是否插实。

② 在确认 PS 开关处于弹起状态下(指示灯不亮)或 3 个 IP 开关拨于 0 位置时,开启 POWER 电源开关。这时,电源板上的 3 组直流电源工作指示灯 LED 均点亮,说明电源板工作正常;若有不亮者,则检查机箱板上保险丝 LED 指示灯是否点亮,若点亮,则对应保险丝座内的保险丝已熔断,换上好的保险丝即可。

③ 确认电源板工作正常后,按下 PS 开关(开关指示灯点亮),按动主振板上的自诊断按钮,如主振板上的 LED 指示灯以 1 Hz 左右的频率闪亮,说明主振板电路正常。

④ 在确认主振板电路正常后,将 PS 开关弹起,再按动功率板上的自诊断按钮,这时功率板上的 3 只 LED 指示灯均应不亮,然后按下 PS 开关或利用控制台的高频开启开关将高频打开,再按动功率板上的自诊断按钮,功率板上的 3 只 LED 指示灯均应点亮,这时可以确认功率板电路正常,即同时按下主振板上及功率板上的自诊断按钮,功率板上的 3 只 LED 指示灯随主振板上的 LED 指示灯同步闪亮。

⑤ 将 t_o 码位置于 9,此时开启 PS 高频开关(按下,开关上的 LED 指示灯亮),分别将 3 只 IP 开关上拨,利用机箱背面的高频输出测试端用两根导线短接一下,这时,电流表应有电流指示值,3 个 IP 开关依次分别测试正确后,则可以投入正常使用了。

注 以上调试步骤可供调试维修人员参阅,对于机床配套厂家,调试维修人员应仔细阅读该部分内容,以便掌握正确的使用和检查方法。

7.HYP-4 脉冲电源的使用

在机床质量完好、控制台运行正常、脉冲电源本身具有高效可靠性能的前提下,要充分发挥线切割机的加工效率和获得好的加工质量,合理地选择脉冲电源的工艺参数是十分重要的。工艺参数选择得当,不仅加工稳定性好,效率高,不会出现短路、断丝等现象,而且还能保证准确地切割出用户所要求的工件,因为在加工中出现短路或断丝,均会影响工件表面的一致性和精确度。因此,每一个操作人员都必须深刻理解脉冲电源各工艺参数的意义,并熟练准确地掌握选择高频参数的技巧。

(1) 脉冲宽度 t_i 的选择

在选择工艺参数时,脉冲宽度是首选参数,脉冲宽度的大小标志着单个脉冲能量的强弱,它对加工效率、表面粗糙度和加工稳定性的影响最大。因此,对于不同的工件材料、工件厚度,应合理地选择适宜的脉冲宽度。以工件厚度为例,工件越厚,脉冲宽度应酌情增大,为满足一定的表面粗糙度要求,原则上以机床走步均匀、不短路为宜。值得说明的是,脉冲宽度越大,表面粗糙度 Ra 值越大。为此,本电源为适应 1~1 000 mm 不同厚度工件的需要,设置了 10 挡脉冲宽度,以确保用户在切割较小的表面粗糙度 Ra 值或高厚度工件时,有充分的选择余地。

(2) 脉冲间隔 t_o 的选择

加大脉冲间隔,有利于工件排屑、提高加工稳定性,不易短路或断丝,但由于脉冲间隔的大小与表面粗糙度无关,而与平均电流的关系较大,平均电流(即电流表上显示的加工电流)的大小与加工效率成正比。因此,在一定的脉冲宽和一定的功率管数的前提下,脉冲间隔越小,加工效率越高,但稳定性越差,反之,稳定性越好,此时,可以通过打开功率管数来达到所需要的加工电流,实现恒定的加工效率。在不影响加工稳定性的前提下,应尽量使脉冲间隔小些,以获得小的表面粗糙度 Ra 值和高的加工效率。为适应超高厚度工件的稳定切割,该电源的脉冲间隔调节范围较宽,共有 10 挡可选,原则上,工件越厚,脉冲间隔应越大。但任何事情总有其局限性,如脉冲间隔太大,会造成平均电压太低,使采样电压不足,导致采样不稳引起断丝。

（3）功率管的选择

在确定脉冲宽 t_i 和间隔 t_o 之后,就要选择合适的加工电流,因为加工电流的大小与切割速度的快慢有很大关系,而加工电流的大小主要由功率管开启数决定,功率管可单个使用,也可多个并联使用,在 t_i 和 t_o 一定的情况下,开管子数目越多,加工电流越大。

值得注意的是,在 t_o 未确定之前,并不意味开管子数越多,加工电流就越大,当投入工作的功率管数目越多,又要使加工电流减小,就可依靠 t_o 开关来调节脉冲间隔,使加工电流减小。

4.9　X型中速走丝线切割机使用简介

中速走丝线切割机是该公司自主开发的新型线切割机型,是高速走丝线切割机的更新换代产品。能够达到和低速走丝线切割机一次切割相近的表面粗糙度效果,这一点是高走丝线切割机床所无法达到的。

恒宇公司 DK77□□X 型为中速走丝线切割机床,其操作说明如下:

1.上丝

上钼丝时,使用"上丝"挡位。上钼丝时,如果使用操作系统设定的"上丝"加工功能挡,上丝时,应置于"上丝"位置,必须从储丝筒左边起始向右上丝。此时,上丝速度为低速级,上丝过程中碰到行程开关储丝筒不会反向,但随后碰到"过行程保护开关"会停机。这样,有效地防止在上丝过程中不小心碰到行程开关后反向导致乱丝和危险的发生。

2.紧丝

右行程挡杆在上丝前应设定好位置。紧丝可以采用"上丝"挡位操作。

注意　"上丝"挡位不会反向,只能用于上丝或紧丝操作。这一操作一旦结束,必须将"上丝/加工"挡位拨到"加工"挡位。"上丝/加工"功能挡在非上丝、紧丝状态下,都必须置于"加工"挡位使用。

3.快切及精切

操作系统设置了"精切/快切"功能挡。在需要切割速度快而不计表面粗糙度时,使用"快切"挡位。在需要表面粗糙度时,应使用"精切"挡位。

在拨到"精切"挡位之前,钼丝运行于全程中间部位,也就是用"快切"挡位将钼丝运行到全程中部时转换到"精切"挡位。

4.断丝保护

操作系统设置了"断丝保护"功能挡位。置"1"挡位起保护作用,在上好钼丝的前提下置于"1"挡位,在断丝时机床会自动停机,切断总控电源。在上钼丝或无钼丝运行储丝筒时,必须置于"0"挡位。

5. 自动关机

操作系统设置了"自动关机"功能,在需要自动关机的情况下,"自动关机"置于"1"挡位,加工结束时将会自动关机。如果不需要在加工结束自动关机,则置于"0"挡位。

6. 上丝顺序

(1)上钼丝

① "断丝保护"置"0"挡位;

② "上丝/加工"置"加工"挡位;

③ 将储丝筒运行到左边起始上丝位置;

④ "上丝/加工"置"上丝"挡位;

⑤ 从上往下穿好钼丝;

⑥ 根据需要上多长钼丝,将行程右挡杆拨至对应位置,锁紧;

⑦ 按"走丝开"开始上丝,直至自行停机或手工按"走丝关"或"急停"为止;

⑧ 将"上丝/加工"置"加工"挡位,调整好钼丝左右两端换向余量,并将储丝筒运行到左边换向位置;

⑨ 将"上丝/加工"置"上丝"挡位;

⑩ 按"走丝开"开始紧丝,直至自行停机或手工按"走丝关"或"急停"为止;

⑪ "上丝/加工"置"加工"挡位,"断丝保护"置"1"挡位,即可开始加工。

(2)总控启动后,按"走丝开"、"水泵开"开始加工

第五章　泰州东方数控机床

5.1　概　　述

一、简介

泰州市东方数控机床厂隶属于泰州冬庆数控机床有限公司,是集科研、生产、销售为一体的省高新技术企业。现有员工 600 人,工程技术人员 90 多人,其中高级工程师 8 人。占地面积40 000 m²,建筑面积 20 000 m²,固定资产 5 000 多万元。拥有各类生产设备 260 多台,其中包括大型导轨磨床、大型龙门铣床、平面磨床、加工中心、激光干涉仪等大、中、稀有设备。

本着“以质量为中心,狠抓各项管理”的原则,公司 2002 年就获得了 ISO 9001:2000 证书。被评为江苏省高新技术企业。“冬庆”牌被评为江苏省著名商标。产品连年被评为江苏省用户满意产品、江苏省信得过产品、泰州市名牌产品。

二、产品特点

① 所有 DK77 系列机床均采用精密滚珠丝杠和滚动导轨(根据客户需求还可提供直线导轨),具有接触面承受力大、耐磨性好、使用寿命长等特点,机床加工精度,高于国家标准,加工精度一般小于 ± 0.006 mm;

② 线架刚性好,电极丝运行时稳定且振动小,可提高零件加工精度;

③ 编程系统可为用户提供多种编程软件,包含有 YH、HL 或 CAXA – V₂,均含中文界面,简单易学,并采用双 CPU 结构,加工、编程可同时进行,并拥有多种程序输入和输出方式,并且可实现 ISO 代码和“3B”代码程序格式相互转换;

④ 电控部分为模块分体结构,采用国际标准电压,属环保电源,使用及维护十分方便;

⑤ 储丝筒经过动平衡仪严格检验,且选用同步齿形带传动,运行平稳,双向可控硅控制,换向轻柔,可靠性好;

⑥ 该公司研发的往复走丝装置,获国家发明专利,使用结果表明,可实现无条纹切割,大大改善了所加工工件的表面质量;

⑦ 锥度装置 Z 轴的机床,可实现 X、Y、U、V 四轴联动,可切割上下等图及上下异形、锥度等锥度工件,还可切割加工厚度为 240 mm、锥度为 60° 的锥度工件。此专利技术为国内首创;

⑧ 所有 DK77 机床的控制系统可根据用户需求加装系统硬盘,每台机床都设有通讯接口,可联入局域网,最大限度地利用机床的功能。

三、主要用途及适用范围

① 模具加工:包括冲裁模、挤压模、粉末冶金模、镶拼模、拉丝模等在内的各类模具加

工；

　　② 成型刀具及检测样板:这类零件形状复杂,材料较硬、加工精度要求高;

　　③ 稀有金属、窄缝及异形孔的加工:这类零件要求切缝小、蚀除量小;

　　④ 特殊零件的加工:包括超厚成形零件、汽车点火触头、复杂型材切薄片以及小批量多规格的新产品试制零件的加工;

　　⑤ 电火花线切割机床广泛用于机械制造、汽车、电子产品、通讯产品及航空领域等多方面的制造专业;

　　⑥ 电火花线切割在加工时与工件材料的机械性能无关,适用于加工各种复杂和各种硬、脆、韧的金属材料。

四、主要型号及技术参数

1. 主要型号的技术参数

型　号 Type	工作台面尺寸/mm Dimension of working table	工作台面行程/mm Travel of working table	最大切割厚度/mm Max. thickness of workpiece	最大承载质量/kg Max. Load Carrying Capacity	主机质量/kg Total weight	主机外形尺寸/mm overall dimensions
DK7725	320×510	250×320	400	120	1 200	1420×1040×1600
DK7732	360×610	320×400	400	200	1 400	1550×1170×1700
DK7740	460×690	400×500	400	320	1 600	1800×1380×1700
DK7750	540×910	500×630	500	500	2 300	2060×1760×1850
DK7763	650×1 030	630×800	600	960	2 800	2250×2250×1950

加工锥度为:6°、12°

型　号 Type	工作台面尺寸/mm Dimension of working table	工作台面行程/mm Travel of working table	直线最大切割厚度/mm Max. thickness of workpiece	加工锥度/mm Machined taper	最大承载质量/kg Max. Load Carrying Capacity	主机质量/kg Total weight	主机外形尺寸/mm overall dimensions
DK7725ZF	320×510	250×320	300	6°、12°/80	120	1 200	1420×1040×1600
DK7732ZF	360×610	320×400	400	6°、12°/80	200	1 400	1550×1170×1700
DK7740ZF	460×690	400×500	400	6°、12°/80	320	1 600	1800×1380×1700
DK7750ZF	540×910	500×630	450	6°、12°/80	500	2 300	2060×1760×1850
DK7763ZF	650×1 030	630×800	550	6°、12°/80	960	2 800	2250×2250×1950

加工锥度为:60°、12°

型　号 Type	工作台面尺寸/mm Dimension of working table	工作台面行程/mm Travel of working table	直线最大切割厚度/mm Max. thickness of workpiece	加工锥度/mm Machined taper	最大承载质量/kg Max. Load Carrying Capacity	主机质量/kg Total weight	主机外形尺寸/mm overall dimensions
DK7725Z	320×510	250×320	300	60°、12°/80	120	1 200	1420×1040×1600
DK7732Z	360×610	320×400	400	60°、12°/80	200	1 400	1550×1170×1700
DK7740Z	460×690	400×500	400	60°、12°/80	320	1 600	1800×1380×1700
DK7750Z	540×910	500×630	450	60°、12°/80	500	2 300	2060×1760×1850
DK7763Z	650×1 030	630×800	550	60°、12°/80	960	2 800	2250×2250×1950

加工锥度为:30°

型　号 Type	工作台面尺寸/mm Dimension of working table	工作台面行程/mm Tracel of working table	直线最大切割厚度/mm Max. thickness of workpiece	加工锥度/mm Machined taper	最大承载质量/kg Max. Load Carrying Capacity	主机质量/kg Total weight	主机外形尺寸/mm overall dimensions
DK7732ZB	360 × 610	320 × 400	250	30°/80	200	1 400	1765 × 1170 × 1950
DK7740ZB	460 × 690	400 × 500	250	30°/80	320	1 600	1850 × 1380 × 1950
DK7750ZB	540 × 910	500 × 630	250	30°/80	500	2 300	2060 × 1760 × 2000
DK7763ZB	650 × 1030	630 × 800	250	30°/80	960	2 800	2250 × 2250 × 2000

加工锥度为 30°、60°、90°

型　号 Type	工作台面尺寸/mm Dimension of working table	工作台面行程/mm Tracel of working table	直线最大切割厚度/mm Max. thickness of workpiece	加工锥度/mm Machined taper	最大承载质量/kg Max. Load Carrying Capacity	主机质量/kg Total weight	主机外形尺寸/mm overall dimensions
DK7732ZC	360 × 610	320 × 400	400	60°/200	200	1 400	1765 × 1170 × 1950
DK7740ZC	460 × 690	400 × 500	400	60°/200	320	1 600	1850 × 1380 × 1950
DK7750ZC	540 × 910	500 × 630	600	60°/240	500	2 300	2060 × 1760 × 2000
DK7763ZC	650 × 1 030	630 × 800	600	60°/240	960	2 800	2250 × 2250 × 2000
DK7780ZC	820 × 1 300	800 × 1 000	700	60°/240	1 200	5 200	2900 × 2800 × 2 500
DK77100ZC	1010 × 1 500	1 000 × 1 200	700	60°/240	1 500	6 200	3300 × 3270 × 2500

加工锥度为:6°

型　号 Type	工作台面尺寸/mm Dimension of working table	工作台面行程/mm Tracel of working table	直线最大切割厚度/mm Max. thickness of workpiece	加工锥度/mm Machined taper	最大承载质量/kg Max. Load Carrying Capacity	主机质量/kg Total weight	主机外形尺寸/mm overall dimensions
DK7780Z	820 × 1 200	800 × 1 000	500	6°/200	1 200	5 000	2900 × 2800 × 2500
DK77100Z	1 010 × 1 500	1 000 × 1 200	500	6°/200	1 500	6 000	3300 × 3270 × 2500

2.DK7732 的主要技术参数

工作台横向行程:320 mm

工作台纵向行程:400 mm

工作台最大承载质量:250 kg

工作台台面宽度:360 mm

工作台台面长度:610 mm

加工工件最大厚度:400 mm(可调)

加工表面粗糙度:$Ra \leqslant 2.5\ \mu m$

最高切割速度:$\geqslant 100\ mm^2 \cdot min^{-1}$

电极丝直径范围:$\phi 0.16 \sim 0.20$ mm

电极丝速度:11 m/s

工作液:DX - 1、DX - 4,南光 - 1

供电电源:380 V,三相,50 Hz

功耗:小于 2 kW

机床外形尺寸(长×宽×高):1 500 mm × 1 170 mm × 1 600 mm

机床质量:1 400 kg

5.2　机床传动系统

机床机械部分主要由床身、工作台、走丝部件、线架、冷却系统、夹具、防水罩及附件等部件组成。

1.工作台的传动路线(图5.1)

X 向:控制器发出进给脉冲→步进电动机 D→齿轮 Z1/齿轮 Z2/齿轮 Z3/齿轮 Z4→丝杠($P=4$)→螺母。

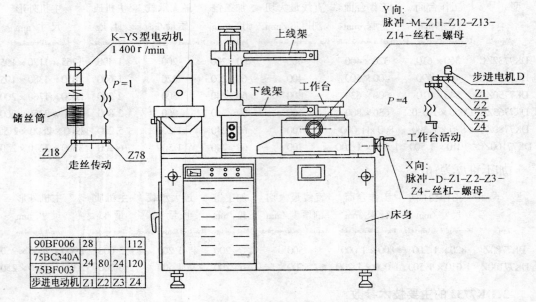

Y 向:
脉冲—M–Z11–Z12–Z13–Z14–丝杠–螺母

K–YS型电动机 1 400 r /min

上线架

下线架　工作台

$P=1$

储丝筒

Z18　走丝传动　Z78

$P=4$

步进电机 D
Z1
Z2
Z3
Z4
工作台活动

X 向:
脉冲–D–Z1–Z2–Z3–Z4–丝杠–螺母

床身

步进电动机	Z1	Z2	Z3	Z4
90BF006	28			112
75BC340A	24	80	24	120
75BF003				

图 5.1　机床传动系统

Y 向:控制器发出进给脉冲→步进电动机 M→齿轮 Z11/齿轮 Z12·齿轮 Z13/齿轮 Z14→丝杠($P=4$)→螺母。

由于螺母固定在基座上,丝杠固定在拖板底面,因此,丝杠的旋转运动转化为拖板的直线位移运动。在该机床上,控制机每发出一个进给脉冲,工作台就移动 0.001 mm(即脉冲当量),另外通过转动 X、Y 向两个摇手柄同样可以使工作台实现直线位移。

2.走丝传动路线

电动机 K→联轴节→储丝筒高速旋转→同步齿轮 7→同步齿轮 8→丝杠 9→螺母→10 带动走丝拖板直线移动→行程开关。储丝筒带动电极丝按一定线速度运动,并将电极丝整齐地排绕在储丝筒上,行程开关控制储丝筒的正反转。

3.锥度装置

锥度装置上的两个步进电动机控制锥度装置作 U、V 方向的运动,实现锥度切割。

5.3　机床的润滑系统

加润滑油的部位及加油方法如表5.1所示。

表5.1　机床润滑表

编号	加油部位	加油时间	加油方法	润滑油种类
1	横向进给滚珠丝杠	每班一次	油壶	20#机油
2	纵向进给滚珠丝杠	每班一次	油壶	20#机油
3	横向进给中间齿轮轴	每月一次	油枪	20#机油
4	纵向进给中间齿轮轴	每月一次	油枪	20#机油
5	线架升降丝杠	每班一次	油枪	20#机油
6	储丝筒丝杠螺母	每班一次	油枪	20#机油
7	各部件拖板道轨	每班一次	油枪	20#机油

注:① 线架上导轮的滚动轴承用高速润滑油脂,每两个月更换一次;
　　② 其它滚动轴承用润滑脂每半年更换一次。

5.4　机床电气

该机床的电源进线为380 V/50 Hz三相四线制,控制回路为交流24 V,电路结构包括:走丝电路,走丝自动换向电路,换向自动断高频电路,断丝自动停机(断丝保护)电路,走丝电动机停机能耗制动电路,加工结束自动关机以及线架升降电路(需要可增设)。

1.机床电气操作面板

机床电气操作面板如图5.2所示。

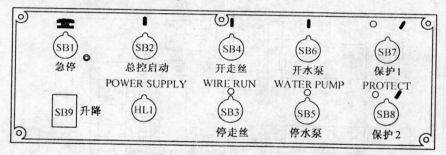

图5.2　机床电气操作面板

电气操作面板也可采用触摸式软体面板,该面板采用单芯片CPU控制,控制方案准确、可靠,故障率低。外观结构美观、大方,具有防水功能,即使水溅到控制面板表面也不影响电器本身的工作。

2.机床电气操作顺序

① 用户将三相电源插头 XP6 插入插座 XS6 内(图5.3),合上断路器 OF,将床身接地螺钉(PE)接地,如图5.4所示。

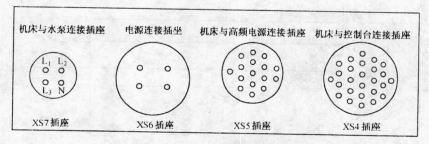

图5.3　插座位置图

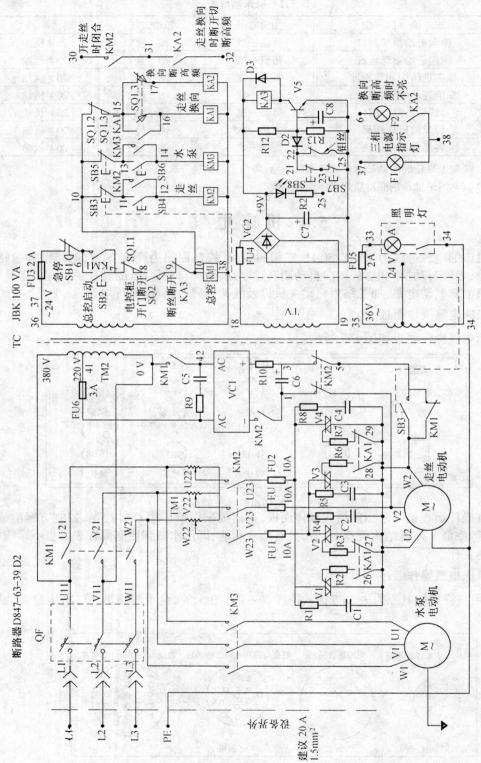

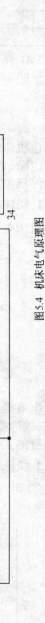

图 5.4　机床电气原理图

② 将图 5.2 中的二位旋钮 SB7(保护 1、SB8(保护 2)旋至闭合位置"。"(参看图 5.2 及图 5.4)。

③ 按下总控启动按钮 SB2,交流接触器 KM1 吸合听到吸合声,走丝电动机和水泵电动机可以根据需要启动。

④ 按下按钮 SB6,水泵电动机运转。

⑤ 按下按钮 SB4,走丝电动机运转。

完成上述操作顺序后,即可进行进给加工工作。

⑥ 再将旋钮 SB7 旋至"1"位置(断开),此时执行断丝保护功能(应注意钼丝必须在保护专用导电块上)。

⑦ 在加工中再将旋钮 SB8 旋至断开"1"位置,执行完⑤~⑥,断丝或加工结束后为自动值班功能。

3.机床电气控制原理(图 5.4)

(1) 机床总电源的接通与断开

合上断路器 QF,控制变压器 TC 通电,36 V 照明灯亮,控制电路有 24 V 电源。拉开断路器机床断电。

(2) 总控电源的接通与断开

当钼丝没有断、电控柜门没有打开时,按总控按钮 SB2,交流接触器 KM1 通电吸合,总控电源 KM1 三相触点闭合,为走丝电动机和水泵电动机启动准备好了电源。当放开启动按钮 SB2 时,因与其并联的 KM1 自锁触头已闭合,交流接触器 KM1 不会失电。当按下急停按钮 SB1 时,KM1 才会失电。

(3) 走丝电动机的启动与停止

当总控电源 KM1 接通后,按 SB4 按钮,交流接触器 KM2 通电吸合,走丝电动机三相电源的 KM2 三个触点闭合,走丝电动机转动,当放开 SB4 按钮时,因与其并联的自锁触头 KM2 仍闭合,故走丝电动机不会停转。只有按下 SB3 时,走丝才能停止。

(4) 水泵的启动与停止

当总控电源 KM1 接通后,按下 SB6 按钮,交流接触器 KM3 通电吸合,使水泵三相电源的 KM3 三个触点闭合,水泵启动,KM3 自锁触头闭合,所以放开 SB6 按钮后,水泵仍继续工作。当按下 SB5 按钮时,水泵停止工作。

(5) 走丝换向(图 5.5)

正常开动走丝时,走丝拖板从左边往右边移动,当左端撞块 1 撞压行程开关 SQ1.3 时,15和 16 之间 SQ1.3 常开触点闭合,继电器 KA1 通电,使走丝电动机三相电源供电电路中的 KA1常开触点 26 及 28 闭合,常闭触点 27 及 29 脱

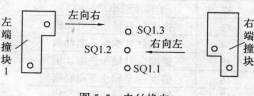

图 5.5　走丝换向

开,使走丝电动机反向转动,走丝拖板改变方向从右向左移动,因 SQ1.3 是动合动断触点按钮,所以 15 和 16 之间合上时,15 和 17 之间被断开,使继电器 KA2 断电,31 和 32 之间的 KA2触点断开,使 YH 控制卡上的 KA12 继电器失电切断高频电源,因而实现换向断高频,以防换向时仍有高频放电火花而烧断钼丝。

换向后由右向左移的走丝拖板右端撞块撞到 SQ1.2 时,高频被切断,由于继电器 KA1失电,走丝电动机三相电源供电电路中 KA1 的触头 26 及 28 断开,27 及 29 闭合,电动机改变了转向,走线拖板改为从左向右移动。

（6）走丝电动机停转时的制动

为了不让走丝电动机在断电之后因惯性而继续转动，使走丝拖板超出行程，在电路中有一个制动电路。当合上断路器 QF 之后，控制变压器 TC 中引出一个 220 V 电源整流桥 VCl，当打开走丝的交流接触器 KM2 通电时，VCl 左下边的 KM2 触点闭合，直流电给电容 C6 充电，此时 C6 下边的 KM2 两个常闭触点断开，当走丝停止时，KM2 失电了，VCl 左下边的 KM2 常开触点断开，KM2 两个常闭触点闭合，电容 C6 中所储的电能向走丝电动机定子绕组加一个直流电压，利用转子的感应电流，在定子静止磁场和转子感应电流的相互作用下，产生一个阻碍转子转动的制动力矩，而实现能耗制动。

（7）断丝自动停机

正常加工时，SB7 和 SB8 都被置于断开位置，钼丝与断丝保护信号导电块接触良好，三极管基极为低电位截止，继电器 KA3 不通电，总控电路中的 KA3 触点仍处于常闭状态。若加工中断丝，22 和 25 之间断开，三极管 V5 导通，继电器 KA3 通电，使总控电路中的 KA3 常闭触点断开，交流接触器 KM1 失电，切断总控电源而自动停机。

4.机床电气与步进电动机及脉冲电源的接线表

连线表见表 5.2 及表 5.3。

表 5.2　与控制机连接的 XS4 插座（图 5.3）

端子号	连接的机床电气
1	+ 24 V（X、Y 轴）
2	+ 24 V（X、Y 轴）
3	X 轴步进电动机（X1）
4	X 轴步进电动机（X2）
5	X 轴步进电动机（X3）
6	X 轴步进电动机（X4）
7	X 轴步进电动机（X5）
8	Y 轴步进电动机（Y1）
9	Y 轴步进电动机（Y2）
10	Y 轴步进电动机（Y3）
11	Y 轴步进电动机（Y4）
12	Y 轴步进电动机（Y5）
13	锥度台 U 轴步进电动机
14	锥度台 U 轴步进电动机
15	锥度台 U 轴步进电动机
16	锥度台 V 轴步进电动机
17	锥度台 V 轴步进电动机
18	锥度台 V 轴步进电动机
19	+ 24 V（U、V 轴）
20	+ 24 V（U、V 轴）
21	取样 +
22	取样 −
23	断高频
24	断高频
25	加工结束停机信号
26	加工结束停机信号

表 5.3　与脉冲（高频）电源连接的 XS5 插座（图 5.3）

端子号	连接的机床电气
1	
2	
3	
4	N
5	PE
6	
7	
8	
9	取样 +
10	取样 −
11	
12	开高频
13	开高频
14	脉冲（高频）输出正端（工件）
15	脉冲（高频）输出负端（钼丝）
16	

5.机床电气有关注意事项

① 先熟悉机床电气操作后再使用机床,以减少误操作带来的不良影响。

② 三相交流电源的要求:

a.本机床电气采用 380 V 三相交流电源,其电压规定稳态电压值在 0.9～1.1 倍的额定电压范围内,如用户使用的三相交流供电电压不在此规定要求范围内,可能会导致机床工作不正常,为此用户必须自己设置三相交流稳压器,以确保机床正常工作;

b.机床接地与接零不可混用,床身接地螺钉必须与地线桩可靠连接,接地线径不小于 2.5 mm^2,地线桩深度不少于 2.5 m。

③ 使用环境条件要求:

a.室内工作环境温度规定要求在 5～35℃范围内,如工作环境温度不在规定范围内,用户自己应设置降温或增温措施;

b.电气设备,用户应适当保护,以防止皂化液浸入,尤其在机床电气操作面板处。

④ 三相交流电源相序的判别。三相电源接通后,开启水泵应正常出水,否则将三相电源 L1、L2、L3 其中两相对换即可。

⑤ 走丝拖板上的撞块要紧固。用户在启动走丝按钮之前,应根据用户需要的走丝行程,将走丝拖板上的撞块紧固,不允许撞块松动,以防止启动走丝越位后发生意外。储丝筒高速运转时,严禁用手触摸,以免造成人身伤害事故。

⑥ 凡是有警示牌的地方,一定要看清警示语,做到安全操作。

⑦ 有关过流保护,要求 FU、FU1、FU2 熔断器熔芯采用 10A,FU4 选择 0.5 A,熔断器 FU3、FU5 选择 2 A,FU6 选择 3 A。

⑧ 此机床电气设有门开关 SQ2,具有开门断电功能,使用机床前应检查电气箱控制门是否关好。

5.5 脉 冲 电 源

1.主要用途和适用范围

脉冲(高频)电源是数控电火花线切割机床的加工电源,适用于加工表面粗糙度 Ra 值较小的模具和金属零件,也适用于切割厚度较大的工件。

2.主要特点

① 振荡级采用 TTL 电路晶体振荡器,它容易起振,振荡频率稳定。

② 功放级采用大功率 VMOS 场效应管,它具有输入阻抗高、驱动电流小、开关速度快、易并联使用等特点。

③ 直流电源采用三相桥式整流电路,改善了整流性能,它的输出直流分量大,纹波系数和脉冲系数小。

④ 脉冲电源操作方便,可在较大范围内调节,适于加工不同工艺指标要求的工件。

3.主要技术参数

电源电压:3N～380/220 V 50 Hz

额定功率:900 VA

直流电压选择(二挡)

挡　次	直流电压/V
高	100
低	80

脉冲宽度 t_i 选择(四挡)

挡　次	直流宽度 t_i/μs
1	64
2	32
3	16
4	8

脉冲间隔 t_o 选择(四挡)

脉冲间隔

$$t_o = K t_i$$

式中　　K——系数;

第 1 挡,$K = 1$;

第 2 挡,$K = 2$;

第 3 挡,$K = 4$;

第 4 挡,$K = 8$。

功率参数选择:七只可任选

脉冲电源由七只 VMOS 场效应管组成功放级,分别由操作面板上的四只船形开关控制。可根据不同的加工对象,任选 1、2、3、4、5、6、7 只 VMOS 场效应管投入加工。

最大材料去除率(即最大切割速度):大于 80 mm²/min

(加工条件:加工材料 Cr12,厚度 80 ~ 100 mm,钼丝直径 ϕ0.18 mm)

最大切割工件厚度:600 mm

4.电路工作原理

脉冲电源主要由直流电源、振荡级和功放级等部分组成,其方框图如图 5.6 所示。

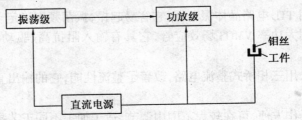

图 5.6　脉冲电源方框图

脉冲电源电路图见图 5.7,工作原理如下:

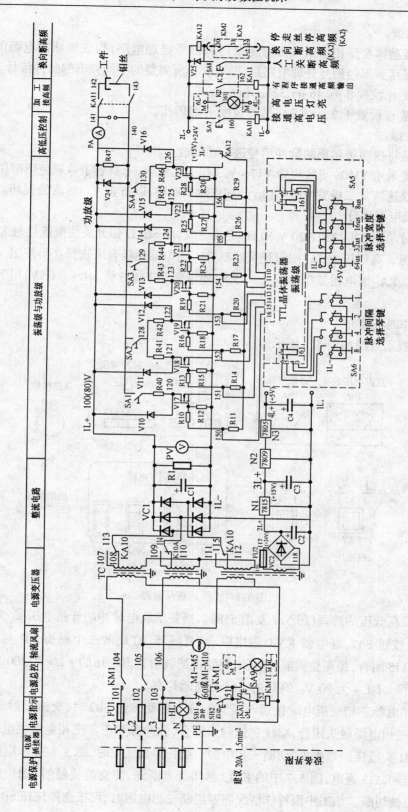

图 5.7　脉冲电源原理图

(1) 振荡级

采用石英晶体与反相器组成多谐振荡器和信号处理电路,构成该脉冲电源的振荡级。产生的固定振荡频率经信号处理电路后,即可获得所需要的不同频率的脉冲信号。

脉冲宽度 t_i 设置 8 μs、16 μs、32 μs 和 64 μs 四挡。

脉冲间隔 t_o 设置 1、2、4 和 8 倍脉冲宽度 t_i 的四挡。

(2) 功放级

功放级是将振荡级输出的脉冲信号进行功率放大。

脉冲电源采用 VMOS 场效应管 V17 ~ V23 作为功放管,七只管子并联使用可任意投入或减少。并用快速恢复二极管 V10 ~ V16 分别作泄放回路,以防止 VMOS 管的损坏。

(3) 直流电源部分

电源部分采用 3N – 380/220 V 50 Hz 交流进线,由 SB$_2$ 按钮开关使交流接触 KM$_1$ 吸合来接通三相电源。高低压由 SA$_7$ 按钮开关控制 KA$_{10}$ 继电器的吸合来选择。另外 2L + (+ 24 V) 供 KA$_{10}$、KA$_{11}$、KA$_{12}$ 继电器工作,3L + (+ 15 V) 用于驱动 VMOS 管,4L + (+ 5V) 用于集成电路工作电源。

(4) 操作面板简介

操作面板示意图如图 5.8 所示。

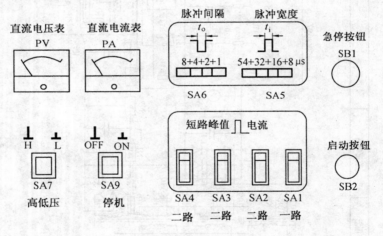

图 5.8　操作面板示意图

① 直流高低压的选择(图 5.7 及图 5.8)。当要求放电脉冲的开路电压 $\hat{u}_i$ 为 100 V 时,按下高低压按钮 SA7,继电器 KA10 通电吸合,变压器 TC 处的三个触头 107 与 113、109 与 114、111 与 115 闭合,提高整流前的电压,使整流滤波后直流电压的 1 L + 为 100 V,若再按一下使 SA7 断开,1 L + 为 80 V。高压时,161 处指示灯亮。

② 高频电源三相交流电的接通与断开。按下启动按钮 SB2 时,交流接触器 KM1 通电吸合,KM1 三相电源触头闭合,KM1 自锁触点闭合,脉冲源有正常三相电源供电。按下急停按钮时,KM1 交流接触器失电,切断三相电源。当程序加工完时,图 5.7 控制卡上的 K1 触点闭合,继电器 KA13 通电,图 5.7 中的 KA13 常闭触点断开,使交流接触器 KM1 失电,高频电源三相电源被切断。加工中因特殊情况需要切断三相电源时,可按急停按钮 SB1。

5.电参数的选择

正确选择脉冲电源电参数,可以提高线切割加工的加工工艺指标和加工的稳定性。

脉冲电源的电参数主要包括:空载电压,脉冲宽度,脉冲间隔,短路电流峰值等。

利用脉冲电源进行切割加工时,其电参数对加工工艺指标的影响有如下的一般规律。

① 切割速度随着空载电压、短路峰值电流、脉冲宽度、脉冲重复频率的增大而提高。也就是说,切割速度随加工平均电流增加而提高。

② 加工表面粗糙度随着空载电压、短路峰值电流、脉冲宽度的减少而改善。

③ 放电间隙随着空载电压的提高而增大。

④ 加工稳定时的平均电流约为间隙短路电流值的 75% ~ 85% 左右。

⑤ 平均加工电流一定的情况下,脉冲宽度的增加有利于提高加工稳定性和切割效率,但加工表面粗糙度随之变差。

6.使用注意事项

① 合理选择脉冲电源电参数。根据需要加工工件的材料性质、工件厚度、切割的工艺要求(即加工效率或加工表面粗糙度等),合理选择脉冲电源电参数,就可得到需要的加工工艺指标和加工稳定性。

如要获得较高的加工效率,应选用较高的空载电压、较大的脉冲宽度和较大的加工电流。

如要获得较好的加工表面粗糙度,应选用低的空载电压、小的脉冲宽度和小的加工电流。

② 切割加工时进给速度和电蚀速度要协调好,不应欠跟踪,也不应跟踪过紧。欠跟踪使加工经常处于开路状态,其表现为直流电流表PA 指针晃动大,步进电动机走步不均匀,容易造成断丝。过紧跟踪,容易发生短路,也会降低切割速度。

如何调节理想的变频跟踪呢? 加工时直流电流表 PA 指针基本不晃动,步进电动机走步平稳均匀,即表明调节的变频跟踪较为理想。

若用示波器监视加工区电压波形,可看到如图 5.9 所示的波形。

如果调节的变频跟踪较为理想,对应的加工区电压波形为:a、c波形线虚淡,b 波形线深浓,这时可看到直流电流表 PA 指针基本不晃动,步进电动机走步平稳均匀。

③ 在加工过程中一般不宜改变加工电参数,否则会造成加工表面粗糙度不一致。若要改变加工电参数,必须先关断脉冲电源,以免发生断丝。

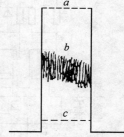

图 5.9　间隙电压波形图

a—间隙空载电压波形;

b—间隙加工电压波形;

c—间隙短路电压波形

5.6　步进电动机的驱动电路

图 5.10 是步进电动机的驱动电路,左边分别是 X、Y 及 U、V 步进电动机的整流滤波电源电路及 KA13 继电器的整流滤波电路。步进电动机的功放均采用 VMOS 场效应管,由控制卡出来的控制步进电动机的信号驱动功放管,再进一步驱动步进电动机工作。

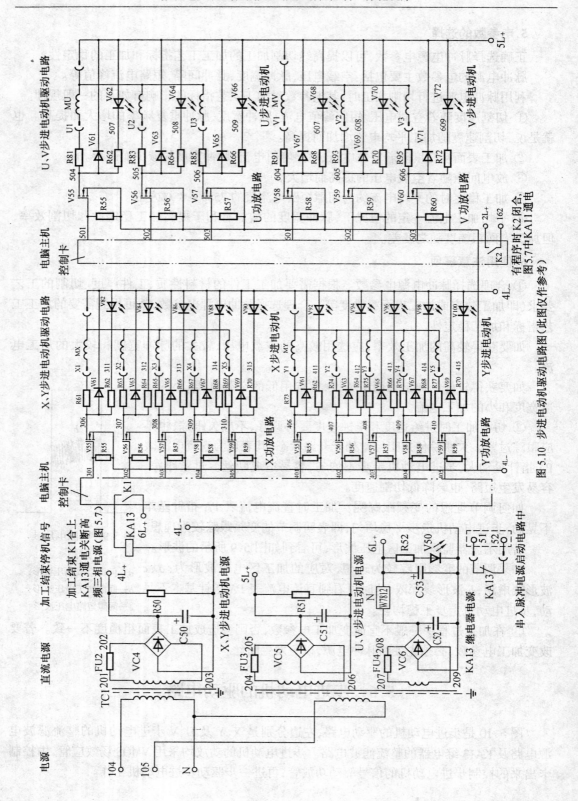

图 5.10　步进电动机驱动电路图（此图仅作参考）

当在微机屏幕中调出加工程序准备加工时,控制卡上有一个继电器使图 5.7 中 KA11 通电线路中的 K2 触点闭合,接通工件和钼丝的 KA11 触点,有高频供放电。当程序加工结束时,K2 触点脱开,工件和钼丝上没有高频。

加工结束,控制卡上的触点 K1 合上,使 KA13 继电器通电,图 5.7 中脉冲电源控制电路中的 KA13 触点断开,交流接触器 KM1 失电,切断脉冲电源的三相电源。但此时没有事先按下 SA9,使接线点 51 和 52 之间的 SA9 触点断开,则 KM1 不会失电,不会切断三相电源,所以只有希望加工结束自动切断脉冲电源的三相电源时,才事先按下 SA9。

5.7 机床电气互联图

机床电气各接插件、各个电动机以及行程开关之间的关系如图 5.11 所示。

5.8 机床的维护与故障排除

1.机床的维护

整机应经常保持清洁,停机 8 h 以上时,应揩抹干净并涂油防锈。线架部件的导轮、导电块、排丝轮周围应经常用煤油清洗干净,清洗后的脏油不得漏入工作台上。导轮、排丝轮及其轴承一般使用 6~8 个月后,即应成套更换。工作液循环系统如发现堵塞,应及时疏通,特别要防止工作液渗入机床电气部件造成短路,以致烧毁电气元件。机床装有断丝停机保护机构,一旦断丝,应及时将电极丝清理干净。当供电电压超过额定电压 ± 10 V 时,建议控制机电源配专用稳压电源。此机床在每天工作 16 h 和按照使用规则的条件下,其精度保修期为一年,机床终身维修。

2.故障产生原因及排除方法(表 5.4)

表 5.4 故障产生原因及排除方法

序号	故障现象	产 生 的 原 因	排 除 的 方 法
1	工件表面有明显丝痕	① 电极丝松动或抖动 ② 工作台纵横运动不平衡,储丝筒运动振动大 ③ 切割跟踪不稳定	① 将电极丝收紧 ② 检查调整工作台及储丝筒 ③ 调节电参数及变频参数
2	抖 丝	① 电极丝松动 ② 导轮轴承由于长期使用,精度降低,导轮 V 形槽磨损 ③ 储丝筒换向时冲击振动 ④ 电极丝弯曲不直	① 将电极丝收紧 ② 及时更换导轮和轴承 ③ 调整或更换储丝筒联轴节 ④ 更换电极丝
3	松 丝	① 电极丝绕得过松 ② 电极丝使用时间过长	① 重新紧丝 ② 紧丝或更换电极丝
4	导轮跳动有尖叫声,转动不灵活	① 导轮轴向间隙大 ② 工作液电蚀物进入轴承 ③ 轴承由于长期使用,精度降低,导致磨损	① 调整导轮的轴向间隙 ② 用汽油清洗轴承 ③ 更换导轮和轴承

续表 5.4

序号	故障现象	产　生　的　原　因	排　除　的　方　法
5	断　丝	① 电极丝长期使用损耗,使直径变细 ② 严重抖丝 ③ 加工区工作液供应不足,电蚀物排除不畅 ④ 工件厚度和电参数选择配合不当,经常短路 ⑤ 储丝筒拖板换向间隙大,造成叠丝 ⑥ 工件材质有杂质,表面有氧化皮	① 更换电极丝 ② 检查产生抖丝的原因 ③ 调节工作液流量 ④ 正确选择电参数 ⑤ 调整拖板换向间隙 ⑥ 手动切入或去除氧化皮
6	工作精度差	① 工作台纵横向丝杠传动,定位精度差,反向隙大 ② 工作台纵、横向导轨垂直精度差 ③ 导轮跳动,轴向间隙大,导轮 V 形槽严重磨损 ④ 控制机和步进电动机失灵丢步,加工程序不回"0"	① 检查、调整传动丝杠副各环节 ② 检查、调整垂直度 ③ 更换或调整导轮及轴承 ④ 检查、调整控制机或更换步进电动机
7	脉冲电源无输出	① 无直流电压 ② 无输出脉冲波	① 检查各回路电源电压是否正常 ② 检查各级输出波形是否正常。如有不正常现象,从中辨别哪一路是否有虚焊,还是接触不良,还是电器元件损坏
8	切割加工时出现烧丝现象	① 脉冲间隔 t_o 小 ② 功率管击穿或烧坏	① 观察加工区放电火花是否正常,若正常,可能是脉冲间隔时间短,导致加工区消电离时间不够,应加大脉冲间隔,使加工区有足够的消电离时间,保证正常的切割加工 ② 若观察加工区放电火花不正常,有发蓝现象,则表明功率管有可能击穿或烧坏,这时可用 SA_1、SA_2、SA_3、SA_4 开闭来辨别哪一路哪一个功率管损坏,更换损坏的功率管,保证正常的切割加工
9	在加工过程中没有断丝,但有时机床会自动停机	从线架中间宝石棒的引出线接触不良,导致图 5.4 中线号 22～25 断丝信号断开或间断不通,造成继电器 KA3 线圈失电而释放	拆下宝石棒,旋转宝石棒的位置,使钼丝与宝石棒接触良好,选用弹性较强的弹簧重新装配,使其接触稳定良好

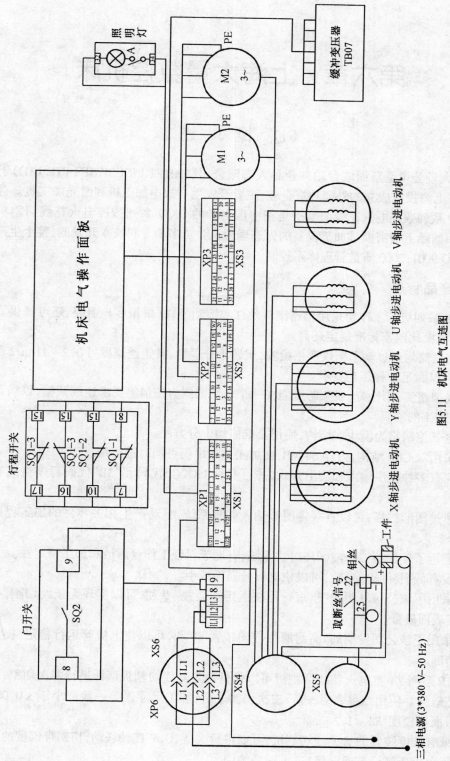

图5.11　机床电气互连图

三相电源（3*380 V~50 Hz）

第六章　上海大量数控机床

6.1　概　　述

上海大量公司是新加坡台珀兴业私人有限公司(TAIPEI INDUSTRIES PTE LTD)于 1991 年 12 月在上海投资成立的外商独资企业,主要开发生产放电加工机和激光加工机。公司所生产的 TP 系列数控电火花线切割机是在中国生产的 DK77 系列数控电火花线切割机的基础上,利用国际上精密模具加工设备的先进理念及公司多项专利技术开发的,整个生产过程严格受 ISO 9001:2000 质量管理体系控制。

一、产品特点

① TP 系列机床工作台采用精密滚珠丝杠和滚动导轨(根据客户需要,还可提供直线导轨),机床精度比国家标准规定还高。

② 储丝筒均经过动平衡仪严格检验,运转十分平稳,且走丝速度可在 2 ~ 11 m/s 范围内分级调节,以满足各种工艺要求。

③ 线架粗实、刚性好,线架跨度能在一个较大范围内按加工要求连续调整,以满足不同厚度工件加工的需要。

④ 电气控制箱为模块式结构,使用及维修均十分方便。

⑤ 采用双 CPU 结构,内存 64 MB,在加工过程中仍可同时进行编程。

⑥ 拥有多种程序输入和输出方式,并可实现 ISO"G"代码和"3B"代码程序格式自动转换。

⑦ 通过图形扫描,可以直接将图形输入编程系统,自动产生相关零件的加工程序控制加工过程。

⑧ 配用了环保型工作液循环过滤系统,有助于保证工作台清洁和加工稳定性。

⑨ 设有低损耗脉冲参数,可以使电极丝损耗减小。

⑩ 采用了该公司发明的"超短行程往返走丝装置"专利,可以实现无条纹切割,有助于改善加工表面质量。

⑪ 采用了该公司发明的"高耐磨性导向装置"专利,可以使电极丝运行稳定,提高线切割加工精度。

⑫ TP 系列 ZT 类电火花线切割机可以像低速走丝线切割机那样进行多次切割,获得较好的工艺效果。使用结果表明,进行三次切割之后,加工尺寸误差一般都小于 ± 0.006 mm,而加工表面粗糙度 $Ra < 1.2\ \mu m$。

⑬ 带有锥度装置的 Z 类线切割机,可以进行 X、Y、U、V 四轴联动,切割带锥度的工件。

⑭ 每台机床都设有通讯接口,可联局域网。

二、主要用途及适用范围

① 模具加工:包括冲裁模、挤压模、粉末冶金模、镶拼模、拉丝模等在内的各类模具加工;

② 检测样板及成型刀具加工:这类零件形状复杂、材料较硬、加工精度要求高;

③ 异形孔、窄缝及稀有贵金属加工:这类零件都要求切缝小、蚀除量小;

④ 特殊零件加工:包括汽车点火触头、超厚度成型零件、复杂型材切薄片以及小批量、多规格的新产品试制的零件加工。

电火花线切割加工与工件材料的机械性能无关,适于加工各种复杂零件和各种硬、脆、韧的金属材料。

三、品种及规格

① 各种规格的 TP 系列线切割机都配有 8WPC – Ⅰ 电气控制箱;

② TP 系列线切割机从 TP – 25 到 TP – 80 共有六种规格(参见表 6.1);

③ 根据用户需要,每种规格有三个不同品种供用户选择:

a.普通型 TP – 40:不带锥度切割装置;

b.Z 型 TP – 40(Z):带 ±3°的锥度切割装置;

c.ZT 型 TP – 40(ZT):带 ±6°的锥度切割装置、环保型过滤水箱和多次切割软件。

表 6.1 TP 系列电火花线切割机型号规格

规格表	型 号	TP – 25	TP – 32	TP – 40	TP – 50	TP – 63	TP – 80
工作台尺寸	mm	420 × 600	450 × 660	500 × 750	630 × 900	770 × 1160	1 000 × 1 500
工作台行程	mm	250 × 320	320 × 400	400 × 500	500 × 630	630 × 800	800 × 1 000
加工厚度	mm	250	250	350	500	500	500
最大切割斜度	(°)/mm			± 3°/50	± 6°/50		

四、型号的组成及其代表的意义

该公司提供的 TP 系列数控电火花线切割机产品完整型号为

TP – 40 (Z) + 8WPC – I

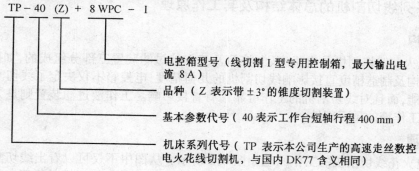

电控箱型号(线切割 I 型专用控制箱,最大输出电流 8A)

品种(Z 表示带 ±3°的锥度切割装置)

基本参数代号(40 表示工作台短轴行程 400 mm)

机床系列代号(TP 表示本公司生产的高速走丝数控电火花线切割机,与国内 DK77 含义相同)

五、使用环境条件

① 电网电压为三相交流 380 V ± (1% ~ 10%),频率 50 Hz ± (1% ~ 2%);

② 为保证加工精度,环境温度应控制在 (22 ± 5)℃范围内,相对湿度控制在 50% ~ 75% 范围内;

③ 周围环境清洁,不允许有腐蚀性气体和沉积的灰尘以及加工时扬尘较大的机械设备(如砂轮机、磨床等);

④ 20 m 范围内无振动源和电磁波产生源(如冲床、电焊机等)。

六、工作条件

① 三相五线制交流 380 V 电源,功率 5 kVA;

② 工作环境清洁,有足够的空间大小,满足设备安装和运行需要;

③ 能保证软水供应(用于配制工作液)。

七、对环境及能源的影响

① 该产品在使用过程中噪音很小,也不会产生有害物质,对环境无污染作用;

② 该产品在使用过程中形成火花放电时,所产生的电磁波辐射能量甚微,对人体无损害作用;

③ 该产品实际耗能较小,不会对能源产生明显影响;

④ 调换下来的废旧工作液应按国家环保要求处理。

八、安全

① 操作者必须熟悉机床安全警告标识;

② 该产品在使用之前,必须安全有效接地;

③ 该产品在使用过程中,不可打开门盖及防护罩等安全防护装置;

④ 该产品是基于脉冲放电时的电腐蚀现象,在加工过程中切勿触摸工件及走丝装置。

6.2　结构特点及工作原理

一、TP 系列线切割机的总体结构及其工作原理

1. 总体结构

TP 系列电火花线切割机是由机床、电控箱及工作液过滤装置三部分组成的,如图 6.1 所示。机床结构及制造精度直接影响线切割机的几何精度;电控箱不仅决定了线切割机的功能和加工性能,而且对线切割机的工作可靠性有直接影响。工作液过滤装置则是为加工区提供了清洁工作液的重要部件。

2. 工作原理

TP 系列电火花线切割机的工作原理如图 6.2 所示。从图中不仅可以看出线切割加工的工作过程及相应关系,而且还可以粗略地了解电气控制箱的基本模块及其作用。熟悉电火花线切割机的工作原理,对我们更好地掌握电火花线切割加工技术,充分利用电火花线切

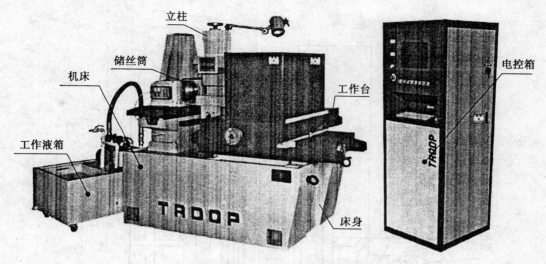

图 6.1　TP 系列数控电火花线切割机

割机都是很有意义的。

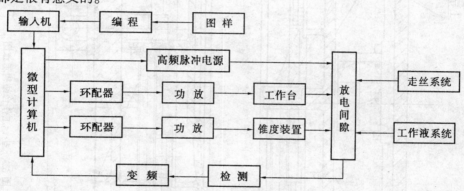

图 6.2　TP 系列数控电火花线切割工作原理方框图

二、机床基本结构及调整方法

TP 系列线切割机的机床(机械部分)主要由床身、坐标工作台、储丝筒、线架及工作液循环过滤系统组成。

1. 床身

床身为机床的支承体,是安装其它部件的基础,采用铸铁结构,有较好的刚性和稳定性。在床身内左边安装了机床电气控制板及控制线接线座,左右两侧各有两个起吊螺孔,并装有四个起吊螺丝,以便搬运时起吊机床。床身前后两侧下方有四个孔,用于安装支承脚螺丝,通过调节四个支承脚螺丝可以调整机床的水平。

2. 坐标工作台

坐标工作台用来支承和装夹工件,并在数控系统控制下,通过步进电动机的驱动,经齿轮箱及丝杠副的传动而实现 X、Y 两个方向的运动。传动机构均采用了高精度无间隙滚珠丝杠,其螺母间隙一般不需调整,工作台的滑板承载导向形式通常采用滚动导轨,也可以根据用户的要求在签订销售合同时约定选用直线导轨。导轨的结构形式如图 6.3 所示,工作

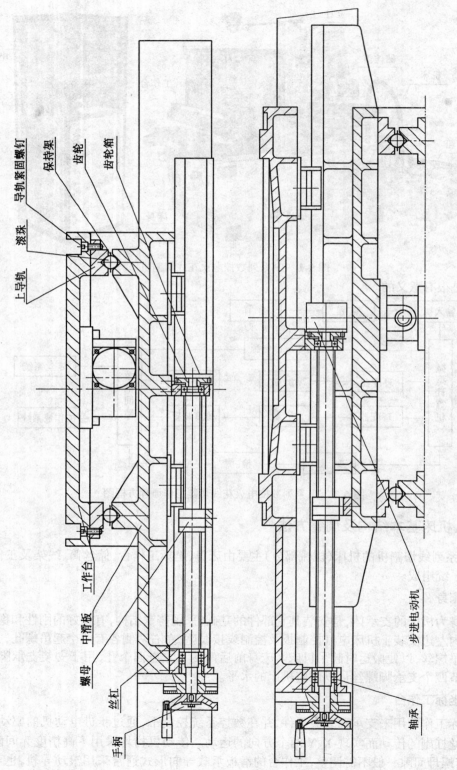

图 6.3　坐标工作台结构示意图

台滑板载体为滚珠或滚柱,并装有保持架。X、Y 两方向滑动的垂直度是可以调节的,在出厂前已完全调整好,用户不必重新调整。如发现 X、Y 轴垂直度严重超差而必须重新调整时,只要中滑板 X 轴方向与丝筒移动方向垂直,就能以 X 轴为基准,调整工作台 Y 轴 V 型导轨的上导轨块来保证 X 轴与 Y 轴的垂直度。调整时,先松开丝杠螺母的固定螺钉,再松开固定在工作台上的 Y 方向 V 型导轨块的紧固螺钉。适当微量调整 V 型导轨,就可校正 X 轴与 Y 轴的垂直度,当千分表显示垂直度误差在 0.010/200 时,即表示达到了精度要求。此时可以用适当的预紧力旋紧 V 型导轨上的导轨固定螺钉,经复测无误时,再紧固螺钉。

3.储丝筒

储丝筒由直流伺服电动机带动,采用同步齿型带传动,具有低噪声、传动平稳等优点。在运动滑板上装有左右撞块及行程限位开关,能起到换向和保护作用,可实现钼丝的往复运行。储丝筒基本结构如图 6.4 所示,储丝筒左右撞块结构如图 6.5 所示。

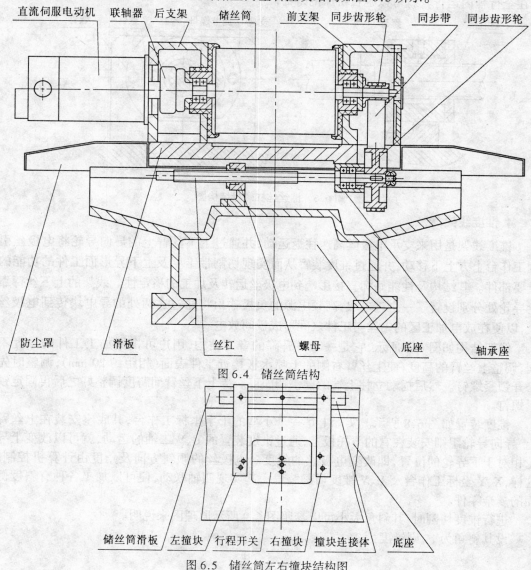

图 6.4 储丝筒结构

图 6.5 储丝筒左右撞块结构图

储丝机构丝杠中心与螺母中心的重合是靠螺母安装位置(垂直方向和水平方向)来保证的。如不重合,既影响到滑板运动的平稳性,又会增大噪声。此项在出厂时已调整好,用户不必自行调整。如必须调整时,首先使滑板处于图 6.4 所示的最右端位置,然后旋松丝杠螺母和螺母座上的螺钉,用手转动储丝筒,使储丝筒滑板沿全行程移动轻重一致。当其调整好后,可运转一下,看情况是否改善,重复几次,直到满意为止。

在特殊情况下(如行程开关失灵或撞块位置设置不当),储丝筒失去控制而冲向一端,造成丝杠和螺母完全脱离,此时应立即关闭储丝筒控制开关,用手轻轻推动支架,使滑板带动丝杠轻轻接触螺母端部(注意:用力过大会损坏螺母螺纹)。同时用手轻轻转动储丝筒,使丝杠缓缓进入螺母即可。

丝杠螺母副的磨损程度取决于润滑油(图 6.6)。如有良好的润滑,又能使用得当(使滑板在全行程内运行),就可以延长机床的寿命。

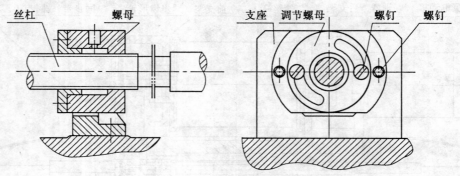

图 6.6　排丝丝杠螺母结构图

4.锥度线架

锥度线架是用来支承电极丝高速往返运动,并通过上下丝臂上的导向导轮将电极丝引到工作台上方上下移动,并通过锥度装置从而实现切割带锥度及上下异形面工件的功能的重要部件。其结构及性能好坏直接影响到电极丝运转及加工的稳定性。线架的上下丝臂靠近导轮处分别设置了一个进电块,高频电源的负极输出将通过这两处的导电块传到电极丝上,以便在放电加工区的钼丝与工件之间形成极间放电。

线架结构如图 6.7 所示,它是一个可升降的音叉结构,用户可根据加工工件的厚度不同,调整上丝臂的高度,使上丝臂右侧的上喷水板接近工件表面(相距约 20 mm),调整时先松开锁紧螺钉。然后摇动立柱上端的摇手柄即可。待上下丝臂间跨度调整好之后再固定锁紧螺钉。

锥度装置如图 6.8 所示。实际上是一个小型的十字坐标工作台,其底座安装在上丝臂上,导向导轮组则安装在它的下托板上,通过锥度装置的 U、V 二轴的运动,就可以改变上导轮相对于下导轮的位置,即改变电极丝的斜度。电极丝的倾斜方向及角度由计算机控制。这样,X、Y 坐标工作台及 U、V 锥度切割装置一起实现四轴联动,便可以加工各种有斜度侧面的复杂零件。

进行锥度切割时,其斜角大小可以参照图 6.9 所示原理图来说明。

设其斜角为 α,则锥度为 2α

$$\tan \alpha = \frac{v}{H}$$

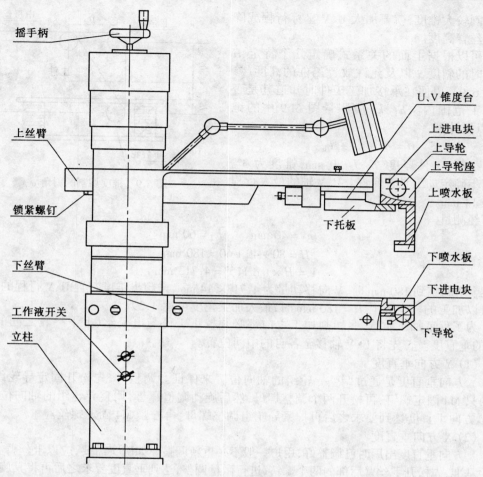

图 6.7　升降式线架

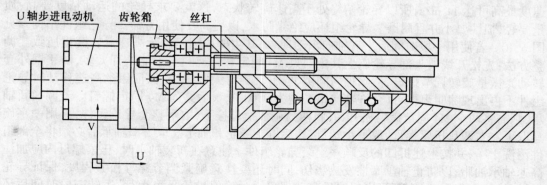

图 6.8　锥度机结构

式中, H 为上丝臂导轮与下丝臂导轮的中心距离, 从关系式可以看出

$$v\uparrow, \alpha\uparrow, H\downarrow, \alpha\uparrow$$

即切割较大锥度,就要加大 U、V 坐标行程或降低上丝臂高度。

可以根据上面的关系式确定几个特定 H 高度时的斜度 α 以及允许放置工件的高度(参见图 6.9),以便在承接加工工件时知道其是否在加工范围内。h_1、h_2 应测量图 6.9 中的记录,以便计算。

$$H = h_1 + h_2 + T_h$$

举例:工件厚度 T_h 为 80 mm,锥度为 3°。试初步确定加工是否允许。U、V 轴的最大行程都是 14 mm。

经测量

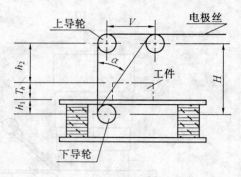

图 6.9　锥度切割的斜角 α

$$h_1 = 40 \text{ mm} \qquad h_2 = 60 \text{ mm}$$
$$H = 80 + 40 + 60 = 180 \text{ mm}$$
$$V = H \times \tan 1.5° = 4.713 \text{ mm}$$

即:当 H 调整到 180 mm 时,V 向移动量为 4.713 < 14 mm,未超出锥度装置 U、V 行程的一半,是可以加工的。实际上 H = 180 mm 时,最大加工角度可达 4.29°。

为了保证加工质量,线切割加工之前都必须校正工件与电极丝(上下导轮之间的电极丝)的垂直度。首先将 U、V 轴移至各自的中间位置。

(1) Y 方向垂直度

Y 方向垂直度是通过调整导轮组的轴向位置来保证。调整时,先松开固定导轮组铜套的两只 M4 固定螺钉,再松开两个调整螺母,然后旋动调整螺母,调整导轮组的轴向位置,直到 Y 方向垂直度达到要求之后再拧紧导轮组调整螺母,再拧紧 M4 固定螺丝。

(2) X 方向垂直度

X 方向垂直度出厂时已调整好,用户一般不必重新调整。如确实需要,应以上丝臂上的导轮为基准,先松开下丝臂后部的两个螺钉,进行微量调整,达到垂直度要求之后再将其旋紧。

此外应注意,调整好的电极丝要处在工作液喷嘴的中央,以保证加工顺利进行。

5.导轮组件

导轮组件是保证钼丝在加工过程中准确定位的重要组件。因为架在导轮上的钼丝移动速度最高可达 11 m/s,所以导轮始终处于高速旋转状态,这就要求导轮的运动精度要高,质量要轻,惯性要小并且耐磨。导轮组还应绝缘防水,以提高其使用寿命。导轮组件结构参见图 6.10。若使用一段时间后出现轴向窜动现象,其主要原因是轴承高速运转磨损所致。调整方法:先松开线架头部导轮座上其中两只 M4 固定螺钉(注意:不能松开太多,防止铜外套转动),微量旋转调节螺母,清除轴向间隙,但不宜旋得太紧,只需保证钼丝高速移动时导论组件不再出现啸叫声即可(允许轴向窜动量为 0.002),最后紧固 M4 固定螺钉。若调换新轴承,则需将两个 M4 固定螺钉松开,并将两只调节螺母拧下,取下整套导论组件,再用一字旋具取下左右两只压紧螺母,取下小螺母,然后拆下导轮和轴承。取下旧轴承后必须将全部组件清洗干净,并按上述拆卸的反顺序组装导轮组件。注意在新装轴承时,压紧螺母内应加注高速轴承油脂,以防止轴承摩擦发热烧伤,同时还要注意旋紧调节螺母松紧程度,保证导轮运转灵活,不得卡死,也不可出现明显窜动现象。为确保导轮平稳运行,运转一段时间后还需重新检查一次。

6.工作液供应系统

TP 系列线切割机床都建议选用了环保型工作液过滤装置,使用过的工作液回到工作液

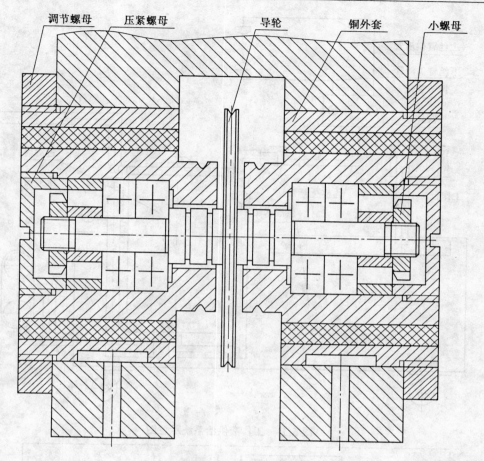

　　调节螺母　　　压紧螺母　　　　　导轮　　　　　铜外套　　　小螺母

图 6.10　导轮组件图

箱内之后,通过它的特殊结构先将加工屑及分离出来的油分别进行初步过滤。然后再进行精密的纸芯过滤,并通过管道输送给加工机床。输送管道通过线架柱时,分成两路,分别用阀门调节,以控制输送到上下导轮喷嘴处的喷液流量的大小。使用过的工作液再通过回水管流到工作液箱中进行过滤。参见图 6.11

　　工作液一般采用江苏南京生产的固体皂化剂,切碎后用热水泡软,然后加冷水稀释。如用 DX – 1 型皂化液,可按质量分数 10% ~ 15%配成乳化液。

三、电气控制系统的基本组成及操作说明

　　TP 系列数控电火花线切割机的电气控制系统由软件及硬件两大部分组成。

　　TP 系列数控电火花线切割机的电气控制系统硬件部分主要包括机床电气控制系统、数控高频脉冲电源、驱动控制及直流电源等四部分,全部设计为模块结构,以利于安装和维修。

1.机床电气控制

　　机床电气控制的任务是正确控制机床正常运转及显示,主要包括机床电器控制板、储丝筒电动机、工作液水泵电动机、X 轴和 Y 轴步进电动机、U 轴和 V 轴步进电动机以及各种开关和指示灯。机床电气控制原理图如图 6.13 所示。

　　机床电气控制板安装在机床床身内的左边,板上除控制元件外,还有各有关熔断器保护元件(参见图 6.12)。

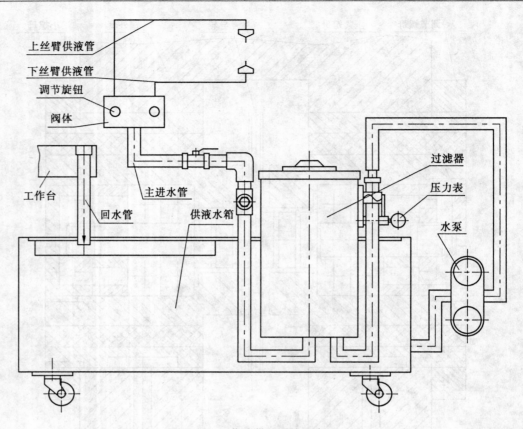

图 6.11　工作液供给系统示意图

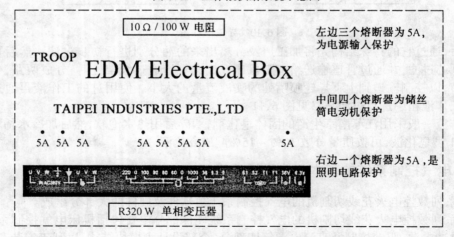

图 6.12　机床电气控制板布置图

走丝电动机不仅驱动储丝筒转动,而且经传动带动储丝筒座上的滑板使储丝筒作轴向移动,储丝筒的转动及轴向移动方向由储丝筒左上的行程开关控制走丝电动机的正反转来实现(参见图 6.5 储丝筒左右撞块示意图)。

电气控制主要驱动器件的技术参数如表 6.1 所示。

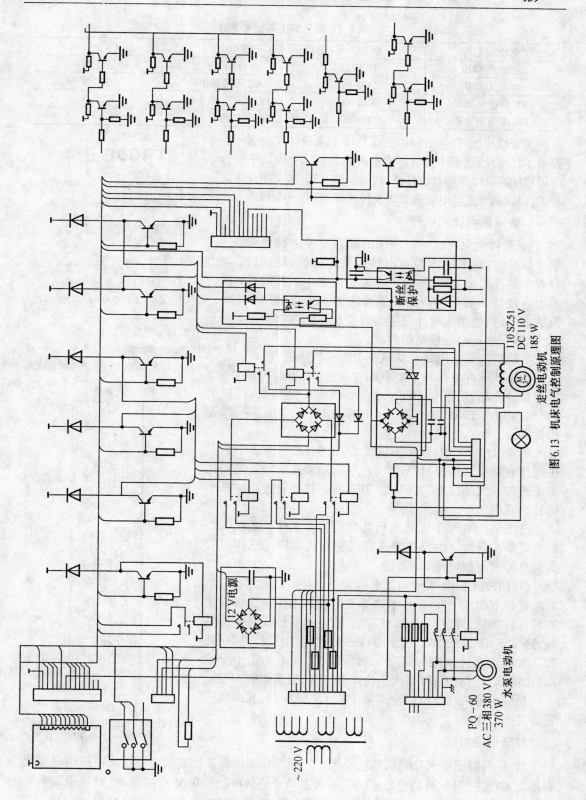

图 6.13　机床电气控制原理图

表 6.1　电机的主要技术参数

电动机名称	型　　号	供电电压	功　　率
走丝电动机	110SZ51	DC110 V	185 W
水泵电动机	PQ－60	AC 三相 380 V	370 W
XY 步进电动机	90BF006	DC24 V 五相十拍	
UV 步进电动机	42BYG001	DC24 V 四相八拍	

关于机床电气的工作状态,在机床上未设任何按钮开关,而是由控制箱中的软件直接控制。机床上仅设一个可移动的有线控制盒,直接控制储丝筒运转、水泵的开与关,以及调节走丝电动机方式及转速等,参见图 6.14。

2.数控高频脉冲电源

TP 系列电火花线切割所用的高频脉冲电源为数字式脉冲电源,其电源参数由数控系统控制,使用时只要在编程时设定即可,也可在加工过程中从控制屏幕上直接修改和调整。高频脉冲电源主要由变压整流滤波电路、数字式脉冲发生器及功放电路三部分组成,全部安放在电气控制箱内。

<u>变压整流滤波电路</u>。安放在电控箱的底层。

<u>数字式脉冲发生器</u>。由电脑直接控制,当电控箱屏幕打开之后,从菜单 OPEN 点击后调出高频参数,将显示 PULSE MODE、ENEGER SET 及 ULSE CURR 三个要求操作者的设置。

① PULSE MODE 表示加工模式,有 0、1、2、3、4 五个数字供操作者选用。精修时拟选"0"或"1",通常选用"2",低损耗加工选"3",大厚度加工选"4"。其本质是选择设置高频脉冲的脉冲宽度 t_i。

② ENEGER SET 表示选用几个功放管工作,也有"0、1、2、3、4"等 5 个数字供操作者选择设定。其本质是选择设置高频脉冲的峰值电流。

③ ULSE CURR 表示加工电流大小,有"0、1、2、3、4、5、6、7、8、9"等 10 个数字供操作者选择设定。其本质是选择设定高频脉冲的脉冲间隔 t_o,即"0"表示脉冲间隔最长,"9"为最短,通常选用"3"或"4",切割 100 mm 以上厚工件时,选"1"或"2",大电流高速切割时选"5"、"6"或"7",如果加工十分稳定,也可选"8"到"9",以增大平均加工电流,提高切割速度。

高频电流的功放电路全部集中在 GP 模块内,其面板布置参见图 6.15。

3.电气控制箱

TP 系列数控电火花线切割机所配置的电气控制箱是立柜式的电控箱。电控箱内安装有控制系统主控机、高频电源 GP 模块、X 和 Y 控制模块、U 和 V 控制模块、直流电源等(参见图 6.16)。为便于散热,电控箱内的发热电阻旁安放了 2 个单相 220 V 的轴流风扇,另外

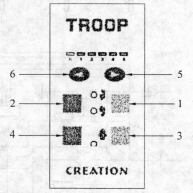

图 6.14　有线控制盒面板图

1—储丝筒开;2—储丝筒关;3—水泵开;4—水泵关;5—直流电动机加速;6—直流电动机减速

高频板

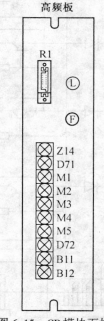

图 6.15　GP 模块面板

1—R1 接接口卡的 J1;2—F 为 3 A 保险管;3—L 为指示灯

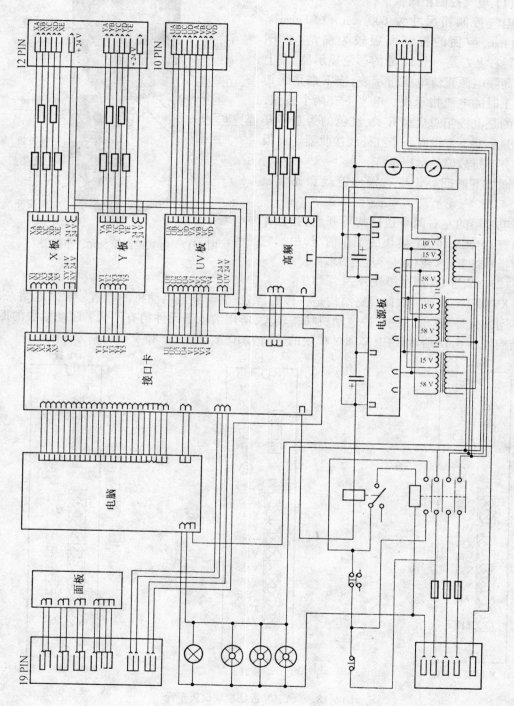

图 6.16 电控箱各部件连线图

主控机下面也安装了一个轴流风扇。

(1) 电气控制箱面板

电气控制箱尺寸为 600 mm × 650 mm × 1 740 mm,前面的控制面板较为简洁(参图 6.17),右上方是一个 14 寸的彩色显示器,左上方是高频电源直流电压指示表,接下来是线切割加工时的电流指示表。电表下有两个按钮,绿色的是电控箱总启动开关,红色的为总停开关。显示器下方设有一个红外线接收器。面板下边有一排故障显示指示灯。

面板下的凹处设置有操作键盘和光学鼠标。

电控箱的左右两个边门均可开启,让操作者检查 GP、UV 和 XY 模块的工作情况,根据它们的指示灯断定熔断器是否已经烧坏。

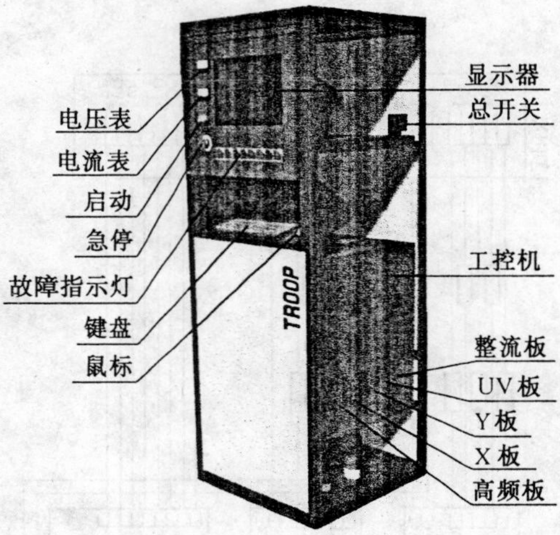

(2) XY 与 UV 驱动模块

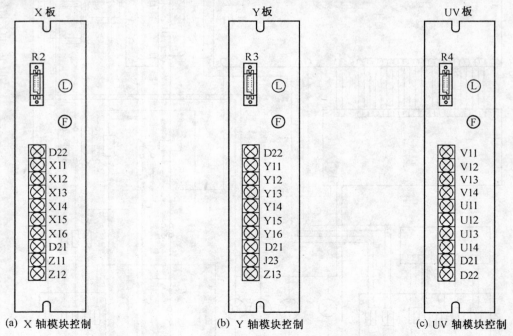

图 6.17　电气控制箱及元件布置图

XY 和 UV 驱动模块的线路结构是一样的,都是驱动步进电动机的电信号放大电路,二者不同的只是 XY 驱动的步进电动机功率较大,所用的电子元件稍有不同。驱动模块的面板结构如图 6.18 所示。HP X 和 Y 模块的熔断为 10 A,而 HP U 和 V 模块则为 5 A。

图 6.18　X、Y、UV 控制模块面板布置

R2—接接口卡的 J2;R3—接接口卡的 J3;R4—接接口卡的 J4;

L—指示灯;F—保险管(X、Y 轴为 10 A,UV 轴为 5 A)

4.变压整流过滤

TP系列数控电火花线切割机所需的直流电压,除直流伺服电动机的直流电源由机床床身的变压器变压整流提供之外,其它均由1只三相变压器变压后分别整流滤波后提供。变压器的变压原理图见图6.19,容量为1.2 kVA,改变输入端的接头,可以调整输出电压大小,具体视电网实际电压而定:电网电压偏高时,输入三相均接在240 V接头上;电网电压偏低时接在220 V的接头上。

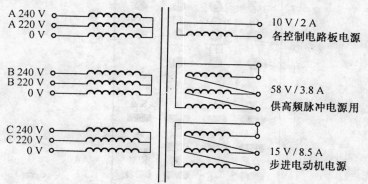

图6.19　变压器工作原理图

变压器输出电压有3个独立回路,10 V/2 A的经整流之后提供给各控制电路板;58 V/3.8 A的交流电压经三相整流和250 V、6 800 μF电容滤波之后作为高频脉冲电源功放输出电源;而15 V/8.5 A交流电压经三相整流和50 V、22 000 μF电容滤波之后作为步进电动机功放驱动电源。为了保护控制电源,58 V/3.8 A三相电压在整流前每相都设置了一个10 A的熔断器(在电源板上),而15 V/8.5 A三相输出在整流之前每相也设置了一个15 A的熔断器(在电源板上)。

5.遥控器

为了便于操作,TP系列数控电火花线切割机都配有红外遥控功能。遥控接收器安装在电控箱面板上,而操作时用一个遥控器来完成。红外遥控器的操作面板功能如图6.20所示。

四、故障报警系统

本产品设有断丝保护警报、储丝筒滑台限位保护报警、储丝筒运转换向控制失灵保护报警、定位调整时的短路报警、代码出错报警、工作结束或工作状态异常报警等多种报警功能。

1.断丝保护报警

加工时,图6.13中CZ4与接线座7、8脚引出的两根线分别接在上丝架的进电块及下丝架后导轮附近的信号进入块上。一旦断丝,断丝保护系统立即动作,发出蜂鸣声,并将水泵电动机和储丝筒电动机的供电电路切断,使水泵电动机和储丝筒电动机停止运动。

2.储丝筒滑台限位保护报警

当储丝筒滑台移动超过限位开关时,会使有线控制盒内的蜂鸣器报警,并立即切断走丝电动机和水泵电动机控制电路。用人工方法拨动储丝筒,使储丝筒滑台离开限位开关后

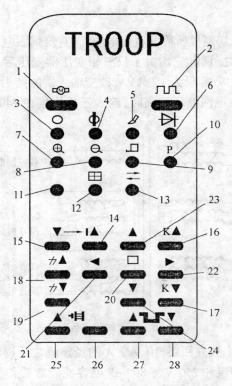

图 6.20　红外遥控器

1—步进电动机开关;2—高频开关;3—时间牌;4—定中;5—模拟;6—加工;7—放大;8—缩小;9—回退;
10—暂停;11—空格;12—局部观察窗;13—切换;14—置速▲;15—置速▼;16—采样系数▲;
17—采样系数▼;18—跟踪▲;19—跟踪▼;20—原点;21—点动 Δx－;22—点动 Δx＋;23—点动 Δy＋;24—点动 Δy－;
25—功放管▲;26—功放管▼;27—脉冲间隔▲;28—脉冲间隔▼

便可恢复正常。

3. 储丝筒运转换向控制失灵保护报警

当储丝筒运转(滑台移动)至换向时(触及换向行程开关),控制失灵,储丝筒继续运转而触压另一个行程开关,此刻立即报警,并自动切断储丝筒电动机及水泵电动机电源。此时,只好人工拨动储丝筒转动,退出触压换向行程开关状态,并检查和排除行程开关控制失灵原因后便可恢复工作。

4. 定位调整时短路报警

在没有接通高频脉冲电源之前,操作人员通常要调整基准位置或查验电极丝的垂直度,必定会出现电极丝与工件短路撞击现象。为了在调整过程中避免电极丝撞击工件发生断丝现象,设置了短路报警,提醒操作者不可深度撞击工件,并马上回退。

5. 代码出错报警

在运行过程中,系统发现加工程序代码出错,不符合基本格式,故停止运行并发出警报声。操作者接警报后,立即检查和修改有关程序。

6. 程序运行结束自动报警

所设置的加工程序运行结束后,系统会自动报警。如事先设定"自动关机",系统会在延时一定时间之后自动切断电气控制电源而停机。

7.储丝筒防护罩打开时自动报警

为确保安全操作,本机床设定储丝筒防护罩合上之后,才允许储丝筒高挡速运转,防护罩打开时只可进行低挡速运转。

8.手柄联动报警

储丝筒运转时,手柄不可连接在储丝筒轴上,如果手柄与储丝筒轴连接时启动储丝筒电机,必会报警。

9.X、Y超行程并越过限定位置,机床停止加工并自动报警

10.除报警外,在电控箱显示屏下方还设有故障显示(参看图6.21)

电源指示　　丝筒急停　X轴复位　　Y轴复位　　丝筒手柄　丝筒与护罩　断丝保护　遥控接收

图 6.21　电控箱面板上的故障显示

6.3　主要参数

1.各种规格 TP 系列产品的主要参数(表6.2)

表 6.2　TP系列线切割机规格参数

项　目	TP-25	TP-32	TP-40	TP-50	TP-63	TP-80
工作台尺寸/mm	420×600	450×660	500×750	630×900	770×1 160	1 000×1 500
工作台行程/mm	250×320	320×400	400×500	500×630	630×800	800×1 000
最大加工厚度/mm	250	250	350	500	500	500
最大切割斜度/[(°)·mm^{-1}]	±3°/50　或　±6°/50					
切割精度/mm	±0.006	±0.006	±0.006	±0.010	±0.010	±0.010
切割钼丝直径/mm	0.12~0.20	0.12~0.20	0.12~0.20	0.12~0.20	0.12~0.20	0.12~0.20
走丝速度/(m·s^{-1})	2~11	2~11	2~11	2~11	2~11	2~11
最大工作物质量/kg	250	300	450	750	1 000	1 500
机床供电电源	3N-380/415/440 V 50 Hz　或　3N-220 V 60 Hz					
机床消耗功率/kVA	1.5	1.5	2.0	2.0	3.0	3.0
机床外形尺寸/mm	1 250×980×1 400	1 350×980×1 400	1 500×1 280×1 550	1 800×1 300×1 400	2 100×2 000×2 300	2 400×1 600×2 500
机床净重/kg	1 200	1 300	1 500	2 200	3 000	4 000

2.8WPC 电控箱的性能参数（表 6.3）

表 6.3　8WPC 电控箱性能参数

项　　目	性　能　参　数
加工功能	CNC 开环
控制轴数	X,Y,U,V
输入方式	磁盘,键盘,鼠标
操作方式	自动,人工任选
显示方式	彩色显示器
插补线形	直线,圆弧
最小控制步距	0.001 mm
脉冲电源	脉冲参数 CPU 控制,功率间隔实时可调
控制柜外形尺寸/mm	$600 \times 650 \times 1\ 740$
控制柜净重/kg	200
最大生产效率(模具钢)/$(mm^2 \cdot min^{-1})$	$80\ mm^2/min(Ra \leqslant 6\ \mu m)$
表面粗糙度(模具钢)/μm	$Ra \leqslant 2.5(35\ mm^2/min)$
多次切割表面粗糙度(模具钢)/μm	$Ra \leqslant 1$

6.4　安装与调整

一、安装条件

1.设备基础

TP 系列线切割机在使用过程中并不存在明显的机械作用力,所以不需要特别做地基,只要求地面结实而不发生沉降。

① TP – 40 以下的中、小型线切割机,要求地面承重不小于 $1\ 000\ kg/m^2$;

② TP – 50 以上的中、大型线切割机,要求地面承重不小于 $2\ 000\ kg/m^2$。

2.基本条件及要求

① 安装场地有足够的面积,可以满足设备安装需要,并距墙壁有一定的安全距离;

② 安装场地有三相五线制 380 V、50 Hz 的交流电源,并能保证设备能安全可靠接地;

③ 备有水平仪等安装调试工具及量具;

④ 安装场地干净清洁、通风干燥,并建议室温控制在(22 ± 5)℃范围内。

二、安装调整程序

① 清理场地,并确定机床安放位置;

② 按要求准备好三相五线制 380 V 交流电源,并检查接地是否安全可靠;

③ 将机床设备搬运到位,并通过螺钉放置在机床垫块上;

④ 拆除各滑板之间(工作台滑板及储丝筒座滑板)的锁紧固定板,并用干净的煤油擦洗工作台面、滑板及各传动和导向部件;

（★警告　在未拆除滑板之间的锁紧固定板之前,切不可强行摇动工作台手柄）

⑤ 将框式水平仪放置在 Y 向滑板上,利用床身底部的调整螺钉来调整机床的安装水平,在纵方向和横方向都达到 0.04/1 000 时,即认定机床水平已调整好。最后可用螺母锁紧螺钉,并检查确认无一螺钉悬空。

三、机床安装连线

机床出厂时,都附有 7 根连接线,其中三根的一端已固定连接在有关部件上,另外四根放在工作液过滤水箱内。连接线的作用不仅仅是将电网电压接到机床上,而且还要把 TP 系列数控电火花线切割机的三大组成部件有机联系在一起,以控制线切割机正常工作。机床上的连线插座设置在机床的后测的右下方,4 芯插座、20 芯插座和 19 芯插座各一个;电气控制箱的连线插座则设置在电控箱后测正下方的接线盒内。

每根连接线的连接方法如图 6.22 所示。

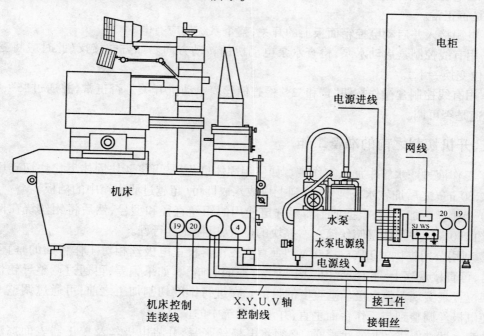

图 6.22　机床连线时的插座示意图

① 固定在工作液过滤水箱水泵电动机上的三相 4 芯线,另一端是一个 4 芯插头,连接时应插入机床右边的 4 芯插座内。

② 从机床内引出的一束连接线中包括一根三相 5 芯线、一根红色的多股线和一根黑色的多股线。三相 5 芯线是机床动力电速接线,5 个接线头分别连接在电控箱接线盒左边接线排下方的 6、7、8、9、10 接线座,其中 6、7、8 接三个相线,9 接黑色的零线,10 接黄绿双色的地线;红色多股线接在下方接线排的 GJ 接线座;黑色多股线接在下方接线排右边的 MS 接线座。

③ 一条带有三相 5 脚插头的连接线是电源输入线,五个接线头分别接在电控箱接线盒中左边接线排上面的 1～5 脚,其中 1、2、3 为三相相线,4 接黑色零线,5 接黄绿双色的接地线。连接无误之后将插头插入工厂配电板的插座内。

④ 20 芯连接线是 XY 及 UV 轴控制线,两端分别连接电控箱 20 芯插座和机床上 20 芯的插头。

⑤ 19 芯线为机床控制连接线,两端分别连接电控箱上的 19 芯插座和机床上的 19 芯插头。

⑥ 电控箱接线盒内还设有网线插座,供用户需要时使用。

四、安装检验

① 按照本节二项中的第⑤,检验机床安装后的水平,并检验 X、Y 的垂直度。

② 电源电压通过电控箱输入的应该是三相五线制电压:确定电压 380 V ± 10%,50 Hz,应注意中线与地线严格分开。如用户地区的电网电压波动甚大,应增设三相交流稳压器。

③ 通电前,应确认电网电压是否符合上述要求,并检查电控箱后面插座右边的三个 8 A 熔断器是否正常。

④ 电源接入并启动电控箱面板上的开关,整个系统均应有电。

⑤ 用有线控制盒启动水泵,检查水泵电动机的转动方向。如方向接反(此时应将三相电压相位变换一下)。

⑥ 用有线控制盒操作按钮"1"和"2",检查储丝筒电动机开关是否正常,并通过"5"、"6"检查转速是否可调。

五、开机切割之前的准备工作

① 工作液过滤水箱中加入工作液。如使用固体皂化块,可将 4 块固体皂化块切碎用热水泡软,30 min 之后加软水或纯水,加到七成或八成即可(超越过滤水箱中的挡板)。

② 上钼丝。加工前,根据加工需要选定使用的钼丝直径和型号,然后将钼丝绕在储丝筒上(约 200 m),并且调整储丝筒左右撞块的位置,以控制其行程。

③ 利用公司提供的 DF55－55DA 型垂直度校正器校正电极丝相对工作台面的垂直度。校正时,可直接观察上、下显示灯是否同时亮(或同时暗)。如果偏差,可通过调整导轮位置及线架位置来实现调整电极丝垂直度的目的。在进行锥度切割加工之前,可通过调整 U、V 滑板使电极丝调整到与工作台面垂直,并消除系统中的偏移量。

注意 调整电极丝垂直度之前,必须将电极丝张紧,并将电极丝及校正器表面擦洗干净。

6.5 使用与操作

1.安全及防护说明

① 接地标识。本设备设有接地标识,各部分需要接地的地方,均已连接在接地标识处的汇流牌上,用户在使用之前务必将其安全可靠接地。

② 电控箱及机床电气控制板外侧均有当心触电标识,开机后切勿将电控箱及机床电气

的门打开,以防触电。

③ 在加工过程中,不仅电极丝要高速移动,而且电极丝与工件通常是连电的,操作者切勿随意触摸。为安全起见,已在工作台及储丝筒座上分别设有防护罩,并加警示标识。操作者不可以因贪方便而移开防护罩。

④ 为防止储丝筒滑台及工作台滑板移动超越极限位置而发生事故,本产品在储丝筒滑台及工作台 X、Y 滑板上均设有行程限位开关保护。

即使是行程限位开关失灵,也不会发生重大事故;储丝筒滑台超过行程范围后,传动丝杆螺母将会自动脱落而停止滑动;工作台移动超过行程范围,将会拼紧导致步进电动机因阻力增大而停止转动(因步进电动机驱动力矩有限,停止转动也不会烧坏)。

⑤ 下述几种情况会发生报警声:

a.加工程序进行完毕(加工结束);

b.加工过程突然断丝;

c.加工程序出错;

d.加工状态短路而难于自动排除;

e.储丝筒电动机换向行程开关工作失灵。

2.开机加工的操作程序

当机床安装调整之后,操作者应按要求制备工作液,并绕好电极丝,调整好储丝筒往返运动的行程开关,然后才可以开机加工,其主要操作程序如下。

(1)电子盘启动

① 打开电控箱右侧的电源总开关;

② 右旋电控箱面板上的红色急停开关。让它弹起后再启动绿色电源开关,显示屏出现主控界面(参见图6.23)。

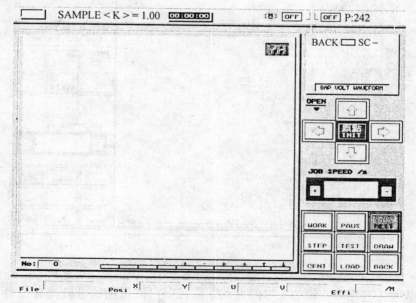

图6.23　TROOP系统主控界面

（2）输入加工程序

① 点击显示窗口右上方的【YH】，将弹出图 6.24 所示的界面，并显示 X、Y、U、V 的坐标值。

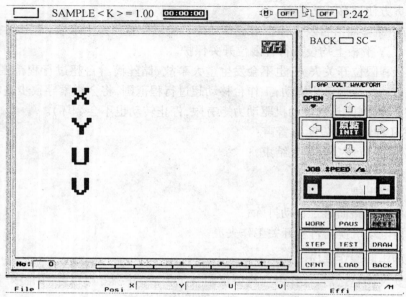

图 6.24　X、Y、U、V 坐标显示屏幕

② 再次点击【YH】，便出现程序输入界面（参见图 6.25）。

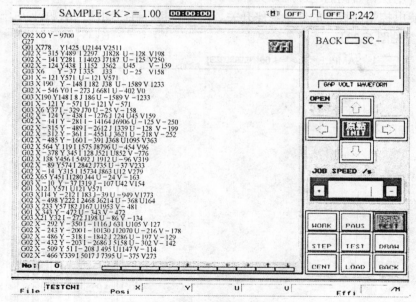

图 6.25　程序输入界面

③ 输入加工程序单。设加工零件为 $\phi20$ mm 圆柱体，所用的电极丝直径为 $\phi0.18$ mm，单面放电间隙 $\delta_{电} = 0.01$ mm，即补偿量 $f = 0.1$ mm，则可通过键盘输入以下加工程序：

G92　X0　Y − 15000　　　　　　　　　　　相对（增量）坐标系，起点为 A(0, − 15)

```
G01    X0    Y4900                      沿正 Y 方向加工到圆的切入点
G02    X0    Y0    I0    J10100         沿顺时针方向加工整圆
G01    X0    Y – 4900                   沿负 Y 方向退出至起始点
M00                                     程序结束
```

④ 点击屏幕下方的【Q】,退回到坐标显示界面,再点击【YH】,退回到主控界面。

（3）加工参数设定

① 点击主控界面右边参数窗口中的【OPEN】,弹出加工参数选择。

② 再点击其中的【高频参数】,可设定所需要的加工参数。试机时,因操作者对机床性能及其工艺不是很熟悉,各参数不宜选择太大,以免发生断丝,故建议选用:

PULSEMODE:2　（模式,表示脉冲宽度大小）

ENEGERSET:2　（脉冲峰值电流）

PULSECURR:2　（脉冲间隔）

③ 加工参数设定之后,点击高频参数屏幕下方的【CLOSE】或按下操作键盘旁左上角的【ESC】键,就可回到主控界面。

（4）加工

① 加工前应校正电极丝与工件(或工作台)的垂直度,并摇动工作台 X、Y 轴手柄,使电极丝置于编程时设置的起始点位置。

② 用有线控制盒启动储丝筒电动机及工作液循环过滤水泵电动机,并检查它们是否运转正常。

③ 在电控箱主控界面右上方用鼠标点击工作台及锥度装置的步进电动机 M 的状态开关,使其处于【ON】工作状态。

④ 用鼠标点击屏幕右上方的高频电源状态开关,使其处于【ON】工作状态。

⑤ 用鼠标点击右边菜单中的【ON】,线切割加工立即开始按送入的加工程序进行加工,直到加工结束会自动停机。

⑥ 取下切割试样,检查其加工表面质量及加工尺寸误差。

3. 切割加工时的注意事项

① 一定要记下加工起始点及关键点的坐标值,以便在加工中出现断丝等不利因素时重新加工。

② 对于没把握的程序加工和工件尺寸,可用薄板先试割。

③ 合理调整进给速度。应根据工件厚度、材料硬度在开机前将主控屏幕右边的跟踪调节器调至中间偏正(偏左)的位置,使屏幕右上角的脉冲利用率显示较高的数值(约 80% ~ 90%),此时电控箱面板上的电流表指针稳定。如空载波较多,使脉冲利用率偏低,可用鼠标移动"跟踪调节器"左右移动开关,提高跟踪速度;相反,短路波偏多时,则右移调节开关。

④ 注意工作液循环流动畅通,以免引起短路或断丝。

注意　工作液切勿进入机床电气,以防烧坏机床电气。

⑤ 切割中出现短路现象(无火花、无进给切割),可用短路回退排除,切割过程中尽量避

免操作停机,以免出现加工痕迹。

⑥ 为提高加工经验及维修水平,应详细记录每次出现的问题和解决问题的方法。

4.几种停机操作

(1) 临时停机

在加工过程中需要临时停机时,可先点击电控箱主控界面上的【暂停】功能按钮,此刻会自动切断高频脉冲电源输出。操作者还可进一步用有线控制盒关闭水泵电动机和储丝筒电动机。

注意　临时停机切勿按下电控箱面板上的【急停】总开关,否则步进电动机将无法处于通电锁紧状态,难于在重新开机后继续执行剩余的加工程序。

(2) 正常停机

某一个零件的加工程序全部执行完毕之后,本机会自动停机,自动关闭高频脉冲电源及步进电动机驱动电路,并发出报警声。操作者可用有线控制盒进一步关闭水泵电动机和储丝筒电动机。

(3) 断丝自动停机

在加工过程中如突然断丝也会自动停机,并发出报警声。自动停机时,储丝筒电动机及水泵电动机均被自动关闭,并在自动回退很短的时间后自动关闭高频脉冲电源。操作者在停机之后,可利用回原点方法使机器回到最后一次穿丝的起始点,重新穿丝和紧丝,按程序继续切割加工。如果在发生断丝时,余下的切割路径较少,也可进行倒切割(即按整个程序的反方向切割),并在切割完毕后,及时关闭高频脉冲电源,以免损伤工件表面。对于需要重新更换新钼丝时,要特别注意检查断丝及新钼丝的直径之差,若相差太大,应考虑重新修改编程时所设定的补偿量,以保证加工尺寸精度。另外,重新换丝过程中,线架上导轮组件绝对不可调整,否则会使垂直度及坐标位置遭到破坏,造成工件报废。

(4) 紧急停机

遇危急情况,可以紧急停机。紧急停机是按下电控箱面板上的【急停】按钮,整机停止工作。

注意　紧急停机之后,整机虽停电,但进电处及机内控制按钮仍带电,维修时务必把电控箱上的总开关断开。同时,请操作者在下班时或停止使用该设备时,也应切断电控箱上的总开关。

6.6　一般故障及维修方法

1.线切割断丝及排除方法

表6.4列出了常见的断丝现象、产生原因及排除方法,读者应认真学习,并结合操作实际情况灵活运用。

表 6.4　断丝原因及排除方法

断丝现象	原　因	排　除　方　法
储丝筒空转时断丝	(1) 丝排列时叠丝； (2) 储丝筒转动不灵活； (3) 电极丝卡在导电块槽中	(1) 检查钼丝是否在导轮槽中，检查储丝机构的丝杠螺母是否间隙过大，检查储丝筒轴线是否与线架垂直；调整下丝臂后面的宝石挡丝棒位置； (2) 检查储丝筒夹缝中是否进入异物； (3) 更换或调整导电块位置
刚开始切割时即断丝	(1) 加工电流过大，进给不稳定； (2) 钼丝抖动厉害； (3) 工件表面有毛刺，有不导电氧化皮或锐边	(1) 调整电参数，减小电流； (2) 检查走丝系统部分，如导轮、轴承、储丝筒是否有异常跳动、振动； (3) 清除氧化皮、毛刺
有规律断丝，多在一边或两边换向时断丝	储丝筒换向时，未能及时切断高频脉冲电源，使钼丝烧断	调整换向断高频挡块位置，如还无效，则需检测电路部分。要保证先关高频再换向
切割过程中突然断丝	(1) 选择电参数不当，电流过大； (2) 进给调节不当，忽快忽慢，开路短路频繁； (3) 工作液使用不当(如错误使用普通机床乳化液)，乳化液太稀，使用时间长，太脏； (4) 管道堵塞，工作液流量大减； (5) 导电块未能与钼丝接触或已被钼丝拉出凹痕，造成接触不良； (6) 切割厚件时，脉冲间隔过小或使用不适合切厚件的工作液； (7) 脉冲电源削波二极管性能变差，加工中负波加大，使钼丝短时间内损耗加大； (8) 钼丝质量差或保管不善，产生氧化，或上丝时用小铁棒等不恰当工具张丝，使丝产生损伤； (9) 储丝筒转速太慢，使钼丝在工作区停留时间过长； (10) 切割工件时钼丝直径选择不当	(1) 将脉冲宽度挡调小，将脉冲间隔挡调大，或减少功率管个数； (2) 提高操作水平，进给调节合适，调节进给电位器，使进给稳定； (3) 使用线切割专用工作液，合理选用并配制所需浓度；太脏则应及时更换。 (4) 清洗管道； (5) 更换或将导电块移一个位置； (6) 选择合适的脉冲间隔，使用合适厚件切割的工作液； (7) 更换削波二极管； (8) 更换钼丝，使用上丝轮上丝； (9) 合理选择丝速挡； (10) 按使用说明书的推荐选择钼丝直径
工件临近切割完时断丝	(1) 工件材料变形，夹断钼丝； (2) 工件跌落时，卡断或撞断钼丝	(1) 选择合适的切割路线、材料及热处理工艺，使变形尽量小； (2) 快割完时，用小磁铁吸住工件或用工具托住工件，使其不至于下落

2. 切割轨迹异常的排除方法

这里所指的故障原因,不包括程序错误和误差,是指除此之外的原因。

（1）加工封闭图形时,电极丝未回原点

从工件上看,图形大体是正确的,但电极丝未回到原点（终点）,而从工作台手轮刻度上看,已回原点（终点）。这种情况多数是工件变形造成的。还有机床工作台中的传动系统误差,也会造成这种故障。可用千分表检查工作台传动精度。若精度合乎要求,应考虑是工件变形所致,也有可能是主导轮偏差（例如轴向窜动等）,使电极丝不到位所致。

另一个原因是电极丝损耗太大,当切割大周长的工件时,会因丝径损耗变细而感觉到是没有回到终点,致使工件精度欠佳。

若是上述原因的话,就得分别对待、分别处理。例如,调整机床精度,消除工件残余应力,合理选择切割起点及路线,检查调整导轮,选用低耗损电源参数加工等。

还有一个不可忽视的原因,就是步进电动机失步。在切割薄板工件时,由于进给速度比较高,或者是封闭图形中有一部分处于空载加工状态运行,进给速度变快,都可能引起步进电动机失步,致使加工回不到原点。在这种情况下,应及时调节进给速度,或在变频取样回路中加稳压二极管之类的限幅（频）元件。

（2）切割线型混乱

本来应加工圆弧,却变为直线切割;或加工直线,而变为加工圆弧。

前者有两种原因:

① 有一轴步进电动机不走或摇摆（例如步进电动机缺相）,另一轴正常,这会使圆弧变为直线加工。应检查排除缺相或传动系统打滑等故障。

② 数控系统修改象限等错误,使圆弧变为直线插补,应检查系统故障。

3. 工作液供给不良的排除方法

该产品之环保型水箱的设计采用多重过滤系统,选用合适的进口水泵,基本上不会发生管路堵塞的现象,如在工作过程中发现供液不足等不良情况,可从以下几方面检查和排除:

（1）无工作液输出

① 检查水泵电动机是否旋转及旋转方向,若电动机不能旋转,检查供电电源是否正常,机床水泵的保护电路之熔断器是否损坏,电动机是否已经损坏,若旋转方向不正确,可将三相电线的接线位置互换。

② 检查水泵至单向阀门之间的管道是否有空气,供液泵为离心式自吸泵,严禁无水空转。在第一次使用时,应拧开水泵上部的螺丝,向水泵内注满工作液,方可启动水泵。检查时如发现水泵内无工作液,应注满工作液。如始终不能注满工作液,则是单向阀关闭不严有泄漏,应维修或更换单向阀。

③ 检查水箱输出干净工作液的阀是否已在开启位置,立柱上的调节阀是否在开启的位置。

（2）工作液供量不足

① 检查水箱至机床的供水水管是否有颤动现象。若是,则是水箱液面太低,取水口处有少量空气吸入,应立即补充工作液至合适位置。

② 检查立柱上的调节阀是否调整不当,使供液不足。

③ 在一般情况下,调整溢流阀可明显调节供液量及供液压力,但当调整作用不明显时,应完全打开溢流阀,观察水箱进水管处压力表的压力,若指针指示刻度大于 $0.2\ MPa/cm^2$,则应考虑纸质滤芯已被污物堵塞,过滤压力增大,工作液通过滤芯困难。建议更换纸质滤芯。

④ 若不是①、②所述之供给不良原因时,应考虑机床供液管路可能出现堵塞,此时可分别从立柱背面的调节水阀出口处卸下供水管及线架上的喷水板的水管终点连接件,用压缩空气吹出管道内的沉积污物,并清洗管道排除故障。

4.脉冲电源故障的排除方法

如加工电流很大,火花放电异常,易断丝。这种故障多数是脉冲电源的输出已变为直流输出所致。这要从脉冲电源的输出级向多谐振荡器逐级检查波形,更换损坏的元件,使输出为合乎要求的脉冲波形时才能投入使用。

5.加工精度严重超差的排除方法

未发现异常现象,加工后机床坐标也回到原点(终点),但工件精度严重超差,往往是由以下几种原因造成的:

① 工件变形,应考虑消除残余应力、改变装夹方式、切割路线及用其它辅助方法弥补。

② 运动部件干涉,如工作台被防护部件(如罩壳等)强力摩擦,甚至顶住,造成超差,应仔细检查各部分运动是否干涉。

③ 丝杆螺母及传动齿轮配合精度、间隙超差,应检查工作台移动精度。

④ X、Y 轴工作台滑板垂直度超差,应检查 X、Y 轴垂直度。

⑤ 电极丝导向轮(或导向器)导向精度超差,应检查导向轮(主导轮)或导向器的工作状态及精度。

⑥ 加工中各种参数变化太大,应考虑采用供电电源稳压等措施。

6.烧保险丝故障的排除方法

机床电气、高频电源、数控系统等各个部分都安装了保险丝。根据机床总体设计,各部分的保险丝应在该部分发生短路、过电流等情况下自行保护(断保险丝),一般不影响其它部分的保险丝。这样,根据所断的保险丝部位,初步断定故障的大体范围。

应强调的是,断了保险丝,一定要检查出故障,并在排除故障之后,才能更换新的相同规格的保险丝。不允许不检查故障时直接换保险丝,以防损坏器件,发生更大的事故。

一般来说,先从断保险丝处测量负载侧(保险丝的负载侧)的阻值及保险丝负载端与机床或零线的阻值,之后再一步一步深入到线路中检查,所谓"顺藤摸瓜"的办法较为方便。但有时也会在一打开有关部位检查时,马上就能发现短路痕迹,这样的问题更便于解决。

6.7 安全保护装置及事故处理

1.安全保护装置及注意事项

(1) 工作台上的安全防护罩

设置此防护罩不仅是为了防止工作液的飞溅,而且是为了防止有人不小心触摸带电的工件及电极丝,所以设有明显的警示标识,在加工过程中切勿随意拿开。

（2）储丝筒防护罩

设置此防护罩是为了防止有人不小心触及高速运转的储丝筒以及工作液和断丝的飞溅而导致人身事故，在加工过程中切勿移开防护罩。如果在开机过程中移开防护罩，储丝筒电动机会自动停止运转。

（3）断丝保护装置

一旦发生断丝，此保护装置立即会发出警报声，并自动关闭储丝筒电动机和高频脉冲电源的输出。

注意 操作者在重新绕丝和穿丝之后，需检查断丝保护回路的两个进电块与电极丝接触是否良好，否则难于重新开机。

（4）滑板行程双重保护装置

为防止储丝筒滑台和工作台 X、Y 滑板超行程移动而滑出导轨，储丝筒滑台移动和工作台 X、Y 滑板移动都设有行程限位的电气和机械双重保护。

注意 限位装置起作用而使滑板停止移动之后，需用人工方法使滑板反向移动而恢复正常。

（5）防触电保护

该产品所有带电元器件外裸部分，除有防护罩保护的工件之外，其它都安放在电控箱和机床内部，并设有安全防护门。机床电气控制门上有触电标识，电控箱两侧面手柄上都设有带锁的保护开关。只要电控箱的门打开，就会整机断电。

（6）短路保护

该产品除在电控箱电源电压输入处设置短路保护的熔断器外，各模块分电路也设置了短路保护的熔断器。一旦发现产品在使用时无电，应逐级检查熔断器是否烧坏。

2.出现故障时的处理顺序

（1）断丝故障处理

① 发生断丝故障而发出警报声并自动停机之后，操作者先解除报警；

② 消除杂乱绕的废丝（如余下的丝较长可继续使用），重新绕丝、穿丝和紧丝；

③ 检查和调整挡丝块及进电块与电极丝的接触状态，确保安全可靠接触；

④ 增大脉冲间隔时间，开机后，待跟踪调整到能稳定切割之后再缩短脉冲间隔，按预定的加工电流正常加工。

（2）储丝筒电动机突然停转而无法正常启动的处理

① 先用人工方法转动储丝筒，使储丝筒座滑台脱离限位保险区；

② 检查丝杆螺母是否脱离丝杠而滑出，如属此情况应重新将螺母装上；

③ 检查换向控制行程开关及行程限位开关是否损坏，如已损坏应更换；

④ 开通储丝筒电动机电源，检查它是否能正常工作，并重新调整行程限位位置。

（3）工作台步进电动机停转而无法正常加工的处理

① 先检查故障原因及故障程度；

② 如确认是超范围运动而停机，应用人工方法（手摇柄）拨动丝杠往回运转而离开限位保护区；

③ 检查行程限位开关是否损坏，如已损坏，就应立即调换；

④ 重新开机,验证工作是否正常。

（4）设备突然停机的处理

1）根据停机情况,确认停机原因

① 加工程序出错(操作者应重新检查和改正程序)；

② 断丝(按本节"断丝故障处理"方法进行)；

③ 电网电压切断(请电工检查原因并恢复供电)；

④ 本设备自身发生熔断器烧断,应先检查总的短路保护,再检查各分块电路短路保护。

2）熔断器烧断的处理

① 在电网供电正常情况下,检查电控箱上的 8 A 总熔断器是否烧断？如已烧断,应在查明原因情况下更换；

② 检查各分块电路熔断器是否烧断？如发现某分块电路熔断器烧断,也应在查明原因基础上调换保险丝；

③ 各熔断器均检查处理后,并确认无局部短路现象,可重新启动开机,如仍有烧保险丝现象,应认真检查其原因,并及时排除之后才能开机工作。

（5）火灾的处理

该产品虽采用水基工作液,在放电加工过程中不会燃烧,但在使用过程中仍须注意消防工作。一旦遇到火灾,首先应切断总电源,然后用合适的灭火器械灭火。

6.8　保养与维修

1.电火花线切割机床的使用规则

线切割机床是技术密集型产品,属于精密加工设备,操作人员在使用机床前必须经过严格的培训、取得合格操作证明后才能上机工作。

为了安全、合理和有效地使用机床,要求操作人员必须遵守以下几项规则：

① 应对自用机床的性能、结构有较充分的了解,能掌握操作规程和遵守安全生产制度；

② 应在机床的允许规格范围内进行加工,不要超重或超行程工作；

③ 应经常检查机床的电源线、超程限位开关和换向开关是否安全可靠,不允许带故障工作；

④ 应按机床操作说明书所规定的润滑部分,定时地注入规定的润滑油或润滑脂,以保证机构运转灵活,特别是导轮和轴承,要定期检查和更换；

⑤ 加工前应检查工作液箱中的工作液是否足够,水管和喷嘴是否通畅,不允许水泵在无水情况下空转；

⑥ 下班后需将工作区域清理干净,夹具和附件等应擦拭干净,并保持其完整无损；

⑦ 应定期检查机床电气设备是否受潮和可靠,并清理尘埃,防止金属物落入；

⑧ 遵守定人定机制度,定期维护保养。

2.电火花线切割机床的维护保养方法

线切割机床维护保养的目的是为了保持机床能正常可靠地工作,延长其使用寿命。维护保养是指定期润滑、定期调整机件、定期更换磨损较严重的配件等。

（1）定期润滑

线切割机床需定期润滑的主要部位有：机床导轨、丝杠螺母、传动齿轮、导轮轴承等。润滑油一般用油枪注入，轴承和滚珠丝杠如有保护套，可以经半年或一年后由专业机械人员拆开注油。

（2）定期调整

对于丝杠螺母、导轨、电极丝挡块及进电块等，应根据使用时间、间隙大小或沟槽深浅进行调整。如线切割机床采用锥形开槽式的调节螺母，则需适当地拧紧一些，凭经验和手感确定间隙，保持转动灵活。滚动导轨的调整方法为松开工作台一边的导轨固定螺钉，拧调节螺钉，看百分表的反映，使其紧靠另一边，挡丝块和进电块如因长期使用而摩擦出沟痕，应转动或移动，以改变接触部位。

（3）定期更换

线切割机床上的导轮、进电块、挡丝块和导轮轴承等均为易损件，磨损后应更换。导轮的装拆技术要求较高，可参看图 6.10 进行。进电块更换较易，螺母拧出后变换位置即可。磨损严重时，可更换新的进电块。目前常用红宝石制作挡丝块，所以只需要改变位置，避开已磨损的部位。

3.电火花线切割加工的安全技术规程

作为电火花线切割技工的安全技术规程，可从两个方面考虑：一方面是人身安全；另一方面是设备安全。大体有以下几点：

① 操作者必须熟悉线切割机床的操作技术，开机后应按设备润滑要求，对机床有关部位注油润滑。润滑油必须符合机床说明书的要求。

② 操作者必须熟悉线切割加工工艺，恰当地选取加工参数，按规定操作顺序操作，防止造成断丝等故障。

③ 用手摇柄操作储丝筒后，应及时将摇柄拔出，防止储丝筒转动时将手柄甩出。装卸电极丝时，注意防止电极丝扎手。换下来的废丝要放在规定的容器内，防止混入电路中和走丝系统中去，造成电气短路、触电和断丝等事故。注意防止因储丝筒惯性造成断丝及传动件碰撞。为此，要在储丝筒刚换向之后立即按下走丝停止按钮。

④ 正式加工工件之前，应确认工件位置已装夹正确，防止碰撞线架和因超程撞坏丝杠、螺母等传动部件。

⑤ 尽量消除工件的残余应力，防止切割过程中工件爆裂伤人。加工之前应安装好防护罩。

⑥ 机床附近不得放置易燃、易爆物品，防止因工作液一时供应不足产生的放电火花引起事故。

⑦ 在检修机床、机床电气、加工电源、控制系统时，应注意切断电源，防止触电和损坏电路元件。

⑧ 定期检查机床的保护接地是否可靠，注意各部位是否漏电。加工时，切勿随意拿下工作台防护罩，更不可用手或手持导电工具同时接触加工电源的两输出端(钼丝与工件)，防止触电。

⑨ 禁止用湿手按开关或接触电气部分。防止工作液等导电物进入电气部分，一旦发生因电气短路造成的火灾时，应首先切断电源，立即用适合的灭火器灭火，不准用水救火。

⑩ 停机时,应先停高频脉冲电源,之后停工作液,让电极丝运行一段时间并等储丝筒反向后再停走丝。工作结束后,关掉总电源,擦拭工作台及夹具,并润滑机床。

4.机床润滑

机床润滑是机床日常维护的重要环节,它不仅能延长机床的使用寿命,还起到保证各传动系统平稳运转和机床的工作精度之作用,为此请用户定期按下述润滑要求正确润滑。本机床有以下三种润滑方式。

（1）手动泵润滑

对影响工作精度较大的重要部位,采用手动泵润滑,手动泵设置在机床后部左侧上部,如图 6.26 所示。

手动泵采用 LK – 8TR 型,当拉动手动泵时,泵内油池中的润滑油被吸入油筒内,当放手后油筒内的润滑油靠弹簧力通过管道至连接件,连接件分三路通过分油器及管道送至各个润滑点,即:

① 坐标工作台 X 向滚珠丝杠螺母;
　 坐标工作台 Y 向滚珠丝杠螺母;
② 走丝机构传动丝杠螺母;
③ 线架。

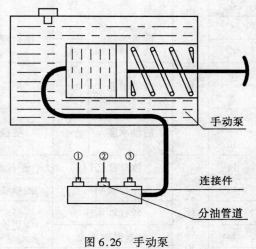

图 6.26　手动泵

在传送过程中经过各自的分油器,分油器内有限流单向阀和滤油网,将一定量的清洁润滑油注入润滑部位,参见图 6.27 及表 6.5。

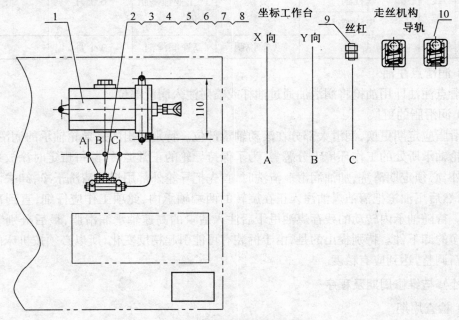

图 6.27　机床润滑部位示意图

表 6.5　机床润滑点

序号	润滑部位			加油方式	油　类	加油周期	备　注
1	①坐标工作台	滚珠丝杠副	X	手拉泵	JH20 机械油	每班 1~2 次	
2			Y				
3		导轨副	X	油枪喷射	导轨油	每周 1 次	
4			Y				
5		后齿轮座	X	油枪喷射	JH20 机械油	每周 1 次	
6			Y				
7		前轴承座	X	更换	3# 工业锂基脂	6 个月	
8			Y				
9		后轴承座	X	更换	3# 工业锂基脂	6 个月	
10			Y				
11	②走丝机构	传动丝杠副		手拉泵	JH20 机械油	每班 1~2 次	
12		导轨副		油枪喷射	导轨油	每周 1 次	
13		丝杠轴承座		更换	3# 工业锂基脂	6 个月	
14		储丝筒轴承座					
15		电动机轴承		按电动机规定			
16	③线架	上、下丝杠副		油枪喷射	JH20 机械油	每周 1 次	
17		锥度台导轨		更换	3# 工业锂基脂	6 个月	
18		丝杠副					
19		齿轮箱					
20		导轮		见前说明	高速润滑油	3 个月	

（2）润滑点注油

润滑点注油即用油枪将润滑油通过油杯或喷射注入润滑部位。

（3）润滑脂的更换

润滑脂应定期更换,润滑大部分在滚动轴承部位。特别提出的是导轮轴承的润滑;

导轮轴承所处的工作环境十分恶劣,为了保持导轮的正常运转,除每班定时涂放适量的润滑脂外,必须定期清洗,加油润滑。清洗时,首先把导轮外部用煤油清洗干净,卸去两端铜套端盖,然后用油枪把清洁煤油注入正在旋转的两端轴承内,此项工作应仔细,直到冲洗干净为止。待随轴承内转动的残存煤油甩干后注入适量的高速轴承润滑脂,最后分别装上已清洗干净的卸下件。特别提出的是,由于拆装有可能引起精度变化,所以必须按机床的调整一节重新调整,达到应有精度。

5.检修与维修周期及程序

（1）检查周期

① 每天清理一次工作环境及工作台面。

② 每月检查调整一次。检查丝杠螺母、导轨、电极丝挡块、进电块以及导丝导轮等运动件磨损情况及间隙大小,并做必要的调整。

③ 每半年调整维修一次。更换导轮、进电块、导轮轴承等易损件;清洗工作液过滤水箱,更换工作液和过滤纸芯。如果本产品是 24 h 连续工作,维修周期应调整缩短至两个月。

④ 每三年检修一次。对机床精度进行一次较全面的检测,并整修运动磨损件。

⑤ 在日常使用中如发现设备运行异常,应及时调整维修。

(2) 正常维修程序

该产品在使用过程中,除每日下班前清理一次和每日检查调整一次外,每半年还需调整维修一次,更换易损件,主要程序如下:

① 清洁工作台、导轨及走丝系统;

② 检测导轮、轴承、挡丝块及传动系统的磨损情况与间隙大小;

③ 调换磨损较严重的导轮、轴承(导轮的拆装方法参见图 6.10 的说明);

④ 调整挡丝块、进电块等易损件,确保电极丝与它们在运行过程中接触可靠,如达不到要求,必须更换;

⑤ 检查调整传动系统间隙,确保传动精度;

⑥ 清洗工作液过滤水箱,更换新配制的工作液;

⑦ 按本产品润滑要求,更换轴承座油脂。

6.9　运输与储存

1. 吊装、运输注意事项

TP 系列数控电火花线切割机属精密加工设备,出厂前不仅进行了认真的调试和检测,而且进行了必要的防锈保护及上、下滑板紧固措施,并按合同要求进行了防潮、防震包装。在吊装运输过程中仍必须注意:

① 该产品属精密机床,适合采用叉车作业;

② 在搬运过程中严防冲击及剧烈振动;

③ 在搬运过程中,倾斜角度不得大于 15°;

④ 如用滚棒移动机床时,不得松开机床滑板上的固定块,滚棒直径应大于 ϕ90 mm;

⑤ 用绳索起吊(图 6.28)或用叉车托起时应注意设备重心。

2. 储存条件及注意事项

(1) 储存条件

① 室内储存,周围无超量污染物(灰尘和腐蚀性气体);

② 室温:(22 ± 20)℃,即 2 ~ 42℃;湿度:30% ~ 90%。

(2) 储存期限

储存期限不超过三个月。

(3) 注意

如发现木箱包装的设备内已经渗水或出现水珠,必须开箱拆除包装,让设备通风干燥,以免生锈损坏。

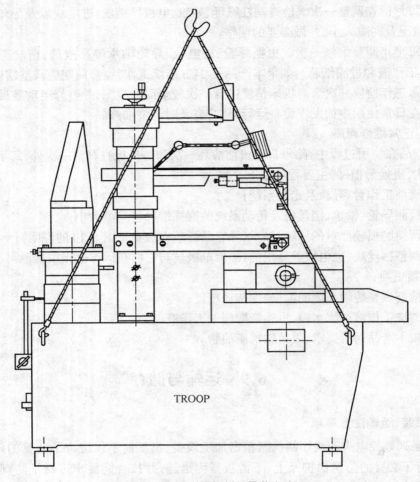

图 6.28　TP 系列线切割机吊装方法

6.10　开箱与检查

1.开箱步骤

① 先拆除木箱顶面,然后再拆四个侧面木板。

② 连同木箱底盘将设备搬运到安装地点以后,拆除固定机床与底盘上的螺钉。

③ 起吊机床,卸去底盘。

2.检查

① 拆箱后检查机床外表有无损伤,操作台防护件有无损坏。

② 按装箱单内容清点有关附件及工具。

③ 调整水平,检测工作台操作手柄旋转时,其力矩是否均匀、有无阻滞,并检测工作台 X 轴与 Y 轴的垂直度。

6.11　其　它

1.产品质量及售后服务

① 该产品是经严格检验后确认的合格产品,并向用户随机提供合格证书。

② 用户在使用中发现任何问题,均可及时与该公司售后服务部门联系。

③ 该产品负责保修一年,在保修期内,设备出现非人为损坏,本公司将根据用户要求免费上门服务;一年保修期过后,本公司将继续提供有偿服务,提供所需的备用件和耗损件。

④ 该公司向广大用户承诺,接到用户报修电话后 24 h 之内一定会作出积极反映。

2.联络方式

惠选该公司产品的用户需要咨询和服务,请与该公司总部或就近的销售服务部联络。

(1) 国际总部　　　　　　　　　　新加坡

TAIPEI INDUSTRIES PTE.LTD

27 Lorong 25A Geylang Singapore

Tel:65 – 67420778　　Fax:65 – 67412607

troop@singnet.com.sg

(2) 中国总部　　　　　　　　　　上海

上海大量电子设备有限公司

上海市漕河泾高新技术开发区宜山路 889 号 2 号工业楼

电话:86 – 21 – 64854347　　传真:86 – 21 – 64850621

Shanghai@troop – online.com

(3) 生产总部　　　　　　　　　　上海

上海市闵行区曹行镇曹建路 46 号　邮编:201108

电话:86 – 21 – 54404347

(4) 销售服务　　　　　　　　　　广东东莞

广东省东莞长安镇长荣国际机械五金广场 V 幢 27 号

电话:86 – 769 – 5399569

(5) 销售服务　　　　　　　　　　浙江温州

浙江省温州市锦绣路球山花园 16 幢 109 室

电话:86 – 577 – 88939389

6.12　机械传动及上丝装置

1.X、Y 轴工作台滑板的传动系统图(参见图 6.29)

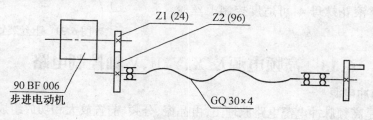

图 6.29　工作台滑板传动系统图

选用的步进电动机型号为 90BF006,步进电动机单个脉冲时的步距角为 0.36°,所以单个脉冲时 X、Y 向滑板的移动量,即脉冲单量为

$$S_1 = (4 \times 24/96) \times 0.36°/360° = 0.001 \text{ mm}$$

2.U、V 轴滑板的传动系统

U、V 向滑板的传动系统与 X、Y 向基本相同。由于位置关系,其结构紧凑,所以选用的步进电动机为 42BYG001,选用的步距角为 0.9°、Z_1 为 16 齿、Z_2 为 30 齿、丝杠螺距为 0.75 mm,所以单个脉冲时,U、V 向滑板的移动量,即脉冲单量为

$$S_1 = (0.75 \times 16/30) \times 0.9°/360° = 0.001 \text{ mm}$$

3.走丝机构传动系统图(参见图 6.30)

储丝筒是通过弹性联轴节与直流伺服电动机(型号为 110SZ51)直接相连。直流伺服电动机通过电压变换,进行有级调速。

为正确排丝,储丝筒转动时,通过齿轮、传动丝杠、带动储丝筒的拖板移动,其传动系统如图 6.30 所示。

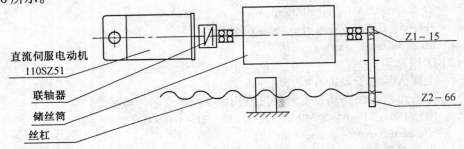

图 6.30　走丝机构传动系统图

储丝筒每转一圈,其滑板的移动量,即排丝距为

$$S_2 = 1 \times 15/66 \approx 0.22 \text{ mm}$$

4.上丝装置

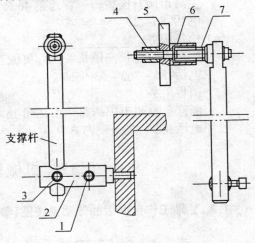

上丝装置安装在储丝机构的后面底座上,平时可以拆下。上丝装置结构如图 6.31 所示。使用时,先松开固定螺栓 1,调整固定套 2,使其调整到图示位置再拧紧;然后通过螺钉 3、支撑杆调整其高度。

自动绕丝之前,先拆下滚花螺母 4、弹簧套 6 及压簧 7;在锁紧螺栓处换上新钼丝盘 5;再装上 4、6、7;调整滚花螺母 4,可适度控制上丝时的张力。

图 6.31　上丝装置

6.13　高频电源及 X、Y、U、V 轴控制电路

1.高频脉冲电源

图 6.32 是高频脉冲电源电路原理图,由晶振、分频、前置放大和功放组成,功放采用 VMOS 场效应管,最多可以 5 个功放管并联使用。

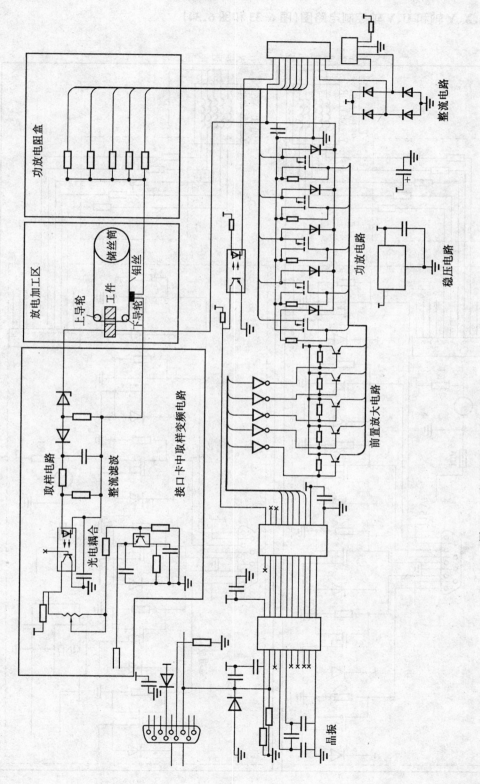

图 6.32 高频脉冲电源电路原理图

2. X、Y 轴和 U、V 轴控制电路图（图 6.33 和图 6.34）

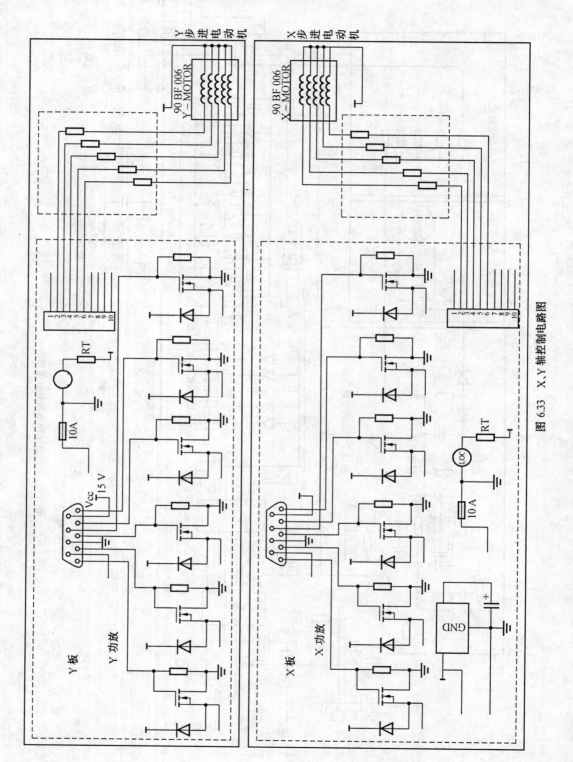

图 6.33　X、Y 轴控制电路图

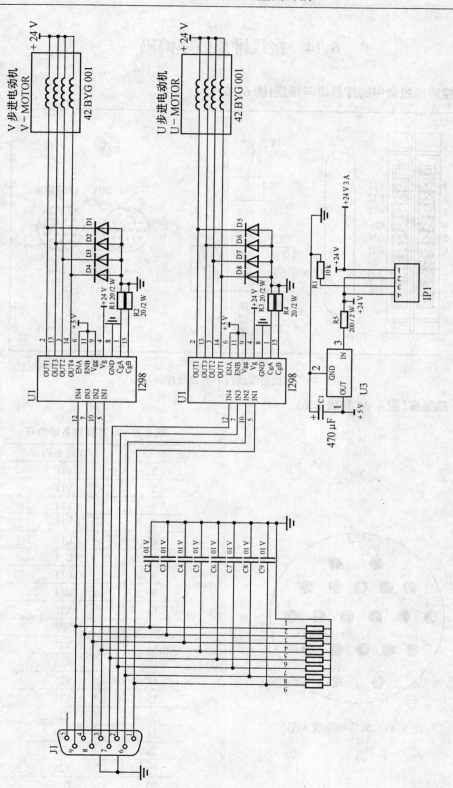

图 6.34 U、V 轴控制电路图

6.14　接线排及插座编码

1.电控箱接线盒中的接线排与插座(图6.35)

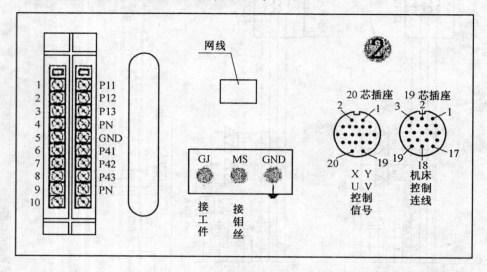

图 6.35　电控箱接线盒中的接线排及插座

2.20芯插座(图6.36和表6.6)

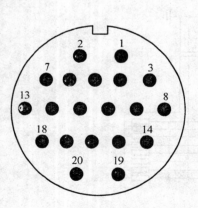

图 6.36　20芯插座放大图

表 6.6　20芯插座各脚信号

引脚	连线名称
2	V11
3	V12
4	V13
5	V14
6	U11
7	U12
8	U13
9	U14
10	X21
11	X22
12	X23
13	X24
14	X25
15	Y21
16	Y22
17	Y23
18	Y24
19	Y25
20	D21

3.19 芯插座(图 6.37 及表 6.7)

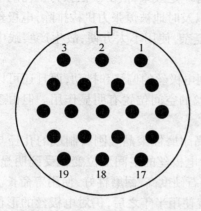

图 6.37　19 芯插座放大图

表 6.7　19 芯插座各脚信号

引脚	连线名称
4	Z11
5	Z12
6	Z13
7	Z14
10	Z01
11	Z02
12	Z03
13	Z04
14	Z05
15	Z06
16	Z07
17	Z08
18	Z09
19	Z10

6.15　高速走丝多次切割技术

1.概述

电火花线切割加工(WEDM)的切割速度与加工表面质量是一对矛盾,在一次切割过程中,既要获得很高的切割速度、又要获得很好的加工表面质量是十分困难的。低速走丝电火花线切割加工(LS - WEDM)具有很高的综合工艺水平,也不是一次切割而达到工艺指标的,而是采用了多次切割工艺,即第一次切割用较大的脉冲能量和电流加工,以获得较高的切割速度(生产效率),此时并不过多地要求加工表面质量如何;第二次和第三次切割时,则用精规准和精微加工规准逐级修光,以获得理想的加工表面质量和加工精度。高速走丝电火花线切割加工(HS - WEDM)则因其自身特点及设备条件的限制,多次切割工艺至今无法推广应用,致使它的综合工艺水平远远低于 LS - WEDM 的工艺水平。为此,广大科技工作者曾进行过大量的实验研究,得出的结论是:HS - WEDM 采用多次切割工艺不仅是必要的,而且是可能的,但必须具备以下条件:

① 按国家有关标准控制机床的制造精度和走丝系统的稳定性。

② 开发出适用于多次切割的高频脉冲电源及跟踪进给控制系统。

③ 深入研究多次切割工艺,确定脉冲参数、加工轨迹补偿量及电极丝移动方式的速度等。

TP 系列线切割机经多年研究开发,已创造了多次切割所需的基本条件,并在实践中获得了较好的工艺效果。

2.控制电极丝空间形位变化的措施

当进行电火花线切割加工时,电极丝在放电力的作用下必然会发生空间形位变化,使放

电点滞后于进给方向的支撑点。为了控制电极丝的空间形位变化,可采用下述方法:

① 增大电极丝的张力,并使支点尽量靠近工件上下表面。由于高速走丝电火花线切割机没有张力控制,增加电极丝的张力通常是通过适当增加绕丝预紧力和在切割过程中收紧电极丝来实现。现在也有人采用恒张力机构,虽有一定效果,但由于恒张力机构的响应速度较慢,走丝系统的瞬间干扰所引起的张力变化难以及时地被恒张力机构排除,电极丝的瞬间形位变化仍难以控制,加之这种恒张力机构较为复杂,使用不太方便,故生产实践中很少采用。

② 采用红宝石挡丝装置。此方法不仅可限制电极丝的偏移和抖动,而且还可以缩短导向支点与工件表面之间的实际距离,对稳定电极丝的空间位置有明显作用。但由于红宝石在加工过程中磨损严重,故使用寿命不长。

③ 采用高耐磨性导向装置。该装置采用了高耐磨性聚晶金刚石制成的孔径与电极丝直径相差 0.02 mm 的导向器。使用该导向装置后电极丝的空间形位变化受到明显限制,可显著提高加工精度和加工表面质量。且聚晶金刚石硬度高、耐磨性好、使用寿命长。在小锥度(≤3°)切割加工情况下,一套高耐磨性导向装置使用半年之后,仍对电极丝的形位变化有良好的控制作用,为 HS – WEDM 采用多次切割工艺创造了良好的条件。

3. 高频脉冲电源的改造

以往的 HS – WEDM 所用的高频脉冲电源是基于一次切割工艺而设计,既要获得较高的切割速度,又要保证加工表面质量不能太差,即在加工表面粗糙度 $Ra \leqslant 2.5\ \mu m$ 的情况下,有较高的切割速度。高频电源的脉冲宽度在 4~40 μs 范围内,脉冲参数变化范围较小。而多次切割则不同,在进行第一次切割时要求切割速度必须稳定在 100 mm^2/min 以上,而不太计较加工表面粗糙度 Ra 值的大小,重点是加工稳定及较低的电极损耗。第二次和第三次修光,则希望能获得理想的加工表面质量。

为此,对高频脉冲电源进行了下述改造:成倍提高脉冲峰值电流,控制单个脉冲放电能量和脉冲电流上升率,使其切割速度和加工稳定性大幅度提高,电极丝的丝径损耗控制在切割 50 000 mm^2 后小于 0.02 mm。第二次切割应使加工表面的质量在第一次基础上提高 1 倍,由于此刻还有较大的加工余量,仍需讲究切割速度;所设定的脉冲参数能保证加工表面粗糙度 Ra 值在 1.4~1.7 μm 范围内。第三次是加工表面修光,要求设置精微加工回路,以获得理想的加工表面质量。为此将脉冲宽度减至 2 μs,保证有一定能量输出,以保证修光速度。

4. 多次切割工艺

1. 第一次切割

第一次切割的主要任务是高速稳定切割。各有关参数选用原则如下:

(1) 脉冲参数

应选用高峰值电流大能量切割,采用分组脉冲和脉冲电流逐个增大方法,控制脉冲电流上升率,以获得更好的工艺效果。

(2) 电极丝中心轨迹的间隙补偿量 f(图 6.38)

$$f = \delta_{电} + \frac{1}{2}\phi_d + \Delta + s = \delta_{电} + \gamma_{丝} + \Delta + s$$

式中　f——间隙补偿量(mm)；

　　　　$\delta_{电}$——第一次切割时的平均单面放电

　　　　间隙(mm)；

　　　　ϕ_d——电极丝直径(mm)，$\frac{1}{2}\phi_d = r_{丝} = 0.09$；

　　　　Δ——给第二次切割留的加工余量

　　　　(mm)；

　　　　s——精修余量(mm)。

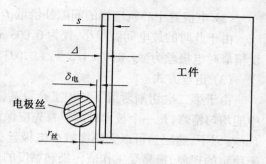

图 6.38　第一次切割的间隙补偿量 f

在高峰值电流加工的情况下，单面放电间隙 $\delta_{电}$ 约为 0.02 mm；精修余量 s 甚微，约为 0.005 mm；而加工余量 Δ 则取决于切割后的加工表面粗糙度。在实验及应用中，第一次切割的加工表面粗糙度一般控制在 $Ra \leqslant 3.5\ \mu m$，再考虑到往复走丝切割条纹的影响，$\Delta \approx 2 \times (5 \times 0.003\ 5) = 0.035$ mm。这样，间隙补偿量 $f = \delta_{电} + \gamma_{丝} + \Delta + s = 0.02 + 0.09 + 0.035 + 0.005 = 0.15$ mm，此值选大了会影响第二次的切割速度，选小了又会在第二次切割时难以消除第一次切割留下的换向条纹痕迹。

（3）走丝方式

采用整个储丝筒的绕丝长度全程往复走丝，走丝速度为 8 ~ 10 m/s。

2.第二次切割

第二次切割的主要任务是修光。各有关参数选用如下：

（1）脉冲参数

要达到修光的目的，就必须减少脉冲放电能量，但放电能量太小，又会影响第二次的切割速度，在兼顾加工表面质量及切割速度的情况下，所选用的脉冲参数应使加工质量提高一级，即第二次切割的表面质量要达到 $Ra \leqslant 1.7\ \mu m$，减少脉冲能量的方法主要靠减少脉冲宽度，而脉冲峰值电流不宜太小。

（2）电极丝中心轨迹线的间隙补偿量 f

由于第二次切割是精修，此时的放电间隙很小，仅为 $\delta_{电} = 0.005 \sim 0.007$ mm，第三次切割所需的加工余量 s 甚微，只有几微米，二者加起来约为 $\delta_{电} + s = 0.01$ mm。这样，此时的间隙补偿量 f 约为 $1/2\ \phi_d + 0.01 = r_{丝} + \delta_{电} + s = 0.09 + 0.01 = 0.1 = 0.1$ mm。

（3）走丝方式

为了达到修光的目的，一般通过降低丝速来实现，降低丝速虽可减少电极丝抖动，但往复切割条纹仍难避免。采用该公司开发的超短行程往返走丝切割专利，并对进给速度进行限制之后，可以在第二次切割后基本消除往返切割条纹，加工表面粗糙度 Ra 值在 1.4 ~ 1.7 μm 范围内。

3.第三次切割

第三次切割的主要任务是精修，以获得较理想的加工表面质量。

（1）脉冲参数

应采用精微加工脉冲参数，脉冲宽度 $t_i \leqslant 2\ \mu s$，并采用相应的对策，克服线路寄生电容和寄生电感的影响，保证精微加工时的放电强度。

（2）电极丝中心轨迹线的间隙补偿量 f

由于此时的放电间隙很小，仅为 0.003 mm 左右，间隙补偿量 f 主要取决于电极丝直径，设精修时电极丝为 ϕ_d，则 $f = 1/2\ \phi_d + 0.003 = 0.093$ mm。

（3）走丝方式

由于第二次切割后留下的加工余量甚微（$\Delta \leqslant 0.005$ mm），如何保证在第三次切割过程中能均匀精修，是一个技术难题。首先应保证电极丝运行稳定。以前的做法是将丝速降到 1 m/s 以下，这固然可以大幅度减少电极丝振动，获得良好的工艺效果，但常常会出现加工不稳定的现象，极易受工作液污染和粘度的影响，严重时甚至还会使人感到无法正常精修。考虑到工作液的要求，电极丝与工件之间需要有相对运动速度，运动速度在 6 m/s 的情况下采用超短行程往返走丝方式，使每次往复切割长度控制在 1/3 电极丝半径范围内，并限制其加工过程的最高进给速度，获得了很好的工艺效果。利用这种方法在不同机床上由不同的操作人员进行三次切割，均能获得加工表面光泽无条纹的效果（$Ra \leqslant 1.2$ μm）。

5. 多次切割工艺

上述多次切割工艺研究成果已用于 TP 系列电火花线切割机，并在不同型号的机床上由不同操作人员加工出了近 200 个零件，都获得了很好的工艺效果。

① 用 $\phi 0.16$ mm 钼丝在 TP – 25 机床上加工图 6.39 所示 45 mm 厚的零件。

第一次切割：$f = 0.150$ mm，$I = 3.4$ A，$v_{wi} = 81$ mm²/min，$Ra = 3.40$ μm；

第二次切割：$f = 0.090$ mm，$I = 1.2$ A，$v_{wi} = 49$ mm²/min，$Ra = 1.40$ μm；

第三次切割：$f = 0.083$ mm，$I = 0.5$ A，$v_{wi} = 35$ mm²/min，$Ra = 0.85$ μm；

尺寸误差：0.006 mm。

② 用 $\phi 0.18$ mm 钼丝在 TP – 32 机床上加工图 6.40 所示 50 mm 厚的零件。（材料为 Cr12）

第一次切割：$f = 0.160$ mm，$I = 3.9$ A，$v_{wi} = 93.6$ mm²/min，$Ra = 3.60$ μm；

第二次切割：$f = 0.100$ mm，$I = 1.5$ A，$v_{wi} = 58$ mm²/min，$Ra = 1.55$ μm；

第三次切割：$f = 0.093$ mm，$I = 0.8$ A，$v_{wi} = 41$ mm²/min，$Ra = 1.00$ μm。

③ 用 $\phi 0.18$ mm 钼丝在 TP – 40 机床上加工图 6.41 所示 60 mm 厚的零件。（材料为 Cr12）

第一次切割：$f = 0.160$ mm，$I = 4.2$ A，$v_{wi} = 104$ mm²/min，$Ra = 3.80$ μm；

第二次切割：$f = 0.100$ mm，$I = 1.5$ A，$v_{wi} = 56$ mm²/min，$Ra = 1.45$ μm；

第三次切割：$f = 0.093$ mm，$I = 0.8$ A，$v_{wi} = 40$ mm²/min，$Ra = 0.95$ μm；

尺寸误差：0.008 mm。

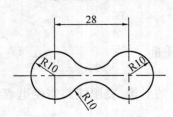

图 6.39　$H = 45$ mm 试样

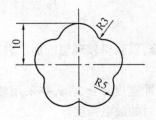

图 6.40　$H = 50$ mm 试样

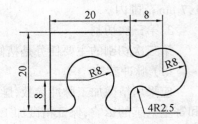

图 6.41　$H = 60$ mm 试样

6.结论

多次切割试验研究及应用情况表明,只要高速走丝电火花线切割机的制造精度符合国家有关标准,并附有良好的导向装置及选择合适的精微修光脉冲参数,就可进行多次切割加工,其中如何保证第三次切割时的精修稳定性,是进行多次切割的关键技术之一。

为了便于广大用户实际使用,在进一步研究与完善的基础上,该公司已将上述研究的多次切割工艺方法及其工艺参数的选择设计成一个相对独立的软件模块,并申请获得了软件开发版权保护,这有助于促进高速走丝电火花线切割加工多次切割工艺的推广应用,提升富有我国特色的高速走丝电火花线切割加工的综合工艺水平。

第七章 北京阿奇夏米尔数控机床

7.1 概　　述

一、北京阿奇夏米尔工业电子有限公司简介

北京阿奇夏米尔工业电子有限公司(北京 AGIE CHARMILLES)是研究、开发、生产和销售数控电火花机床的高新技术企业,同时也是控股方瑞士阿奇夏米尔集团在亚洲惟一的研发和生产基地,是中国机床制造业第一家中外合资企业。

产品分为 4 大系列:高精度低速走丝线切割机;数控精密电火花成形机;数控高速走丝电火花线切割机;数控电火花穿孔机。

产品商标为:ACTSPARK ✖

公司自 1999 年起,通过瑞士阿奇夏米尔在全球的营销网络将其产品推向世界各地,并赢得了欧洲、美洲和亚洲各国用户的广泛赞誉。

公司在工艺手段、质量管理体系、生产管理体系和员工队伍等诸多方面具有得天独厚的优势,已经获得中国进出口检验检疫局颁发的出口合格证,并在 2002 年被中国机床工具工业协会评为出口创汇十佳企业和数控产值十佳企业之一。

二、产品特点

1.主机

① FW 系列数控高速走丝电火花线切割机床主要采用大截面式立柱结构、铸铁床身,其结构紧凑,整机刚性好;

② 采用精密级直线滚动导轨和精密级滚珠丝杠副,运动精度高;

③ X、Y、U、V 四轴采用步进电动机驱动,可进行锥度及上下异形加工;

④ 专门设计的带有滤芯的过滤系统,可使工作液使用周期更长,切割质量更高,工作环境更好;

⑤ 采用恒张力控制的走丝机构,可以确保较高的加工精度。

2.脉冲电源框

① 采用高品质的工业控制 PC 计算机;

② PCB 板采用波峰焊机自动焊接,并通过静态测试仪自动检测和模拟器动态测试;

③ 电柜经过在 40℃环境中长时间高温老化测试,其性能更加稳定和可靠;

④ 高性能脉冲电源可使加工效率大于 120 mm^2/min。

3.软件系统

① 自动电极丝半径补偿,可保证工件精度;

② X、Y、U、V 四轴联动,能进行上下异形及常规锥度切割;

③ 丰富的拐角策略,可获得理想的清角效果;

④ 掉电自动记忆;

⑤ 具有局域网互联功能;

⑥ 全中文的 CAD/CAM 绘图式自动编程软件,采用 ISO 代码,兼容 3B 格式代码。

7.2　吊运与安装

一、搬运方法

1.叉车(略)

2.吊车(略)

二、机床的吊运

主机和电柜封装在一个包装箱内,吊运时应严格地按装箱上的标记起吊,为了安全吊运,必须遵守下列各项规则:

① 在斜坡上运输时,斜坡角度不得大于 15°;

② 全程运输应防止冲击及强烈振动;

③ 机床运到安全地点附近再开箱,开箱时先拆去四周侧板底部的钉子,然后通过四周侧板上的起吊孔将四周侧板与顶盖一同吊起。

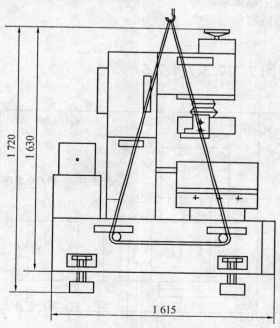

图 7.1　机床吊运示意图

注：

① 假如包装箱明显破损,在通知该公司或该公司的代理商或保险公司之前,不要打开系统包装;

② 假如发生了可见的损坏,应通知该公司或该公司的代理商及有关的保险公司,破损部分应保存好,以供参考;

③ 按机床吊运图(图 7.1)进行吊运,吊运绳索与机床外表面接触处,应垫以橡皮、木块等物,以免损伤油漆表面;

④ 主机所带的四组垫铁应放在地基上的规定位置,然后将机床轻轻放下。

三、除去运输保护块

在运输途中,为防止机器的运动部件移动,必须用喷以红色的保险装置对机器予以锁定。

所有的安全保险装置及相应的螺栓都必须除去并妥善保存,以备下次移动机床时使用。

1.X、Y 轴

① 拆除工作台的前部钣金罩;

② 拆除 X 轴和 Y 轴的红色紧固件;

③ 装上钣金罩。

2.Z 轴

拆去工作台面上的支承顶板。

3.储丝筒

① 拆除储丝筒的整个钣金罩;

② 拆除储丝筒前后的红色紧固块;

③ 装上钣金罩。

四、机床安装图(图 7.2、7.3、7.4、7.5)

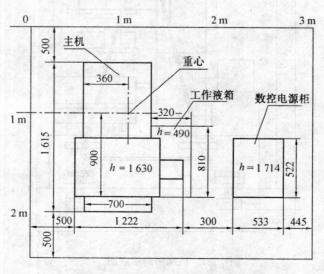

图 7.2　FW1 系列平面图

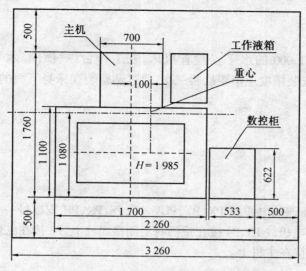

图 7.3　FW2 系列平面图

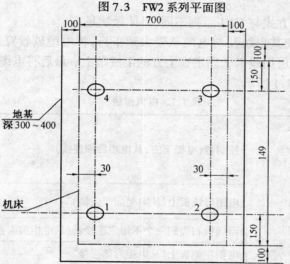

图 7.4　FW1 主机地基和垫铁示意图

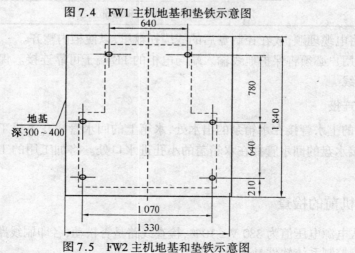

图 7.5　FW2 主机地基和垫铁示意图

五、机床调水平

用精度为 0.02/1 000 的水平仪检查机床,在工作台纵、横向,水平仪的安装精度为 0.04/1 000,机床的安装精度应半年检验一次,通过调整装在床身下面的螺钉来使工作台达到水平。

六、连机

1.电气连接

（1）FW1 系列

将电柜与主机相连的电缆线 PX、PY、PUV、PL、PS、PK、PH 按标号一一对应插好,工作液泵线接在 PB 上。将电极线 P3、P4 接在主机右上侧接线柱上,P3 接在红色接线柱上,P4 接在黑色接线柱上,地线接在主机上。

（2）FW2 系列

机床与电柜的连接方式与 FW1 系列不同,具体做法是:

将电柜靠近主机,使其出线孔与电缆软管大致平行,将电缆软管穿进电缆出线孔并固定。然后将电缆的屏蔽层用线卡子固定在上方的汇流条上。最后将电缆插头按编号一一对应地插在插座上,如表 7.1 所示。

表 7.1　电气接线

PS6 PS7 PS8 PS9		控制盘(电柜下方,从电柜后面连接)
J8 − 1 J10	连接到	电柜母线板上(从电柜前面连接)
J8 − 2		母线板右边的一个不固定连接器(从电柜前面连接)
J6		电柜左侧板上(从电柜后部连接)
PZ		电柜左侧板上(从电柜后部连接)

最后,将电缆理顺,放在控制盘后的线缆托盘里,以使柜内整齐。

注意　用户必须将保护地线输入端与电柜的 PE 端子可靠连接。保护地线须使用截面足够粗的铜线

2.机械连接

将主机的上水管接在水箱泵的出水处,水箱上的回水管接在主机工作台右侧下部的水管处,立柱接水盘的回水管插在水箱盖的小孔进水口处。将加工用的工作液按比例兑好倒入水箱。

七、开机前的检查

① 确认电源电压值为 380 V ± 10%,检查线路是否松动,各印刷线路板插接是否良好;

② 检查控制系统软件是否操作正常;

③ 检查 X、Y、U、V 轴移动是否正常,限位开关是否可靠;

④ 检查储丝筒是否转动正常,限位开关是否正常,开机后应向左移动,否则相序颠倒,这时可任意调整三相电源线的两相即可;

⑤ 检查断丝保护开关是否有效;

⑥ 检查机床放电是否正常。

八、切割前的准备

1.配制工作液

在工作液箱中,用自来水配制浓度为 12%(体积分数)工作液 50 L,打开水泵电源开关,检查供液系统,调整供液量能包容电极丝即可,不必太大。

2.绕丝与穿丝

通过操纵储丝筒控制面板上的按钮来进行控制(参见图 7.7)。上丝以前,应先将储丝筒分别移到行程(参见图 7.6)最左端或最右端(手动、机动均可),分别调整左右撞块,使其与无触点开关接触,然后将储丝筒移到中间位置。做完上述工作以后,便可以进行上丝。

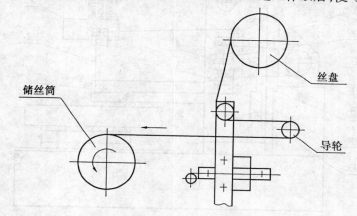

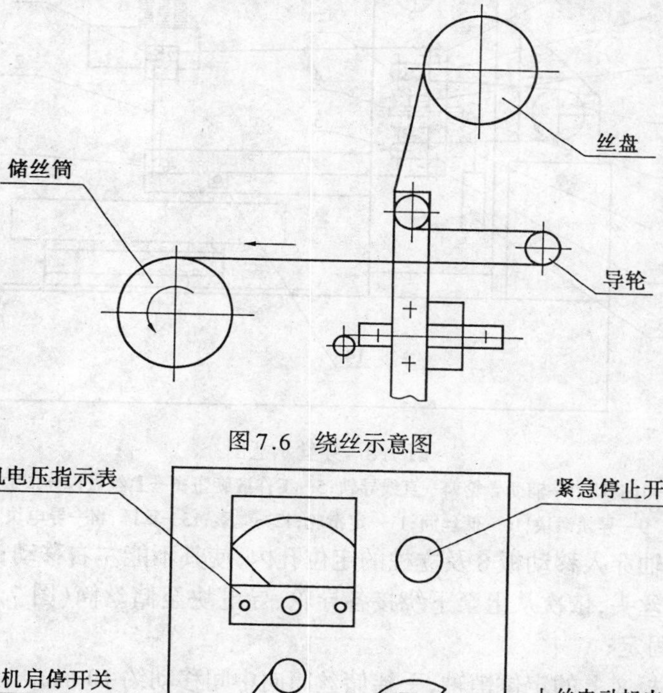

图 7.6　绕丝示意图

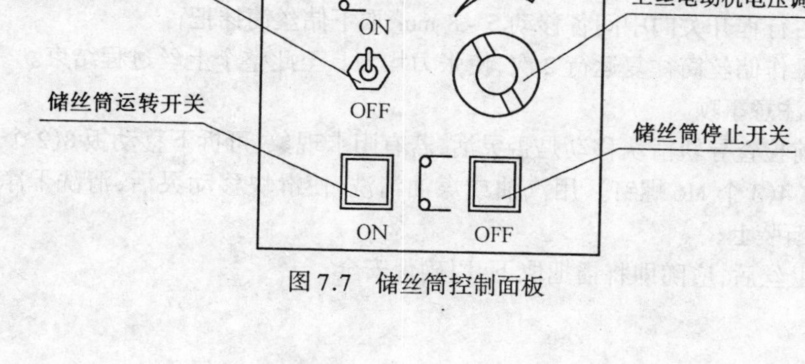

图 7.7　储丝筒控制面板

（1）绕丝

① 去掉储丝筒上方护罩,拉出互锁开关的小柱,取下摇把;

② 启动储丝筒,将其移到最左端,待换向后立即关掉储丝筒电机电源;

③ 打开立柱侧面的防护门,将装有电极丝的丝盘固定在上丝装置的转轴上,把电极丝通过上丝轮引向储丝筒上方(图7.6),用右端螺钉紧固;

④ 打开张丝电动机电源开关,通过张丝调节旋钮调节电极丝的张力后,手动摇把使储丝筒旋转,同时向右移动,电极丝以一定的张力均匀地盘绕在储丝筒上;

⑤ 绕完丝后,关掉张力旋钮,剪断电极丝,即可开始穿丝。

（2）穿丝(图7.8)

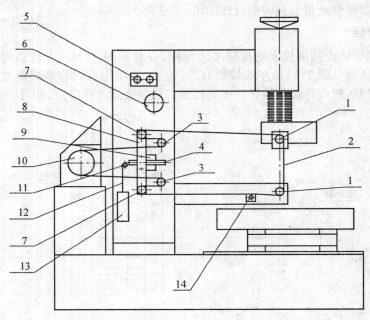

图 7.8　穿丝示意图

1—主导轮;2—电极丝;3—辅助导轮;4—直线导轨;5—工作液旋钮;6—上丝盘;7—张紧轮;8—移动板;
9—异轨滑块;10—储丝筒;11—定滑轮;12—绳索;13—重锤;14—导电块

① 将定位销轴穿入移动板8及立柱的定位孔内,使其不能左右移动;

② 拉动电极丝头,依次从上至下绕接各导轮、导电块至储丝筒(图7.8),将丝头拉紧并用储丝筒的螺钉固定;

③ 拔出移动板8上的定位销轴,手摇储丝筒向中间移动约10 mm;

④ 将左右行程开关向中间各移动5~8 mm,取下储丝筒摇把;

⑤ 机动操作储丝筒往复运行2次,使张力均匀。至此整个上丝过程结束。

（3）穿丝注意事项

① 穿丝前检查导轨滑块移动是否灵活,若有阻卡现象,可拆下移动板8(2个M8螺钉),拆下直线导轨4(3个M6螺钉),用汽油或煤油清洗,使滑块移动灵活,清洗干净后,注入润滑机油,再重新装上;

② 手动上丝后,应随即将摇把取下,以确保安全;

③ 机动走丝前,须将储丝筒上罩壳盖上,关闭立柱侧门,防止工作液甩出,并确保安全;

④ 使用操作面板上的走丝开关走丝时,或用遥控盒上的走丝开关丝时,断丝保护开关(在立柱内)、立柱侧门互锁开关和储丝筒罩的互锁开关均起保护作用;

⑤ 穿丝前,检查导电块,若其上切缝过深,可松掉 M5 螺钉,将导电块转 90°使用,使用中应经常保持导电块清洁,接触导电良好;

⑥ 在上主导轮 1 与上张紧轮 7 之间新安装夹丝机构,在从上至下穿丝时,在夹丝处可先将电极丝夹住,然后继续穿丝至主导轮、下导轮至储丝筒,穿丝完毕,一定要将电极丝从夹丝机构中取出;

⑦ 手动上丝时,转动上丝电动机电压调节旋钮,调节电压至 50 V 左右,不要将电压调得过大,以免上丝用力过大或拉断电极丝;

⑧ 该机床设计为手动上丝,不允许采用机动上丝,机动上丝丝筒转速达 1 400 r/min,是非常危险的;

⑨ 穿丝完毕后,开始加工前,须将工作台三个侧面的护板复位,关上立柱的两个侧门,盖好储丝筒罩壳,取下储丝筒摇把,复位主导轮罩壳及上臂盖板,方可开始加工;

⑩ 当储丝筒互锁开关和立柱侧门互锁开关的小柱被拉出时,其互锁作用失效。在这种情况下,如果储丝筒装有电极丝或摇把没有取下,严禁启动储丝筒。

3.电极丝垂直度找正

当进行精密零件加工或进行精加工时,需要重新调整电极丝对工作台平面的垂直度。

(1) 用找正块(图 7.9)找钼丝垂直度

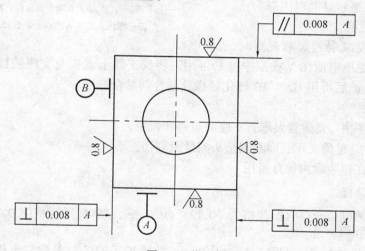

图 7.9 找正块

① 选择电柜的"找正"功能,开走丝;

② 用找正块找垂直度,当测 X 向的垂直度时,将 B 面沿 X 方向平行放置,然后移动 X 坐标用 B 面接触电极丝。当电丝与 B 面接触时,目测电极丝放电是否均匀,移动 U 轴,放电均匀即为垂直找正;

③ 用同样方法调整电极丝相对 Y 坐标的垂直度。

经过以上各项后,即可装夹工件,输入指令进行切割。

（2）用找正器找钼丝垂直度

在不放电、不走丝的情况下，用钼丝垂直找正器（DF55 - J50A）找正钼丝，操作方便，找正精度高。

（3）操作步骤

① 停止走丝，不放电（不能按 F4 找正键）；

② 将电极丝张紧，擦拭干净被测表面；

③ 分别将工件表面（夹具平面）和校正器底面擦拭干净）；

④ 将校正器安放在台架表面上，并使测量头的 a、b 二测量面分别与 X、Y 坐标方向平行，测量头应突出工件夹具，以便移动工作台时使测量头与电极丝接触；

⑤ 将鳄鱼夹夹在电极丝导电块上，插头插入校正器上的插座内；

⑥ 根据该产品的工作原理，分别校正检测电极丝在 X、Y 轴坐标方向相应 a—a'、b—b'（测量面）对工件装夹平面的垂直度，调整 UV 轴来校正垂直度；

⑦ 若要精确校正垂直度，可反复检测调整，直到使上下两显示灯同时闪烁为止。

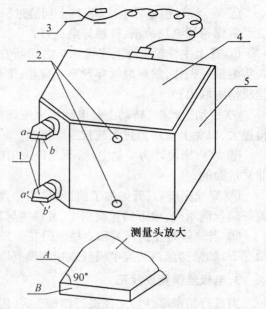

图 7.10　DF55 - J50A 型钼丝垂直度找正器
1—上下测量头（放大 a、b 两个测量面）；2—上下显示灯；
3—鳄鱼夹及插头座；4—盖板；5—支座

（4）电池的更换

当显示灯亮度减弱到影响观察时，表明电源电压不足。欲更换电池（6 V 叠层电池），可用刀将校正器上盖板与支座胶接的硅橡胶黏合剂切除，更换电池后再用 HZ - 703 硫化硅橡胶黏合剂黏合即可。

（5）注意事项

① 在运输过程中，要注意大理石支座的破碎和振裂；

② 在使用中应避免支座底面和测量头测量面划伤。

不用时应放在包装盒内保存备用。

4.电极丝的选择

该机床使用的电极丝（钼丝）规格为 $\phi 0.12 \sim \phi 0.2$ mm，基本配置规格为 0.2 mm，在选择电极丝时应遵照下列要求：

① 该机床电极丝的基本配置规格为 0.2 mm，放电加工的各种参数和电极丝的张力以及切割工件的表面粗糙度、精度指标等都是建立在 $\phi 0.2$ mm 电极丝基础之上的，故推荐用户选用 $\phi 0.2$ mm 的电极丝；

② 用户若选用其它规格的电极丝（非 $\phi 0.2$ mm）时，应做下列准备工作：

a.将导轮更换为相同规格的新导轮；

b.按该公司推荐的电参数切割。

5.张力的选择

根据电极丝直径的不同选用不同的张力，张力的变化靠调整配重块（图 7.11）来实现。

具体选择如表 7.2 所示。

表 7.2　配重块的选择

电极丝直径/mm	配重块数量
0.20	2
0.18～0.16	1
0.15～0.12	0

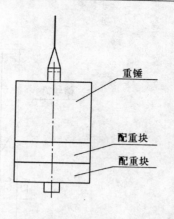

图 7.11　配重块

6.主导轮的选择

上下主导轮（$\phi 30$）的标准配置为宝石导轮（335000972），在切割硬质合金等特殊材料时，宝石导轮不适应切割的要求，必须更换为陶瓷小导轮（$\phi 30$），请用户特殊订货。用陶瓷小导轮切割硬质合金时，其切割效率较切钢件时约低 40%；电极丝、陶瓷小导轮及导电块的损耗较大，故需经常同时更换电极丝及陶瓷小导轮，并同时将导电块转 60°使用。

7.轴移动

FW 系列主机 Z 轴上下移动，根据机床规格大小的不同，可采用不同的操作方式。

FW1 系列在 Z 轴顶部设置有手轮，通过转动手轮使 Z 轴上下移动。FW2 系列在 Z 轴顶部安装有交流电动机及同步带轮传动，通过操作 Z 轴前罩上的升降按钮，可实现 Z 轴上下机动移动。

加工时上导轮应尽可能靠近工件上表面。

加工锥度时应先进入"参数方式"，将 Z 轴标尺的准确数值输入"上导丝嘴－台面"项。

注：手控盒上的 Z 轴操作键为数控键，FW 系列机床无此功能。

注意　在放电加工过程中，不要上下移动 Z 轴。

九、液箱

使用时，先配好工作液。启动工作液泵之前，需将出口处的黑胶管拆下，从泵出口灌入适量工作液，装好黑胶管之后，再启动液泵。为保证工作液汇流畅通，在机床调水平时，通过垫铁螺钉尽量将机床向高垫起。

海绵应经常更换，纸过滤芯应 2～3 月更换 1 次。

7.3　系统功能与操作

一、系统结构及功能

机床外形如图 7.12 所示，数控电源柜形如图 7.13 所示。

1.系统结构（图 7.12）

2.系统功能

该系列精密数控高速走丝线切割机采用计算机控制，可以 X、Y、U、V 四轴联动，通过 LAN 局域网或软驱，能与其它计算机和控制系统方便地交换数据，放电参数可自动选取与控

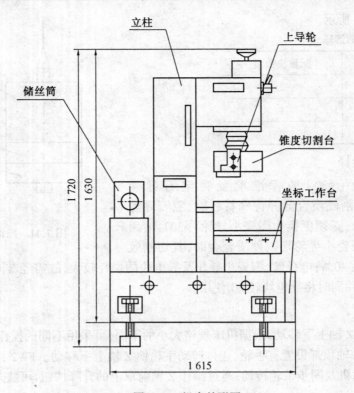

图 7.12　机床外形图

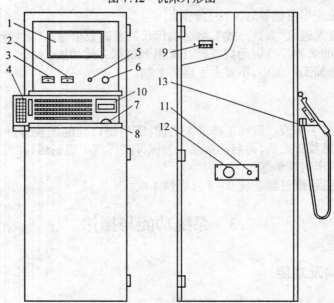

图 7.13　数控电源柜外形图

1—彩色显示器;2—电流表;3—电压表;4—手控盒;5—强电开关;6—急停开关;7—鼠标;8—键盘;
9—电源总开关;10—软盘驱动器;11—电极线;12—电缆线;13—RS232 串行口

制,采用国际通用的 ISO 代码编程,亦可使用 3B/4B 格式,配有 CAD/CAM 系统。主要系统
功能如下:

① 镜像加工；
② 比例缩放；
③ 单段运行；
④ 程序编辑；
⑤ 模拟运行；
⑥ 1/2 移动；
⑦ 接触感知；
⑧ 公英制转换；
⑨ 自动找孔中心；
⑩ 图形描画；
⑪ X – Y 轴交换；
⑫ 子程序调用；
⑬ 常规锥度切割；
⑭ 上下异形切割；
⑮ 四轴联动切割；
⑯ 自动电极丝半径补偿；
⑰ 加工条件自动转换；
⑱ 丝杠螺距补偿；
⑲ 丝找正；
⑳ 图形实时跟踪；
㉑ 中、英、印尼、日、葡、法、西班牙文界面；
㉒ 各模块能直接进入，操作快捷；
㉓ 在线操作提示，使用方便。

二、操作说明

1.开机画面

在系统启动成功后，即出现如图 7.14 所示的手动模式主画面。

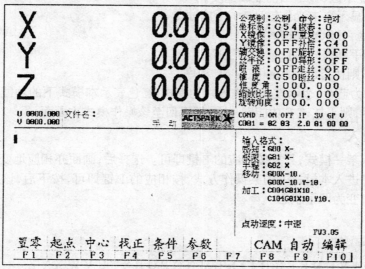

图 7.14 手动模式主画面

如果在自动加工中掉电,则进入模式主画面。

手动模式主画面与自动模式主画面可分为 8 大区域(图 7.15):

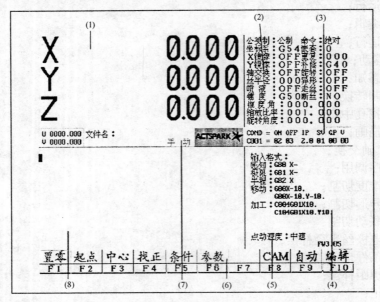

图 7.15　手动模式主画面与自动模式主画面的 8 个区

① 坐标显示区:分别用数字显示 X、Y、Z、U、V 轴的坐标(注:Z 轴为非数控,因此其坐标显示一直为 0);

② 参数显示区:显示当前 NC 程序执行时一些参数的状态;

③ 加工条件区:显示当前加工条件;

④ 输入格式说明区:在手动方式下,说明主要手动程序的输入格式,在自动方式执行时,显示加工轨迹;

⑤ 点动速度显示区:显示当前点动速度;

⑥ 功能键区:显示各 F 功能键所对应的模式;

⑦ 模式显示区:显示当前模式;

⑧ 执行区:用手动模式执行输入的程序。

在自动模式下则执行已在缓冲区的 NC 程序。

F 功能键显示为蓝色,表示按此键进入别的模式,红色表示本模式下的功能。如果在某操作方式下无提示,则再按该 F 功能键一次,即返回至该操作模式主画面。

2. 各模块的进入

如果你想进入某一模式,只要按相应的 F 键即可。选择后,画面亦相应地变为该模式下的画面。如果你想进入本模式下的某操作方式,按相应的 F 键即可,按下后,该 F 键对应的汉字块由凸起状态变为凹下状态。

3. 键盘操作

(1) 可用字符

① 英文字母:A B C D E F G H I J K L M N O P Q R S T U V W X Y Z;

② 数字:0 1 2 3 4 5 6 7 8 9;

③ 特殊符号:%( )+ － * ／ < > 、=,"";:(空格)。

注意　所有字符都以大写的形式出现在屏幕上。当两个字符占用一个键时,该键上面所示字符的输入必须和 shift 键一起使用,如" + "号,必须同时按 Shift 和" + "。如果输入的字符不对,可按 Num Lock 键使之转换。

(2) 光标

根据需要及使用方便,该系统的光标有覆盖和插入两种方式。

为了移动光标,可用↑、↓、←、→、Home(Ctrl ＿ H、＿表示 Ctrl 键与 H 键同时按下,下同)、End(Ctrl ＿ E)、Pgup、Pgdn、Bs 等键。

注:Home(Ctrl ＿ H,)、End(Ctrl ＿ E)、Pgup、Pgdn 仅用在编辑模式中。

←、→、Bs 用在手动模式程序输入中;↑、↓、←、→用在自动模式中。

① ↑:光标移到上一行;

② ↓:光标移到下一行;

③ →:光标右移一列;

④ ←:光标左移一列;

⑤ Home(Ctrl ＿ H):光标移到一行的行首;

⑥ End(Ctrl ＿ E):光标移到一行的行尾;

⑦ Pgup:光标上翻一页;

⑧ Pgdn:光标下翻一页;

⑨ Bs:光标移到前一个字符处,并删除该字符。

⑩ Enter:用来执行程序及在编辑状态光标回到下一行开始处等。自动、手动模式与遥控盒上的 Ⅰ 键等同,以下统称为回车键,用←┘ 表示。

⑪ Esc:用来取消你正在做的当前动作。例如,在输入文件名时,按 ESC,则取消输入。

4.手控盒(图 7.16)

⇉ : 点动高速挡

⇒ : 点动低速挡,开机时为中速

→ : 点动单步挡

: 选择点动轴及其方向

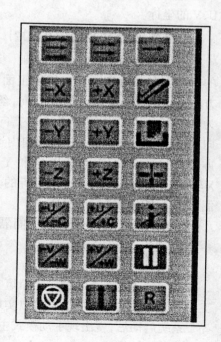

图 7.16　手控盒

🖉 PUMP：打开/关闭工作液泵，若工作液泵当前处于打开状态，按下🖉，则关闭工作液泵，否则打开工作液泵。

➕ WR：打开或关闭储丝筒。若储丝筒当前处于打开状态，按下➕，则关闭储丝筒，否则打开储丝筒。

⏸ HALT：暂停键，使加工暂时停止，仅在加工中有效。

Ⓡ RST：恢复加工键，当在加工中按⏸键，加工暂停后，按此键能恢复的加工。

ⓘ ACK：确认键，在某些情形下，系统会提示操作人员对当前的操作进行确认，此时按此键。

◎ OFF：中断正在执行的操作。

Ⓘ ENT：开始执行 NC 程序或手动程序。

注：其它键在本系统中无效。

在手动、自动模式下，如果没有按 F 功能键，没有执行程序，即可使用手控盒来进行轴移动，实现泵、丝的开关。在这两个模式的右下角有点动速度显示，按手控盒的📧、📧、📧，其速度将变为高速、低速、单步。"点动速度"后，所显示的速度为当前的手控盒的点动速度，各挡点动速度在出厂时已调好。

按下您要移动的轴所对应的键，机床即以给定速度移动，松开此键，则机床停止移动。若在移动中遇到限位开关，则停止移动，并显示错误信息。在一次点动完成后，坐标区显示 X、Y、U、V 的坐标。

5.坐标及方向的规定（图 7.17）

以数学中直角坐标系为基础，参考电极丝的运动方向来决定。面向机床正面，横向为 X 方向，纵向为 Y 方向。在 X 方向，丝向右运动为 X + 方向，丝向左运动为 X − 方向。在 Y 方向，丝向外运行为 Y + 方向，丝向内运行为 Y − 方向。上面两个轴分别与 X 轴和 Y 轴平行，与 X 轴平行的为 U 轴，与 Y 轴平行的为 V 轴，它们的正负方向的确定与 X、Y 相同。

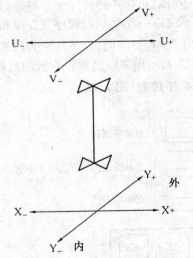

图 7.17　X、Y、U、V 坐标及方向的确定

注意　每次关、开机的时间间隔要大于 10 s，否则有可能出现故障。

三、手动模式

手动模式主要是通过一些简短的指令来执行一些简单的操作，如加工前的准备工作，加工一些简单形状的工件。它可以实现最多同时两轴(X,Y)的直线加工。

系统启动后，就出现手动模式主画面(图 7.18)。其它模式按"手动"所对应的 F 键，亦可直接进入该模式。

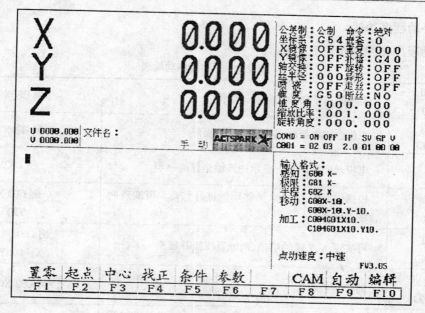

图 7.18　手动模式主画面

手动模式提供了 6 个 F 功能,按下该功能键,你即可进行简单的手动操作。同时在 F 功能键释放的情况下,可以进行简单手动程序输入,按回车键即可执行输入的程序。下面分手动程序输入和手动程序功能两部分进行介绍。

1.手动程序输入

在红色光标出现时,就可以输入手动程序。有效字符为 G、C、S、X、Y、U、V、0、1、2、3、4、5、6、7、8、9、+、−,应参考右边输入格式说明区所提示的格式进行程序输入。

① 可以用←、→、Delete、Bs(Backspace)、Ins(Ctrl _ I)键进行编辑,一开始为插入方式。最多可输入的字符为 51 个。所有的字符都以大写的形式显示在程序区。

② ←、→键为移动光标键。Del 删除当前字符,Bs 退格、删除前一个字符,Ins(Ctrl _ I)为插入/覆盖转换键。

③ 输入好手动程序后,按回车键,就可以执行手动程序。如果输入的格式不对,则会有错误信息提示,解除该信息后,可以重新输入手动程序。

④ 输入的数字如果有小数点,则其单位为 mm(公制时)或 in(英制时);如果没有小数点,则其单位为 μm(公制时)或 0.000 1 in(英制时)。如果轴后为空,则确认为 0。

例1　X　Y100.X 为 0、Y 为 100(mm 或 in)。

⑤ 为了便于多孔位定位,在手动方式设 S54 ~ S59 代码,用于记忆当前孔的机械坐标,在自动程序中设 F54 ~ F59 代码,用于回到手动方式所设的孔位置。S、F 代码与坐标系没有关系,其原点为 X − 、Y − 极限点。在关机时,S54 ~ S59 代码所设机械坐标及当前机械坐标被记住,如果软件升级或新安装软件,启动后首先应用 G81 回 X − 、Y − 极限点。

操作举例:

G81X − ;

G81Y − ;(手动,自动皆可)

在手动:S55;设孔位置。

在自动:F55;回到手动所设 S55 位置。

2.手动程序功能

手动程序功能表如表7.3所示。

表7.3　手动程序功能表

感知 (G80)	实现某一轴向的接触感知动作	例 G80X +
极限 (G81)	工作台或电极移到指定轴向的极限	例 G81X +
半程 (G82)	电极丝回到屏幕所显示的该轴坐标的一半	例 G82Y
移动 (G00)	根据你所输入的轴、轴移动量进行移动。可实现两轴联动移动	例 G00 X10. Y20
加工 (G01)	可实现 X、Y 轴的单轴、两轴直线插补加工	例 C004　G01 X – 10.Y20
设坐标 (G92)	同代码 G92	例 G92 X0 Y0
S54 ~ S59	记忆当前 X、Y、U、V 的机械位置。在自动模式中用 F54 ~ F59 回到此位置	例 S55

（1）感知 G80（图 7.19(a)、(b)）

感知能够实现某一轴向工件与电极丝的接触感知动作。感知的目的是为了进行坐标定位。你可通过在程序区输入程序来实现。程序格式如表7.4所示。

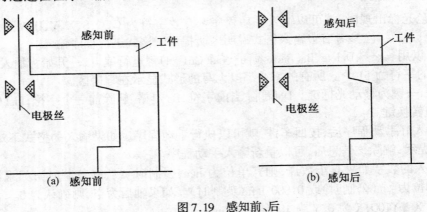

(a) 感知前　　　　　　　　　　　(b) 感知后

图 7.19　感知前、后

表7.4　感知程序格式

G80	轴(X、Y、U、V)	轴向(+ 或 –)

例2　要实现 X 轴负向接触感知,你可输入:

G80　X – ↵

按回车键后,首先计算机要检测你的输入格式是否正确。如有错误,解除后可以重新输入。如没有错误,即开始执行,坐标显示区即时显示 X、Y、U、V 轴坐标,当接触工件后,连续接触四次停下,同时显示"接触感知"信息。

执行中可按 ⬚ 中止执行。

（2）极限 G81

工作台或电极丝要移动到指定轴向的极限。可以通过在程序区输入程序来实现该动作。

极限程序格式如表 7.5 所示。

表 7.5　极限程序格式

G81	轴(X、Y、U、V)	轴向(+ 或 −)

例 3　G81　U + ←┘

按回车后，首先检查程序输入是否正确，如有错，则显示错误信息，解除后自动停下，可以另输入。如果没错，则执行指定轴向回极限动作，到达限位后显示 X、Y、U、V 轴坐标。

执行中可按 ⊘ 中止执行。

（3）半程 G82

电极丝回到当前点与坐标零点的一半处。可以输入程序来实现该动作。在执行完成后，坐标显示区即时显示 X、Y、U、V 轴当前点坐标。该指令是为进行坐标定位而设置。半程程序格式如表 7.6 所示。

表 7.6　半程程序格式

G82	轴(X、Y、U、V)

例 4　G82　X←┘

按回车键后，首先计算机检查程序是否正确，如有错，则显示错误信息。否则执行回一半动作。如果执行过程中有其它错误，则自动停止。

执行中可按 ⊘ 键中止执行。

（4）移动　G00

根据你输入的轴及轴移动量进行移动，可实现两轴联动移动。该指令是为进行坐标定位而设置。移动程序格式如表 7.7 所示。

表 7.7　移动程序格式

G00	轴 1	坐标值	轴 2	坐标值

轴可以是 X、Y、U、V,坐标值在 − 99999.999 ~ 99999.999 之间。最多可以输入两个轴,并且两个轴不能重复。

例 5　G00　X10　X100

这种格式是错误的。

建议你输入程序后,与标准格式对照一下,以免重复操作。输入程序后,按回车键,即可开始执行,如:

G00　X10.　Y←┘

当使用绝对坐标系时,该语句表示移动到相对于坐标原点 X 为 10 mm、Y 为 0 mm 处。当使用增量坐标系时,该语句表示相对于目前位置,X 向正方向移动 10 mm,Y 不移动。

在按回车键以后,计算机首先要对所输入的程序进行检测,有错误时会显示错误信息,解除错误信息后,又可以重新输入程序。

如果希望停止移动,按 ⊘ 键。

如果在移动过程中发生了接触感知或到了给定轴的机床限位,则自动停止移动,并显示相应信息。机床移动工作台到给定点后,机床停止移动,程序区清为空;坐标显示区显示机床的当前坐标。

(5) 加工 G01

手动加工程序格式如表 7.8 所示,它可以实现 X、Y 轴的直线插补加工。在加工中可以随时修改加工条件,可以暂停或中止加工。手动加工时,镜像、轴交换、旋转不起作用。手动加工为实际的加工,无模拟状态,自动方式的无人、响铃标志对手动程序加工仍起作用。

表 7.8 手动加工程序格式

C	加工条件号	G01	轴 1	坐标值 1	轴 2	坐标值 2

格式说明:

① C 是加工条件号的打头字母;

② 加工条件号是 0～20 及 101～120 之间的整数,其它则认为错误。加工条件号必须输够 3 位,如 004;

③ 轴 1、轴 2 分别是 X、Y 之一;轴数不超过 2 轴,且不得重复;

④ 坐标值应在 −99999.999～99999.999 之间,坐标值为零时可省略不写。

例如,C012   G01   X   Y10   ↵ ;

表示选用的加工条件是加工条件表中的 C012 号加工条件,X、Y 的坐标值含义可根据公、英制及命令的绝对方式、增量方式而定,可以在编辑模式下写一改变命令的程序,在自动模式中运行该程序,即可实现输入指令增量方式和绝对方式之间的切换。

例 6 在编辑方式写如下程序:

G92   X0   Y0;

G91;

M02;

在自动方式运行后,即设定指令为增量方式。但在运行过程中坐标显示均按绝对坐标显示,与绝对或增量无关。

下面对加工有关事项加以说明:

① 程序的执行:如果对照标准格式你认为已经输入好,则按回车键开始执行。开始执行后,计算机首先检查你的程序是否有错,如有程序格式错误,则显示错误信息。解除后,你又可以重新输入程序,重新开始执行,如果格式没有错误,程序开始执行,加工条件号及内容自动显示在加工条件区。

② 手动加工时,将自动打开泵和储丝筒电动机,如果储丝筒压在限位开关处,则有提示:

换向开关按下,请移开。

按 Ⓞ 键退出,按 Ⓡ 键继续。

这时,如果要继续加工,请按 Ⓡ 键。

③ 执行过程中,如果要暂停加工,按 Ⅱ 键,会有显示:

暂停。

按 Ⓞ 键退出,则程序暂停运行,按 Ⓡ 以后,继续执行被中断了的加工。

④ 如果要中止运行,按 ⬭ 键,则程序中止运行,并显示:

⬭ 键退出。

按 Ⓘ 键解除信息。

按了 Ⓘ 后,便可进行其它操作。

⑤ 执行过程中,可随时修改加工条件。(请参考"F5 条件"的说明)

⑥ 坐标显示区即时显示各个轴的当前绝对坐标,如果小数点在倒数第三位,表明使用的是公制;如果在倒数第四位,表明使用的是英制。参数区的指令表示程序段用的是绝对坐标还是增量坐标。

⑦ 程序执行结束,如果自动方式的响铃设为 ON,则自动奏一曲"梁祝"。同时在屏幕指示区有提示:

"按 ESC 键取消。"

按 ESC 键后,则返回手动模式主画面。响铃为 OFF 时,则不奏"梁祝",也无提示,直接返回至手动主画面。

⑧ G92(见本章 7.6 节五项中的 G 代码)。

3.手动 F 功能键

手动模式的 F 功能键(表 7.9)能使你很方便地进行加工前的准备工作。

表 7.9　F 功能说明

键	功能	说　　明
F1	置零	设置当前点为坐标零点
F2	起点	回到起始点,这个起始点包括用置零所设零点或程序中用 G92 所设程序的起始点。系统以两者中最后操作的为准
F3	中心	找内孔的中心点
F4	找正	可用手控盒及找正块进行丝的半自动垂直度找正
F5	条件	在加工前可修改所提供的所有加工条件。在加工时能修改正在被使用的加工条件
F6	参数	可修改经常要用的参数

下面对手动 F 功能键作进一步解释说明。

(1) F1 置零

设置当前点坐标为零。在手动主模式下,按 F1 键,屏幕(图 7.20)中间即有提示:

当你确定好要置零的轴后,如 X 轴,按下相应键执行。执行完成后对应的轴坐标变为零。如果你要返回到手动主画面,再按 F1 即可。

(2) F2 起点

回到"置零"所设的零点或在自动程序中用 G92 所设的坐标点,以你最后一次的操作为标准。如你最后一次执行的是自动程序,自动程序中有一段为:

G92　X10.　Y20;

则起点使 X 轴回到坐标显示为 10 的点。

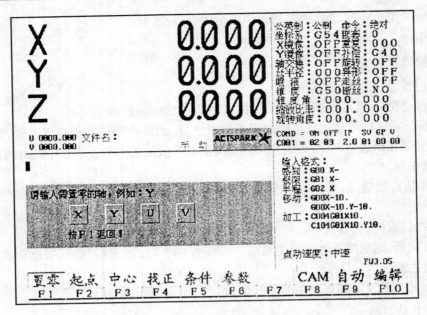

图 7.20　置零屏幕

在手动主模式下,按 F2 键,屏幕(图 7.21)中间有提示。

当你确定好要回到起点的轴后,如 Y 轴,按下相应键执行回起点。回到起点后,你可以选择其它轴,继续回起点操作。如在回起点中,有接触感知或到极限,则自动停止,显示错误信息,解除后,又可进行其它轴回起点操作。在回起点过程中,可按 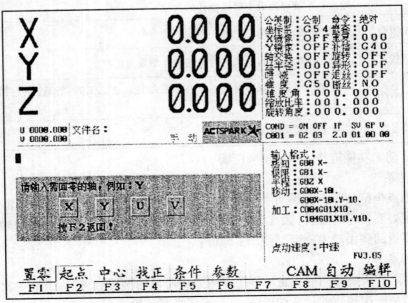 中止执行。

如果需要返回手动模式主画面,只需在各方块皆为黄色时,按 F2 键,即返回到手动模式主画面。

图 7.21　回起点屏幕

（3）F3 中心

自动找工件内孔的中心位置。

在手动模式主画面下，按 F3 键，屏幕（图 7.22）上出现提示：

这时如果你要返回手动模式主画面，再按 F3 键即可。屏幕中间有提示：

"按回车键确认后自动找中心！按 F3 返回！"

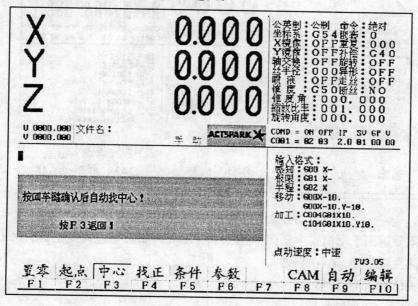

图 7.22　找中心屏幕

这时如果储丝筒正好压在换向开关处，则有提示：

"请将储丝筒移离限位后，按回车键继续执行！按 F3 键返回！"

这时你可用摇把将储丝筒移离限位，按回车键继续执行。

注意　如果储丝筒在限位处，则无法找中心。

按回车键后，放电开关打开，同时有微弱的加工条件加在两极，屏幕有提示：

"正在找中心，按◎中止！"

电极丝先找 X 方向中心，完成后电极丝回到 X 轴向孔的中心处；再执行 Y 方向找中心操作，执行完成后回到孔的中心处。

在找中心过程中，如果要停止找中心，则按◎键，自动关掉放电开关，返回到手动模式主画面。

正常找中心结束，会有显示：

找中心结束，按 F3 键返回！

这时按 F3 键，返回到手动模式主画面。

注意　工件孔必须清洁无毛刺，导电性要好，孔的精度要好，否则找中心的精度将会受影响。

（4）F4 找正

可借助于手控盒及找正块来进行电极丝的半自动垂直度找正。

在手动模式主画面下按 F4 后，屏幕（图 7.23）上即有提示。

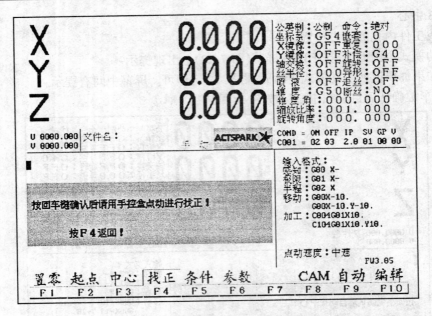

图 7.23　电极丝垂直度找正屏幕

这时如果要返回手动模式主画面,则按 F4 键即可。如果要进行找正,则按回车键。假如这时储丝筒在限位处,则有提示:

换向开关已被按下,请移开!

按▽键取消,按®键继续!

这时按®键,则储丝筒会转起来,同时放电开关亦打开,可用手控盒和找正块进行找正电极丝。找正结束后,按 F4 键,即返回到手动模式主画面。

注意

① 找正块要干净和干燥;

② 电极丝上不要带冷却液;

③ 找正前,须将电极丝移动到 X 方向、Y 方向找正块都能接触到的位置;

④ 找正开始后,用手推动找正块,使之与电极丝逐渐接近,看见火花为止,接触太多或距离太远,都不会有火花;

⑤ 移动 U 轴或 V 轴,使火花上下一致为止。

(5) F5 条件

条件有加工时及非加工时两种状态,两种状态所表现的方式不一样。

在非加工时,按下 F5 键,屏幕(图 7.24)显示如下。

此时你可以用↑、↓、←、→光标键移动光标,在需要修改处键入数字即可。如果输够两位数字或输一位数字,按回车键都算正确。如果置 ON 为 8,如下两种方法皆可:

08,8←┘ 。结果都显示为 08。

① 在非加工时,你可以修改提供的所有加工条件,加工条件中每项参数(如 ON、OFF、IP 等)的含义,可参阅 232 页(5)。建议你不要随便修改加工条件,除非你有丰富的加工经验。

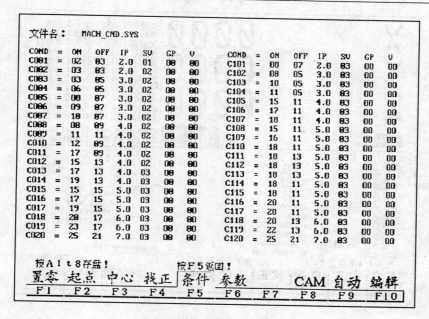

图 7.24　加工条件屏幕

完成后,如果你认为修改的加工条件比较有用,建议你将条件保存好。方法是按 ALT + 8 键,则提示:

　　正在存磁盘……

　　加工条件存完后,该提示自动消失。

　　如果你对修改的加工条件把握不大,则建议不要存盘,以免影响以后的加工效果。按 Alt ＿ 9 键,则将系统的加工条件装入,原来的固定加工条件丢失,但不改变用户加工条件。

　　按下 F5 键后,即返回到手动模式主画面。

　　② 在加工时,只可以修改加工条件区的加工条件,再按 F5 键,该条件生效。在手动模式主画面下按 F5 键,则光标会移到加工条件区的条件 ON 的数字处,可用←、→键移动光标,用数字键输入,输入方法同非加工状态的数字输入方法。按 F5 键后,即返回到手动模式主画面。

　　③ 加工条件的修改。加工条件现设为 80 项,C021 ~ C040 和 C121 ~ C140 为用户自定义加工条件。其它为固定加工条件,是经过工艺实验得到的,其加工效率及表面粗糙度都比较好。对于这类加工条件,如果修改参数表,不存盘,则修改后的加工条件只在本次开机状态起作用,下次开机又回到修改前的状态。加工时修改加工条件,则只对本加工有效,下一次加工则调用条件表中的条件。如果修改参数表,存盘,则下次开机即显示存盘后的条件。

　　(6) F6 参数

　　提供了本系统所必须的一些参数,你可以进行修改。在手动模式主画面下按 F6 键,即进入参数方式(图 7.25)。

　　参数方式提供了 10 项参数,可以用↑、↓键移动光标,对非数字项,可用空格键来选择,如第一项,连续按空格键,则顺序显示为

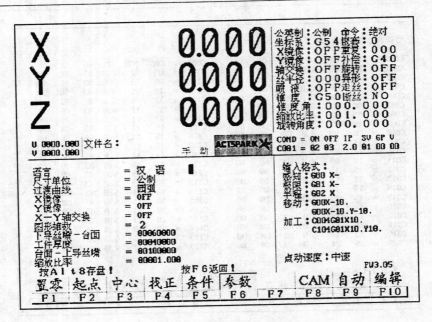

图 7.25　参数方式下的屏幕

……汉语→英语→印尼语→……

数字键的输入,你只要输入数字,按回车键,则完成输入。或输够给定的位数,也认为你完成输入。

例 7　下导丝嘴至台面之距离,可以有两种输入方法

00060000 或者 60000←

对于具有小数点的数字项,如果该项具有如下形式

00000.000

则对如下几种顺序输入都认为正确

1 1 ←　　2.5 4 ←　　1 2 3 4 5 6 7 8 最后一种输入,不需要输入小数点和回车键,当然你输入了也没有错。

如果你想取消当前的输入,恢复输入前的值,请在该项数字呈洋红色时按 ESC 键,即取消当前输入,恢复输入前的值。

例 8　某项数值为00060000

则如下的任一输入都会恢复其值为00060000

1 ESC 或 1 2 ESC

如果要存这些参数,则按 ALT + 8 键,即显示:

正在存磁盘……

存完后显示消失。

各参数项的简要说明如表 7.10 所示,锥度加工数据设定如图 7.26 所示。

表 7.10　各参数项的具体含义

项　目	说　明
语　言	目前可以选择汉语、英语、印尼语等,选择完成后,按 F6 键,则屏幕上将出现该语言的相应显示
尺寸单位	公制:设置轴坐标单位为公制 mm 英制:以英制为单位:in
过渡曲线	圆弧:尖角用圆弧过渡 直线:尖角用直线过渡
X 镜像	ON:X 轴镜像功能起作用 OFF:不起作用
Y 镜像	ON:Y 轴镜像功能起作用 OFF:不起作用
X－Y 轴交换	ON:X、Y 运动轴交换 OFF:取消交换
下导丝嘴至台面	设定下导丝嘴到台面的距离
工件厚度	设定加工工件厚度(见锥度加工数据设定图)
台面至上导丝嘴	设定台面到上导丝嘴的距离
缩放比率	编程轨迹放大、缩小的倍数。实际位置和显示坐标值都将根据此比率进行缩小、放大

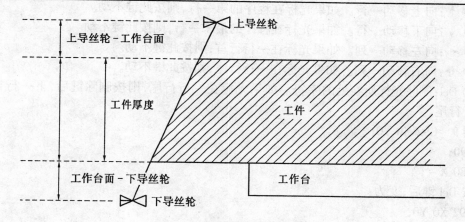

图 7.26　锥度加工数据设定图

四、编辑模式

提供了 NC 程序的编辑及输入、输出操作。编辑采用全屏幕编辑。输入装置有键盘、磁盘。输出装置有磁盘、打印机。在各模式下按所对应的 F 键,即进入编辑模式的主画面。

注:本系统不提供打印机的外输出。

1. NC 程序的编辑

进入编辑模式(图 7.27),即可进行 NC 程序指令的编辑。可编辑的 NC 文件最大为 80KB。为了方便起见,每一次回车,都在回车处加分号";"。可用的编辑键有→、←、↑、↓、Del、Backspace、End(或 Ctrl + E)、Ctrl + Y、Home(Ctrl + H)、Ins(或 Ctrl + I)、PgUp、PgDn 等。

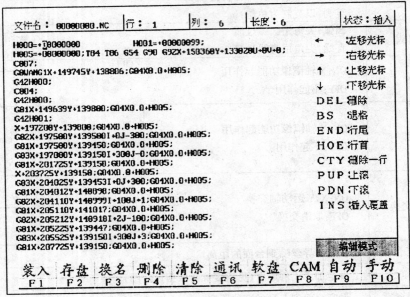

图 7.27　编辑模式屏幕

各键的功能:

① ↑:向上移动一行。如果光标在程序的第一行,则按此键不动。

② ↓:向下移动一行。如果光标在程序的最末一行,则按此键不动。

③ ←:向左移动一列。如果光标在一行行首,则按此键不动。

④ →:向右移动一列。如果光标在一行行尾,则按此键不动。

⑤ Del:删除光标所在处的字符。如果光标在一行行尾,则按删除键后,下一行自动加在本行行尾。

例 9　G92 X0 Y0;

G90;

G80 X − ;

按 Del 键后,变为:

G92 X0 Y0;

G90;G80 X − ;

⑥ Bs(Backspace):退格键。按此键后,光标向左移动一列,并删除当前光标左边的字符。如果光标在一行行首,则按此键不动。

例 10　G92 X0 Y01;

按 BS 以后变为:

G92 X0 Y0;

⑦ Ctrl + Y(同时按 Ctrl,Y 键):删除光标所在处的一行,同时将下边的行依次向上提一行。

例 11　G92 X0 Y0;

G90;

T84;

G80 X - ;

按 Ctrl + Y 后变为:

G92 X0 Y0;

84;

G80 X - ;

⑧ End 或 Ctrl + E(同时按 Ctrl + E 键):置光标在一行行尾。如果光标已经在本行行尾,则按此键不动。

例 12　G92 0 Y0;

按 Ctrl + E 后变为:

G92 X0 Y0;

⑨ Home 或 Ctrl + H(同时按 Ctrl 和 H 键):置光标在一行行首。如果光标已经在本行行首,则按此键不动。

例 13　G92 X0 Y0;

按 Ctrl + H 后变为:

92 X0 Y0;

⑩ PgUp:上翻一页,即自本显示屏幕的首行开始向上显示一页。PgUp 和 PgDn 键主要用于快速翻页。

⑪ PgDn:下翻一页,即自本显示屏幕的最后一行开始向下显示一页。

⑫ Ins 或 Ctrl + I(同时按 Ctrl 和 I 键):插入键。进入编辑方式后,右上角的状态显示为"插入",如果再按此键后,则状态变为"覆盖"。如此往复,在插入状态,你可以在光标前插入字符。

例 14　(状态为插入)G92　0;

如果希望在 X 前插入 Y0,则直接由键盘输入 Y0,即变为:

G92 Y0 0;

当状态变为覆盖状态时,由键盘输入的字符将替代原有的字符,同时按回车键不起作用,除非光标在程序的行尾。

例 15　G92 0 X0;

如果键入一串字符 X0 Y0,则变为:

G92 X0 Y0;

⑬ ENTER:回车键。按此键将使光标移到下一行行首。但如果光标不在该程序的末尾,同时状态为"覆盖"时,按此键并不起作用,在其它情况下本键都起作用。在回车键起作用的状态下按回车键,系统自动在光标处写一";"号,同时光标移到下一行行首,且本行光标以后的字符皆移到下行。

例 16　G92 X0 0;

G90;

T84;

在插入状态按回车键,则变为:

G92 X0;

0

G90

T84;

而在覆盖状态下则不变。

2.自动显示功能

在编辑模式主画面的上方,自动显示当前光标的位置及插入、覆盖状态,具体含义如下:

① 文件名:"文件名"后的字符,显示当前屏幕上 NC 程序的文件名,当按清除键后,显示为空;

② 行:显示从文件开始到光标处的总行数;

③ 列:显示从当前光标所在行首到光标处的总字符数;

④ 长度:显示自文件开始到光标处的总字符数,每一行应多加两个字符;

⑤ 状态:显示当前是"插入"还是"覆盖"状态,以便你选择进行具体的编辑工作。

3.F 功能键

编辑方式共提供了 7 个子方式,其功能如表 7.11 所示。

表 7.11　编辑屏下的 F 功能键

F1	装入	从硬盘或软盘上装入 NC 文件到内存
F2	存盘	将内存中 NC 程序存到硬盘或软盘上
F3	换名	用新文件名替换你的硬盘或软盘上某一 NC 文件名
F4	删除	删除硬盘或软盘上你指定的 NC 文件
F5	清除	清除内存区,清除屏幕缓冲区
F6	通讯	用户选择项,提供打印功能,通过 RS232 口进行输入、输出功能
F7	软盘	进行软盘格式化及软盘拷贝功能

在 F2、F3、F6 中,当进行存盘时,如果该文件名已存在,则系统会提示用户。

在编辑模式下 F 功能键的作用:

(1) F1 装入(图 7.28)

将硬盘或软盘上的 NC 文件装入内存缓冲区。按 F1 后,"装入"被按下去(图 7.28),在屏幕的下边显示一行信息:

从硬盘(按 D 或 F)或软盘(按 B)装入?

这时,应根据你的需要键入 D 或 B,键入后如果你指定的软盘或硬盘上无 NC 文件,则显示:

在磁盘中无 NC 文件

否则在屏幕右边出现一长条框。紧接着软盘上的 NC 文件全列在框内,第一处 NC 文件为红色,红色表示光标。

你可以用↑、↓键移动光标,选择你要装入的文件名,选好了文件名后,如果你希望装入该文件,只须按回车键即可,这时长条框消失,屏幕下面显示:

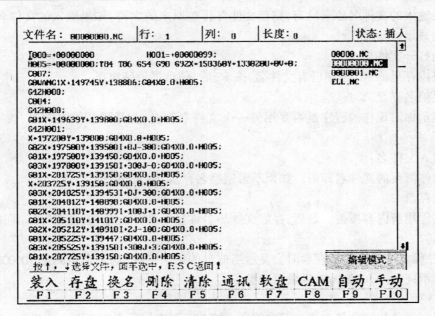

图 7.28 编辑功能的 F1 装入键被按下

正在装入……

装入完成后,该提示消失。所装入文件的第一页显示在程序区。如果不希望装入,则按 ESC 键自动取消,恢复原来的状况。对于装入后的文件,按本节四项 1 中的 NC 程序编辑方法对其进行编辑修改。

(2) F2 存盘

将内存中的 NC 程序存到硬盘或软盘上。按 F2 后,在信息提示区出现如下信息:

存到硬盘(按 D 或 F)或软盘(按 B)? 按 ESC 返回!

根据需要输入字符后,如果当前 NC 程序无文件名,则出现如下信息:

请输入文件名:

可以输入文件名。文件名的输入只要是可打印字符都接受,且不超过 8 个字符。如果按回车键或输入字符“.”或输入的字符数超过了 8 个,则认为已输入好。在输入过程中,可以用 BS 键修改,扩展名“.NC”自动加到文件名后。

例 17 希望输入的文件名假设为 horse.NC

请输入文件名:horr

在输入的字符串中多输入了一个“r”,要删掉 r,可以用 BS 键进行退格删除。

如果不希望存盘,则按 ESC 键,又恢复到按 F2 以前的状况。输好文件名后,按回车键。

当想存到软盘上时,如果磁盘在写保护状态下,则有提示:

磁盘写保护,按 ESC 取消,按回车键继续!

若在软驱中无软盘,又要求存到软盘上,则会出现提示:

磁盘没准备好! 按回车键继续!

如果插入一个已格式化的磁盘,按回车键继续,信息区出现“正在存磁盘……”时,不要对磁盘进行任何机械操作。

如果要取消操作,则按 ESC 键后,又恢复到按 F2 以前的状态。

　　如果输入的文件名原来已有,则新文件将覆盖原来的文件;如果输入的文件名为空,则在信息区显示:

　　不能打开文件!

　　如果内存里的 NC 程序已有文件名,按 F2 后,信息提示区出现:

　　需要换名存盘(Y/N)?

　　它提示你对现在的程序是否要用另一个文件名存盘,如果希望换名存盘,按"Y",则又有提示:

　　请输入文件名:

　　输入你需要的文件名即可。如果不希望换名存盘,输入"N",则出现:

　　正在存盘……

即将原文件用新内容覆盖。最后,存好文件的名称显示在左上角"文件名"处。同时"存盘"亦被弹起。

　　注:在编辑中,当按 F2 存盘时会显示当前盘的剩余空间,如剩余空间是 1000000B,在右下角则显示:Free = 1000000B,以供用户参考。

　　3) F3 换名

　　用新文件名替换磁盘上某一旧文件名。按 F3 后,在屏幕下方出现一行提示:

　　在硬盘(按 D 或 F)或软盘(按 B)替换?

　　输入你的选择后,屏幕显示如 F1 装入图(图 7.28),可以选择你要替换的文件名,按回车后,条形框消失,在信息提示区出现:

　　请输入文件名:

　　可以输入新的文件名,输入方法和 F2 一样,如果替换成功,屏幕显示:

　　换名成功!

　　否则显示,替换错误!

　　这说明新文件名在磁盘上已经存在,或者文件名错误或输入的文件名与原文件名重复等。

　　4) F4 删除

　　删除磁盘上指定的文件。按 F4 后,屏幕下方出一行提示:

　　从硬盘(按 D 或 F)或软盘(按 B)删除?

　　如果没有联网,按"F"2 s 后弹出"磁盘没有准备好,请重试!"

　　输入你的选择后,屏幕显示和按 F1 装入时一样的图形。

　　请用↑、↓键选择你要删除的文件,按 ESC 键取消删除。选择好后按回车键,则执行删除工作。

　　如果删除失败,则显示:

　　删除失败!

　　最后,如果已完成删除,按 SEC 键返回编辑模式主画面。

　　注:要经常对硬盘进行整理,把没用的文件删掉,或转存到软盘上再删除。

　　5) F5 清除

　　清除屏幕及内存里的 NC 程序。

　　在编辑屏下按 F5 键,则屏幕提示区会有如下提示:

你要清除屏幕上的 NC 程序吗(Y/N)？

这个提示让你确认是否要清除当前内存中的 NC 程序,以免误操作。如你输入"Y",则清除,如果你输入"N",则不进行清除操作。

6) F6 通讯

通讯是用户可选项,标准系统并不提供。如果用户需此功能,可与该公司市场部联系。通讯为你提供打印功能,即把 NC 文件通过打印机打印出来,以便能更清楚地看到 NC 程序。

按下 F6 键,则屏幕提示区会有提示:

打印(按 P)或传送(按 O)或接收(按 I)？按 ESC 返回!

① 如果你想从键盘上输入 P,则又有提示:

从硬盘(按 D)或软盘(按 B)打印?

选择输入后,则屏幕上显示该磁盘的文件,并有提示:

你可以用↑、↓键选择文件,按回车键执行打印。按回车键后,如果打印机已准备好,且连接正确,则显示:

正在打印中……

如果打印机尚未连接好或缺纸等,则显示:

打印机错误!

如果打印完成,则提示区信息自动消失。

② 如果从键盘上输入"O"或"I",则屏幕中有提示框,如图 7.29 所示

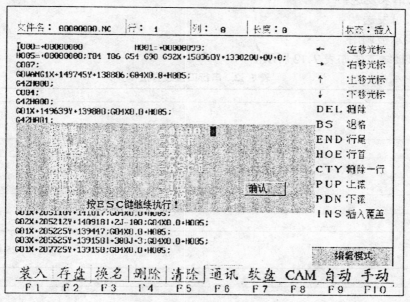

图 7.29　通讯屏幕

你可以用↑、↓键来选择需要修改的项,按空格键进行转换,修改完毕后,按 ESC 键,则所修改的内容将存到硬盘上,同时该提示框的红字转换为:正在传数据,按 ESC 终!

如果传输数据结束,按 ESC,则提示框消失。

如果选择传送,则提示框消失,又返回到编辑模式主画面。

如果选择接收,则提示框消失,同时有提示:

存盘吗？（Y/N）

如果需要存盘,输入"Y",则该提示变为：

请输入文件名！□

可以输入不超过 8 个字符的文件名,操作方法同 F2 存盘。按回车键后提示：

正在存盘……

如果提示消失,说明存盘结束,该文件会显示在屏幕上,覆盖了原先屏幕的 NC 文件。

如果不存盘,则输入"N",返回编辑模式主画面,不过这时屏幕上显示的文件将是你接收到的 NC 程序。

③ 串行口通讯。串行通讯时首先应使接收方处于接收状态,然后再行发送。电柜上的串行口为 COM2。

串行口位于键盘底部,可在通讯中应用,各信号线的意义如下：

a.DCD,侦测发送载波；

b.RXD,接收数据；

c.TXD,发送数据；

d.DTR,数据终端准备好；

e.GND,信号接地；

f.DSR,数据设定完成；

g.RTS,请求发送；

h.CTX,可发送；

i.RI,表示被调用。

串行口接线方法如表 7.12 所示。

表 7.12　串行口接线方法

9 针 机床		9 针 目标系统
2		3
3		2
7—8 连接		7—8 连接
4		6
5		5
6		4
9 针机床		25 针目标系统
2		2
3		3
4		6
5		7
6		20
7 8]		[4 5

7) 软盘

软盘功能主要是对软盘进行格式化和进行拷贝用。按 F7 屏幕显示区有如下提示：

请选择软盘格式化(按 F)或软盘拷贝(按 C),按 ESC 返回!

这时可按下相应的键进行操作。

① 软盘格式化。如果要进行软盘格式化,则输入"F"后,屏幕提示:

请插入目标软盘在 B:驱动器! 按回车键继续,按 ESC 取消!

这时如果您要格式化,则插入软盘在 B:驱动器中,并且取消写保护,按回车键,按提示操作即可。

如果你的软盘未格式化,建议您首先在本模式的软盘方式进行格式化,然后再使用。否则在使用时会引起死机。如果该软盘已损坏,建议您修复后再使用,以免引起不必要的麻烦。

② 软盘拷贝。如果要进行软盘拷贝,则输入"C",则屏幕提示:

请插入源盘在 B:驱动器! 按回车继续,按 ESC 取消!

按 ESC 取消拷贝,回到编辑模式主画面。

如果要进行拷贝,按回车,按提示操作即可。

4.自动恢复功能

自动恢复功能能自动恢复退出编辑模式以前的屏幕状态,这样有助于编辑、记忆。

五、自动模式

在自动模式下,可以执行你在编辑模式已编辑好的 NC 程序,这个程序已被装入内存缓冲区。在自动模式可以进行模拟、单步运行及检验你的 NC 程序的运行状况。在加工时,可以及时修改加工条件,修改后的加工条件立即被加到机床上,可以进行图形跟踪,以检查 NC 程序是否正确及程序的执行情况,即时显示接触感知、极限等信息。可以从你指定的地方开始执行程序。

在其它模式按'自动'所对应的 F 键,即进入自动模式,图 7.30 为自动模式主画面。

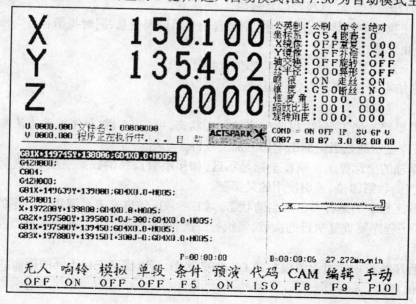

图 7.30 自动模式主画面

1. NC 程序的执行

① 在进入自动画面前,必须在编辑模式下准备好 NC 程序。进入自动模式,NC 程序的前 10 行显示在自动模式的程序区(图 7.30)。在自动模式没有提供修改程序功能。如果要修改程序,可在编辑模式下进行修改。

② 可以用↑、↓、←、→键来寻找你希望开始执行的地方。

你可以改变模拟、单段等状态,以决定是否进行模拟、单段等操作。

③ 执行程序前,建议先将"模拟"打为 ON,将程序描画一次来检查程序是否有代码错误,以及所编程序是否是你所要的效果,以免实际加工后造成不良后果。

在代码有错误时会显示:

＊＊＊行 NC 代码错误!

④ 选择好开始执行的首指针及运行状态后,如果要开始运行,只按回车键即可。这时屏幕上会显示:

程序正在执行……

同时会在文件名处显示正在运行行的文件名。

如果要暂停运行,请按 Ⅱ 键,在程序区会有红长条提示:

暂停!

按 Ⓡ 键继续! 按 OFF 键退出!

在程序暂停运行状态,按下 Ⓡ 键后,程序又接着按 Ⅱ 以前状态继续执行。

⑤ 如果要停止运行,请按 ▽ 键,则程序停止运行,有提示:

按 ▽ 键退出!

按 ⓘ 解除信息!

当你按了 ⓘ 以后,红色报警信息解除。

如果程序执行中有其它错误发生,则会自动显示错误信息,同时提示:

程序终止位置:＊＊＊＊

＊＊＊＊显示了程序终止时的实际位置指针。

⑥ 程序结束时,屏幕上有白色显示:

程序执行完成!

⑦ 如果要修改加工条件,以改变当前加工状态,可按 F5 键,具体修改方法参考 F 功能键。加工条件显示的是当前加工中用的加工条件。

⑧ 各个轴的坐标显示反映在坐标显示区,如果小数点在倒数第三位处,表明使用的是公制,如果在倒数第四位,表明使用的是英制。

⑨ 参数区显示的是各参数的当前状态。如:参数区的嵌套表示调用子程序的层数。重复数是某一子程序要重复执行的次数,每执行一次,重复次数减 1。补偿表示当前程序段所用的补偿量。

⑩ 在程序执行中通过设置模拟的 ON、OFF 状态,可以得到三种不同的画面。

对于 NC 程序:

T84　T86

G92　X25.59　Y - 42.418;

```
C004；
H000 = 110；
G41    H000
M98    P0010；
C004；
G40；
G01    X25.59    Y – 42.418；
M02；
；
；
；
N0010；
G01    X25.645    Y – 42.291；
G01    X25.718    Y – 42.164；
G01    X25.844    Y – 42.1；
G01    X25.908    Y – 41.973；
G01    X26.035    Y – 41.91；
G01    X26.098    Y – 41.783；
……
```

以下略。

当模拟为 ON 时，只模拟显示，不实际加工，如图 7.31 所示。

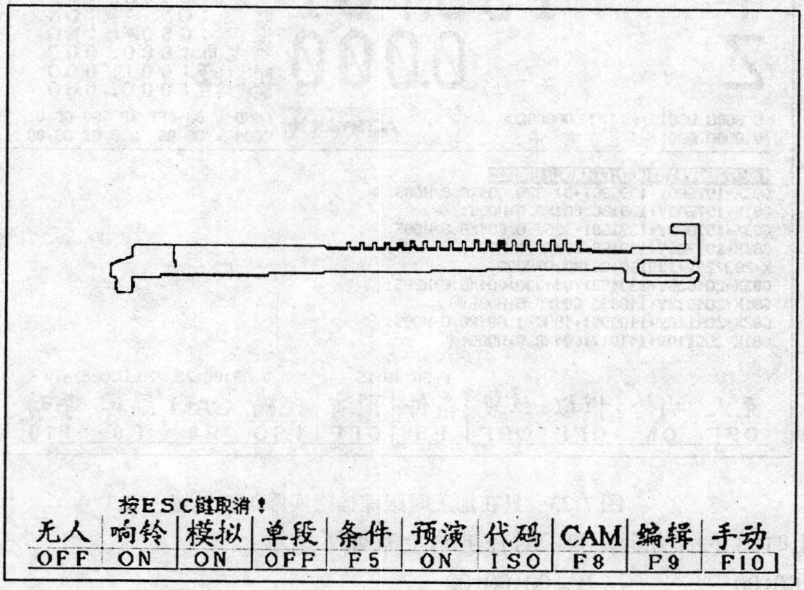

图 7.31　模拟加工图形的画面

当预演设为 ON、模拟为 OFF 时，先进行图形描画，再执行实际加工，加工时描画实际轨迹，画面如图 7.32 所示。

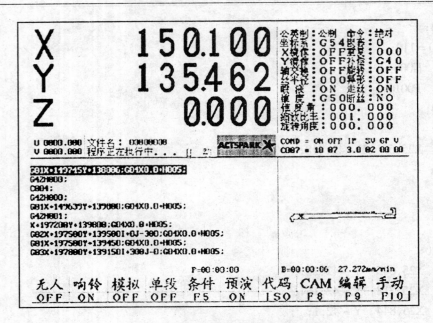

图 7.32　先描画出图形加工时跟踪描绘

当预演设为 OFF、模拟为 OFF 时,不进行图形描画,加工时描画实际轨迹,画面如图 7.33 所示。

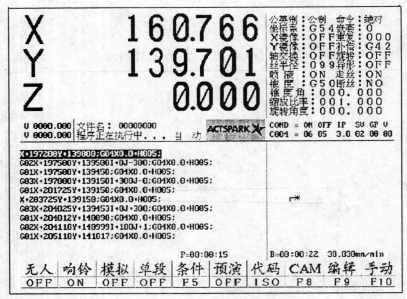

图 7.33　只在加工时跟踪描绘实际加工轨迹

⑪ 加工时间显示功能。加工时在屏幕上有如下显示:

P = 00:00:00　　　　　　　B = 00:00:00

"P ="后的时间表示本 NC 程序目前已经加工的时间,"B ="后的时间表示本段加工程序所用的实际加工时间,00:00:00 表示小时、分钟、秒。

在加工停止时,在自动模式下按 ALT _ T,则显示本机床自安装后的总加工时间及刚完

成的 NC 程序所加工的时间,如:

总加工时间 = 00000:00

本程序加工时间 = 00:00:00

00000:00 为小时、分钟。

⑫ 进给速度显示(右下角),大约 2 s 显示一次,单位为 mm/min。

⑬ 以一筒丝的累计加工时间计时。在新上一筒丝时,可将计时器复位为零。在自动模式下,按 ALT _ T,即有如下显示项:

本卷(筒)丝使用时间:000000H(按 R 复位)

"000000H"表示本筒丝的累计加工时间,按'R'键复位为零。

⑭ 增加屏幕保护功能。在自动模式下,按 ALT _ T,即有如下显示项:

屏幕保护时间设定:999999M

出厂设定为 999999 min,你可直接输入屏幕保护时间。

在设定的屏幕保护时间内,如果没有对键盘进行任何操作,则屏幕自动变为黑屏,直到你按键盘上的任意键为止。当出现错误信息提示时,屏幕保护自动取消。

⑮ 3B(4B)格式。3B(4B)无 G92 设置坐标功能,故在开始执行时,X/Y/U/V 的坐标自动被设为零,同时设为增量工作方式。这一点请用户注意。

⑯ G05、G06、G07、G08 是模态代码,仅适用于自动加工中。其当前的状态可从状态显示区中看到。如果你的自动程序中未加 G05 ~ G08,而状态显示为 ON,如 X 镜像为 ON,则该 NC 程序按有 G05 时执行,除非你在 NC 程序开始加上 G09。模拟运行不改变 G05 ~ G08 的状态。

在退出手动的"参数"时,自动存储各项参数。

如果上次在自动加工中掉电,则上电后恢复上次的镜像及交换状态。如果上次不是在自动加工中掉电,则上电后,置镜像及交换状态为 OFF。

2.F 功能键介绍

(1) F1

无人:无人有两种状态:ON 和 OFF,通过 F1 来改变。如果设在"ON"状态,则当程序执行完成后,强电电源自动切断。如果设在"OFF"状态,则当程序执行完成后,强电电源不自动被关掉。

(2) F2

响铃:响铃有两种状态,通过按 F2 键来改变。如果设在"ON"状态,则当出现错误或程序执行结束时,连续响铃,直到按 ESC 解除为止。如果设在 OFF 状态,仅响 1 s。

(3) F3

模拟:模拟有两个状态 ON 和 OFF。用 F3 来选择,如果设在"ON"状态,则当程序执行时不放电,不接受打开、关闭泵操作。这个状态可以检验你的 NC 程序的正确性。如果设在"OFF"状态,则执行程序规定的实际动作,接受关、开泵及其它操作,这个状态用在实际加工中。

模拟画图和预演画图:

对上下异形(G61)、四轴联动(G74)、恒锥度(G51/G52),画图时均显示工件上下表面的编程轨迹(包括补偿值)。对于无锥度的常规加工,显示补偿前后的轨迹,即编程轨迹或电极丝实际所走的轨迹。各轨迹的颜色定义如下：

二维

有锥度

工件上表面:淡蓝色。

工件下表面(编程面):红色。

无锥度

补偿前:淡蓝色。

补偿后:红色。

三维

工件上表面:淡洋红。

工件下表面:红色。

工件上下表面连线:淡蓝色。

加工中的图形跟踪采用'∗'号的方式,'∗'的运动方向即表示加工方向。三维图形仅用于图形的模拟。在加工时图形显示自动设为二维。

图形维数的修改,在手动的参数方式时,增加"图形维数"选项,用空格键进行选择。"2"表示用二维进行图形模拟,"3"表示用三维进行图形模拟。

(4) F4 单段

F4 单段有两个状态:ON 和 OFF。由 F4 来选择,如果设在"ON"状态,则程序在执行完一段后自动停止,并显示信息:

单段暂停!

按 Ⓡ 键继续! 按 ▣ 键停止!

当按 Ⓡ 键后自动执行下一段程序。这个状态用来检查正在执行的程序的每一段的执行状况。如果设在"OFF"状态,则没有自动暂停动作。机床正在加工中也可以利用该键设置单段 ON 或 OFF。

(5) F5 条件

可以修改加工条件,修改好后,按 F5 键,则修改后的加工条件自动加到机床上去。具体操作及含义同手动模式的 F 功能键"条件"项。

以下对加工条件各项作简要说明:

ON:设置放电脉冲时间。其值为 $(ON + 1)\mu s$,最大为 32 μs。

OFF:设置放电脉冲间隙时间。其值为 $(OFF + 1) * 5 \mu s$,最大为 160 μs。

IP:设置主电源电流峰值,从 0.5 到 9.5,小数点后的值在 0~4 之间认为是 0,如在 5~9 之间则认为是 5,小数点后只能为 0.5。接触感知时 IP 为 0.5。

SV:设置间隙电压,以稳定加工,最大值为 7。

GP:矩形脉冲与分组脉冲的选择,最大值为 2。

0:矩形脉冲,1:分组脉冲Ⅰ,2:分组脉冲Ⅱ。

V:电压选择,最大值为 1。

0:常压选择,1:低压选择,接触感知时为 1。

V 只能在非加工状态下修改。在加工中不能修改 V 值,只能用选定的常压或低压加工。

（6）F6 预演

只有在"模拟"设为 OFF 时起作用。预演有 ON 和 OFF 两个状态，由 F6 来选择。

如果设在 ON，则在执行程序前，先进行程序轨迹描画，并显示在右下角图形显示区，描画完后，再进行加工。在加工时也进行实际图形跟踪。这样可直观看到程序的整个轨迹图形及现在执行的大体位置。

如果设为 OFF，则在执行程序前，不进行程序轨迹描画。只在程序进行时进行加工描画。有时跟踪的轨迹和整个轨迹图形有可能不重合，这并不是程序逻辑和加工错误，只是显示的差异而已。

（7）F7 代码

用代码来选择你使用的程序格式是 3B 格式，还是国际通用的 ISO 代码格式。

代码有 3B 和 ISO 两种状态，按 F7 键来选择，如果所选格式与实际程序格式不对应，执行程序时，会显示代码错误。

3. 掉电保护

该系统提供掉电保护功能。在加工时如果突然发生掉电，则会发出间断的响声，系统会将当时的加工状态记录下来，包括坐标参数等。在下一次开机后自动进入自动模式，并提示：

从掉电处开始加工吗？

按 Ⓞ 键退出！按 Ⓡ 键继续！

这时，如果你想从掉电处开始加工，按 Ⓡ 键，则系统将从掉电处开始加工，如果按 Ⓞ 键将退出加工。

注意　掉电后不要轻易动工件和丝，否则在开机后继续加工时，会产生很长回退，影响加工效果，甚至使加工停止。在非加工时掉电，系统将记住当时 X、Y、U、V 轴的绝对值及一些参数状态。有的参数如 X 轴镜像、Y 轴镜像、XY 轴交换、缩放比例等将置为初态。

六、加工工艺

1. 加工参数表（参数号中的数字，表示所用钼丝的直径和切割工件的厚度的代号）

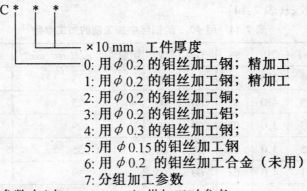

```
C * * *
        └───── ×10 mm　工件厚度
      └─────── 0: 用 φ0.2 的钼丝加工钢；精加工
               1: 用 φ0.2 的钼丝加工钢；精加工
               2: 用 φ0.2 的钼丝加工铜；
               3: 用 φ0.2 的钼丝加工铝；
               4: 用 φ0.3 的钼丝加工钢；
               5: 用 φ0.15 的钼丝加工钢
               6: 用 φ0.2 的钼丝加工合金（未用）
               7: 分组加工参数
```

下面列出其加工参数表（表 7.13 ~ 7.19），供加工时参考。

（1）精加工参数表（表 7.13）

工件材料：Cr12；热处理 C58 ~ C65；

钼丝直径：0.2 mm。

表 7.13　用 $\phi0.2$ 的钼丝精加工钢的加工参数

参数号	ON	OFF	IP	SV	GP	V	切割速度 $v_{wi}/(\text{mm}^2\cdot\text{min}^{-1})$	表面粗糙度 $Ra/\mu\text{m}$
C001	02	03	2.0	01	00	00	11	2.5
C002	03	03	2.0	02	00	00	20	2.5
C003	03	05	3.0	02	00	00	21	2.5
C004	06	05	3.0	02	00	00	20	2.5
C005	08	07	3.0	02	00	00	32	2.5
C006	09	07	3.0	02	00	00	30	2.5
C007	10	07	3.0	02	00	00	35	2.5
C008	08	09	4.0	02	00	00	38	2.5
C009	11	11	4.0	02	00	00	30	2.5
C010	11	09	4.0	02	00	00	30	2.5
C011	12	09	4.0	02	00	00	30	2.5
C012	15	13	4.0	02	00	00	30	2.5
C013	17	13	4.0	03	00	00	30	3.0
C014	19	13	4.0	03	00	00	34	3.0
C015	15	15	5.0	03	00	00	34	3.0
C016	17	15	5.0	03	00	00	37	3.0
C017	19	15	5.0	03	00	00	40	3.0
C018	20	17	6.0	03	00	00	40	3.5
C019	23	17	6.0	03	00	00	44	3.5
C020	25	21	7.0	03	00	00	56	4.0

注:本加工表仅供参考。

（2）中加工参数表（表 7.14）

表 7.14　用 $\phi0.2$ 的钼丝中加工铜的加工参数

参数号	ON	OFF	IP	SV	GP	V	切割速度 $v_{wi}/(\text{mm}^2\cdot\text{min}^{-1})$	表面粗糙度 $Ra/\mu\text{m}$
C101	08	07	2.0	03	00	00	13	3.0
C102	08	05	4.0	03	00	00	25	2.9
C103	10	05	3.0	03	00	00	29	3.1
C104	11	05	3.0	03	00	00	35	2.8
C105	15	11	4.0	03	00	00	39	3.0
C106	17	11	4.0	03	00	00	39	3.4
C107	18	11	4.0	03	00	00	40	3.3
C108	15	11	5.0	03	00	00	50	3.6

续表 7.14

参数号	ON	OFF	IP	SV	GP	V	切割速度 v_{wi}/(mm²·min⁻¹)	表面粗糙度 Ra/μm
C109	16	11	5.0	03	00	00	53	3.5
C110	18	11	5.0	03	00	00	58	3.6
C111	18	13	5.0	03	00	00	49	3.3
C112	18	13	5.0	03	00	00	50	3.3
C113	18	13	5.0	03	00	00	50	3.3
C114	18	11	5.0	03	00	00	56	3.9
C115	18	11	5.0	03	00	00	56	4.0
C116	20	11	5.0	03	00	00	56	4.0
C117	20	11	5.0	03	00	00	56	4.0
C118	20	13	6.0	03	00	00	60	4.0
C119	22	13	6.0	03	00	00	60	4.0
C120	25	21	7.0	03	00	00	60	3.6

注:本加工表仅供参考。

（3）加工铜参数表（表 7.15）

表 7.15　用 ϕ0.2 的钼丝加工铜的加工参数

参数号	ON	OFF	IP	SV	GP	V	切割速度 v_{wi}/ (mm²·min⁻¹)	表面粗糙度 Ra/ μm	加工精度/ mm
C201	4	3	3	4	0	0	12.2～15.2	2.4～3.9	0.007～0.020
C202	5	5	4	4	0	0	13.9～16.4	2.7～3.5	0.005～0.012
C203	8	7	4	4	0	0	18.3～23.4	2.6～3.6	0.007～0.010
C204	10	8	4	4	0	0	20.4～25.5	2.8～3.8	0.005～0.012
C205	8	9	5	4	0	0	19.2～25.8	2.9～3.7	0.012～0.025
C206	9	10	5	4	0	0	24.5～27.7	3.2～4.1	0.005～0.020
C207	10	10	5	4	0	0	23.8～29.0	3.1～3.6	0.007～0.015
C208	8	10	6	4	0	V	18.7～23.9	3.1～4.4	0.007～0.015
C209	9	12	6	4	0	0	19.9～20.9	4.0～4.7	0.007～0.014
C210	10	14	6	4	0	0	22.0～22.9	4.0～4.2	0.007～0.011
C213	13	20	7	4	0	0	23.2～23.9	4.8～5.0	0.010～0.013
C216	16	25	8	4	0	0	26.4～27.3	5.1～5.3	0.010～0.025
C220	20	30	9	4	0	0	28.8～30.5	5.8～6.5	0.015～0.030

注:本加工表仅供参考。

（4）加工铝参数表（表 7.16）

表 7.16　用 $\phi 0.2$ 的钼丝加工铝的加工参数

参数号	ON	OFF	IP	SV	GP	V	切割速度 v_{wi}/ （$mm^2 \cdot min^{-1}$）	表面粗糙度 Ra/ μm	加工精度/ mm
C301	02	00	2.0	04	01	00	25	2.7	0.005
C302	02	00	2.0	04	01	00	24.39	2.6	0.015
C303	02	00	2.5	04	01	00	28.85	3.0	0.005
C304	02	00	3.0	04	01	00	25	3.2	0.01
C305	02	00	3.5	04	01	00	34.25	3.6	0.015
C306	02	00	4.0	01	00	00	35.29	3.7	0.014

注：本加工表仅供参考。

（5）细丝加工参数表（表 7.17）

工件材料：Cr12；热处理 C59～C65；

钼丝直径：0.13 mm。

表 7.17　用 $\phi 0.3$ 的钼丝加工钢的加工参数

参数号	ON	OFF	IP	SV	GP	V	切割速度 v_{wi}/（$mm^2 \cdot min^{-1}$）	表面粗糙度 Ra/μm
C401	02	03	2.0	01	0	0	8.6	2.6
C402	03	03	2.0	02	0	0	12.3	2.3
C403	03	05	3.0	02	0	0	13.9	1.7
C404	06	05	3.0	02	0	0	21.5	3.0
C405	08	07	3.0	03	0	0	22.3	2.4
C406	09	07	3.0	03	0	0	17.9	2.4
C407	10	07	3.5	05	0	0	25.5	2.4
C408	10	09	4.0	04	0	0	25.4	3.0
C409	11	11	4.5	04	0	0	30.5	3.4

注：① 配重块重 2 910 g（去掉 2 片配重）；

　　② 本加工参数表仅供参考。

（6）细丝加工参数表（表 7.18）

工件材料：Cr12；热处理 C59～C65；钼丝直径：$\phi 0.15$。

表 7.18　用 $\phi 0.15$ 的钼丝加工钢的加工参数

参数号	ON	OFF	IP	SV	GP	V	切割速度 v_{wi}/（$mm^2 \cdot min^{-1}$）	表面粗糙度 Ra/μm
C501	02	03	2.0	01	0	0	7.21	2.2
C502	03	03	2.0	02	0	0	10.7	1.6
C503	03	05	3.0	02	0	0	11.5	1.8
C504	06	05	3.0	02	0	0	21.2	2.7
C505	08	07	3.0	02	0	0	21.6	2.6
C506	09	07	3.0	03	0	0	19.8	2.5
C507	10	07	3.0	03	0	0	20.8	2.8
C508	08	09	4.0	04	0	0	22	2.6
C509	11	11	4.0	04	0	0	22	2.9
C510	11	10	4.5	04	0	0	29.6	3.1

注：① 配重块重 3 780 g（去掉 1 片配重）；

　　② 本加工参数仅供参考。

（7）分组加工参数表（表7.19）

表7.19　用分组脉冲电源加工的加工参数

参数号	ON	OFF	IP	SV	GP	V	切割速度 $v_{wi}/(mm^2 \cdot min^{-1})$	表面粗糙度 $Ra/\mu m$
C701	03	00	3.5	03	01	00	19	2.6
C702	03	00	3.5	03	01	00	22	2.5
C703	03	00	3.5	03	01	00	20	2.5
C704	03	00	4.0	03	01	00	26	2.5
C705	03	00	5.0	03	01	00	30	2.5

注：① 本加工参数表仅供参考；

　　② 分组加工参数适用于厚度50 mm及以下工件的加工，以提高效率，改善表面粗糙度。

2.加工工艺方面应注意到的事项

① 要想得到好的加工精度和表面粗糙度（精度0.015，表面粗糙度 Ra 在2.5以下），必须保证机床各部位（包括走丝机构、各导轮、储丝筒、放电参数、工作液等）都处在良好状态条件下，故应经常对机床做好保养维护，使之保持良好的状态。

② 试验研究表明，对于不同材质的试件，其切割效果差异很大。当切割一般试件时，其切割效果比较好；当切割一些特殊材质的试件（如硬质合金、铝及铜等）时，其切割效果很差，主要表现如下：

a.切割效率明显降低；

b.切割尺寸精度及表面粗糙度变差；

c.电极丝、导轮及导电块磨损速度明显加快；

d.在切割硬质合金时，不适合使用宝石主导轮（外缘破损），必须采用陶瓷主导轮或钢主导轮（钢主导轮须增加绝缘套）。

③ 在切小圆弧（$R<2$）时，应特别注意，材料及放电参数的选择可能导致切割圆弧精度降低。在切割特殊材料（如铝、硬质合金及铜等）时其影响更明显。根据实验，在切割小圆弧时，选择较小的放电参数能较好地达到精度要求。

④ 加工12 h后，最好将储丝筒的左右行程开关分别向中心移动3~5 mm，使储丝筒的运动行程缩短，防止可能出现的切割缝隙夹丝现象。

附录：FW高速走丝机床联网使用说明

1.环境要求

软件环境：服务器端可以是windows98/2000/XP/NT操作系统。客户端需要软件版本FW3.10以上。

硬件要求：带网卡的FW主板、网卡、网线、集线器或交换机等。

2.网络配置

（1）关闭网络配置

北京AGIE CHARMILLES高速走丝机床（FW机床）的联网功能是可配置的，FW3.10以上的版本具有联网功能，而且默认为联网配置，如果不需要联网功能，可以按照以下方法关闭联网配置。

①　启动时按 F5 进入 DOS 系统；

②　执行 C：\ LAN.EXE 命令，回答'N'（或直接执行 C：\ CBOOTD.EXE 命令），并覆盖所有文件；

③　重新启动高速走丝系统。

(2)　配置网络

1)　服务器端

在网络属性中安装 NETBEIU 协议（或用 TCP/IP 协议，但设置比较麻烦，不建议使用），设置共享磁盘和打印机的属性，且服务器和机床要同属一个工作组，FW 机床的默认工作组名为"WORKGROUP"

①　共享磁盘：将需要共享磁盘的属性设为共享，并为其建立一个共享名；

②　共享打印机：将需要共享打印机的属性设为共享，并为其建立一个共享名。

2)　工作站端

①　启动时按 F5 进入 DOS 系统。

②　执行 c：\ edit.com 命令，用 edit 打开 c：\ autoexec.bat 文件。

③　查看 autoexec.bat 文件中是否有net use f：\\ FW \ w2000 和net use lpt1 \\ FW \ canon 语句，如果有，直接按照下面提示进行修改、保存、退出 edit，然后重新启动进入高速走丝系统。

④　如果不含有上述语句，则退出 edit，执行 C：\ LAN.EXE 命令，对出现的提示一律回答'Y'，然后按照下面提示用 edit 编辑 c：\ autoexec.bat 文件；修改完 autoexec.bat 后进行保存、退出 edit，然后重新启动进入高速走丝系统。

共享网络服务器的磁盘（把服务器一个共享磁盘映射成为机床的 F 盘）：用 edit 打开文件 c：\ autoexec.bat，找到 autoexec.bat 中的net use f：\\ FW \ w2000 语句，修改 \\ FW \ w2000 为服务器端的机器名和磁盘共享名，格式为：\\ 机器名 \ 磁盘共享名。

共享网络服务器的打印机：用 edit 打开文件 c：\ autoexec.bat，找到 c：\ autoexec.bat 中的net use lpt1 \\ FW \ canon 语句，修改 \\ FW \ canon 为服务器端的机器名和磁盘共享名，格式为：\\ 机器名 \ 打印机共享名。

⑤　启动时按 F8 单步执行，对出现的提示一律回答'Y'（当出现'Process Autoexec.bat[Y，N]?'时，回答'N'），执行 C：\ NET \ NET.EXE 命令，建立用户名、密码和连接路径（用户名和密码要与服务器的用户名和密码一致，连接路径是共享磁盘的路径），进行连接。

3.软件使用

首先启动服务器端，待进入系统后，启动工作站端，在工作站端出现登陆提示时，直接输入用户名和密码。进入高速走丝系统后，就可以正常调用网络资源了（只能调用服务器共享磁盘根目录下的 NC 文件）。

注意　服务器端设置休眠时间可能影响工作站端访问网络资源。

7.4 错误信息

错误信息原因及处理措施如表 7.20 所示。

表 7.20 错误信息原因及处理措施

编辑	名 称	原 因	措 施
01	接触感知	电极丝与工件接触 为了便于操作,对于点动、手动的 G00 操作,可自动忽略接触感知	用点动移离工件
02	到极限	在加工或移动时,XYUV 轴之一碰到限位开关 由 ALT_2 的输入方式可知是哪一个轴向到限位	① ⊘退出 ② 调整限位,按 R 继续
03	轴向选择错误	在 NC 程序中没有指定轴向	检查 NC 程序
04	工件厚度不能是零	在手动的"参数"方式中,工件厚度一项为零	应使工件厚度大于 500 μm 当加工锥度时,应输入实际的厚度值
05	OFF 键退出	在加工或移动中,⊘被按	① 按 ⅈ 取消 ② 按 R 继续执行
06	回退太长	在加工中,由于间隙状态不好而回退,回退长度超过 4 mm	在间隙状态变好后,按 R 继续执行
07	在缓冲区中无 NC 程序	NC 程序缓冲区为空,无任何 NC 代码	在编辑方式下,通过硬盘或软盘装入 NC 程序,或手动输入 NC 代码
08	＊＊＊＊行 NC 代码错误	本系统不支持"＊＊＊＊行"的代码格式,＊＊＊＊代表符号	① 请对照代码定义,输入正确代码 ② 请确认 ISO/3B 格式选择
09	找不到子程序	在 NC 程序缓冲区中找不到由"P＊＊＊"定义的子程序	请在 NC 程序缓冲区中增加"N＊＊＊＊"子程序
10	M99 不匹配	在 NC 程序中没有相应的 M98 或 M98 对应的子程序号	检查 NC 程序
11	嵌套层数太多	NC 程序中调用的子程序种类数超过 9 个	减少子程序种类数
12	未取消半径补偿	在执行代码 M02,G80/G81/G82 时,未取消 G41/G42 补偿	用 G40 取消补偿
13	无运动指令的连续段数太多	无运动指令(G00/G01/G02/G03)的连续段数超过 8 段	检查 NC 程序
14	执行 G80/G81/G82 应先取消补偿	在执行 G80/G81/G82 时,未取消 G41/G42 补偿	用 G40 取消补偿
15	G74 应在补偿以前设置	G74 应在 G41/G42 之前设置	检查 NC 程序

续表 7.20

编辑	名　称	原　因	措　施
16	圆弧半径误差超出设定范围（圆弧半径不能是负值）	圆弧的起点半径与终点半径之差值大于所设的"允许半径误差"值	① 检查该段 NC 程序 ② 放大"允许半径误差"值
17	过切或圆弧半径太大	① 在向着圆弧半径的方向补偿时,补偿值大于圆弧半径 ② 补偿前后,起点与终点的位置关系发生改变	① 减少补偿值 ② 检查补偿方向是否正确 ③ 检查补偿后起点与终点的位置关系
18	两曲线无交点	① 补偿后直线 – 直线无交点 ② 圆弧 – 圆弧补偿方向不一致且补偿后无交点	修改补偿方向或相应的程序段
19	两方程无解	① 两曲线补偿前无解 ② 两线 – 圆弧补偿方向不一致且补偿后无交点	检查相应的程序段
20	圆弧 – 圆弧处理错误	两曲线无法用圆弧过渡	① 检查补偿方向 ② 检查补偿后的交点状况
21	一点不能定义一条直线	G01 代码所指示的直线是一个点,即起止点重合	检查该 G01 代码
22	在一曲线中不能用倒角	在 NC 程序中所指定的 R 角不能用在该曲线中。两段直线方向相同或相反	检查 NC 程序
23	转角半径不能小于偏移量半径	在 NC 程序中所指定的 R 角不能用在该曲线中 ① 两曲线的补偿方向不一致 ② 补偿值大小不一致	检查 NC 程序
24	进入或退出补偿状态的运动段必须是直线	进入或退出补偿状态的运动段不是直线	检查 NC 程序
25	快速移动时不能有补偿	在 G00 前未取消补偿	在 G00 加 G40H＊＊＊代码
26	暂停	手控盒上的 Ⅱ 被按	
27	M00 暂停	在 NC 程序中遇到了 M00 代码	
28	NC 程序太长	NC 程序超出了允许范围	
29	单段暂停	自动模式的"单段"设为 ON	
30	断丝	断丝或断丝开关被控	
31	未走丝	在执行加工以前未走丝	
32	未喷加工液	在执行加工以前未喷液	
33	你希望从断点处继续加工吗	如果在执行 NC 程序时掉电,则下一次启动时有此提示	

续表 7.20

编辑	名　称	原　因	措　施
34	换向开关被压，请移开	储丝筒在限位处	按 R 继续运丝
35	加工条件号太大	加工条件号超出了加工条件表所设的范围	
36	输入格式错误	手动模式中输入代码格式错误	请对照手动模式的右边提示框中的正确格式输入
37	轴重复错误	手动模式中输入了多个一样的轴	
38	坐标值太大	手动模式中输入的坐标值超出范围	
41	进入或退出锥度状态的运动段必须是直线	在进入或退出锥度状态时，必须用 G01 代码	修改 NC 程序
43	太小的圆弧半径	圆弧半径小于 $1.0\ \mu m$	检查 NC 程序
44	机床被锁住，您必须与销售商联系	机床工作在限时，加工模式且限时加工时间已到	请与销售商联系
45	分辨率错误	分辨率小于零	检查机床参数
46	温度太高	电柜内温度高于 45℃	检查电柜
47	4 轴加工不能与锥度或异形同时使用	在 NC 编程时，不能同时使用恒锥度，上下异形或 4 轴联动，只能使用其一	检查 NC 程序
49	锥度角太大	在 G51/G52 时，锥度角 A 太大	检查 NC 程序
50	在 UOV 平面无法加上所需倒角	两曲线在 UOV 平面无交点，在该平面无法加上所需倒角	检查 NC 程序
51	强电开关断，请按下强电开关	控制系统检测到 X＋、X－、Y＋、Y－、U＋、U－、V＋、V－ 都在限位状态	检查电柜

7.5　维护保养

　　线切割机床的维护和保养直接影响到机床的切割性能，和一般的机床相比，线切割机床的维护和保养尤为重要，经常对机床进行清理、润滑和维护是保证机床精度、寿命和提高生产率的必要条件。

　　注意　机床的维护人员须经过本公司的专业培训。

一、机床润滑

　　根据机床的润滑明细表的要求，按时对机床进行润滑和保养，是机床各部件灵活运转的保证。尤其是储丝筒部分，它是整机运转频率最高、速度最快的部件，因此要坚持每班进行润滑。

机床润滑明细表如表 7.21 所示。

7.21　机床润滑明细表

序号	润滑部位	润滑剂品牌号	润滑方式	润滑周期	更换周期
1	工作台横向、纵向导轨	锂皂基 2 号润滑脂	油枪注射	每半年一次	大修
2	工作台横向、纵向丝杠	锂皂基 2 号润滑脂	油枪注射	每半年一次	大修
3	滑枕上下移动导轨	40 号机油	油杯	每月一次	
4	储丝筒导轨	40 号机油	油枪注入	每班一次	
5	储丝筒丝杠	锂皂基 2 号润滑脂	油枪注入	每班一次	
6	储丝筒齿轮	40 号机油	油枪注入	每班一次	
7	锥度切割装置的导轨副及丝杠	锂皂基 2 号润滑脂	装配时填入	永久性	大修

机床的各部分轴承及立柱的头架在装配时已涂好工业用黄油,在机床修理时更换。

二、工作液的更换

工作液的好坏直接影响加工效率和加工表面粗糙度,因此,经常更换工作液是保证加工正常进行的必要条件。通常情况下,要每周换一次工作液,同时清洗工作台等部位。这样可以保证工作液的低导电率,并有利于在加工中进行排屑,提高生产效率。

三、易损件的更换

导轮、导轮轴承、导电块属于易损件,长期使用会影响加工精度和稳定性,因此应及时更换,FW1 大液箱中第一层海绵过滤(或无纺布)应经常更换。第四层过滤芯更换周期大约为 2～3 个月。

四、机床清洁

应保持机床的清洁卫生,及时将工作液和电腐蚀物去掉,尤其要保持导轮及导电块的清洁,不能让电腐蚀物附在上面,否则将引起电极丝振动。工作结束后应立即将机床擦拭干净,在易蚀表面涂一层机油,并定期进行清理。

机床、电柜外表油漆面不能用汽油、煤油等有机溶剂擦拭,只能用中性清洁剂或水擦拭。

五、走丝机构的安装及调整

1.主导轮

（1）安装（图 7.34）

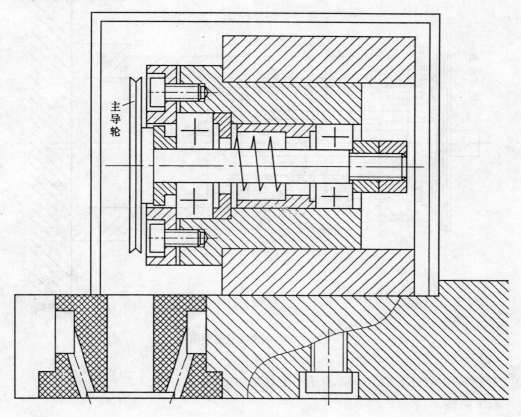

图 7.34　主导轮安装图

（2）要求

导轮转动灵活，无阻卡感觉。有条件时在万能工具显微镜上检查 V 形槽的跳动范围，要求小于 0.007 mm。

（3）调整

主导轮是否合格只能通过加工来验证，若加工（八方）精度在 0.02 mm 左右，可认定是主导轮问题。

调整方法：

① 检查、重装轴承压盖，要求压盖要压平，4 个紧固螺钉（M3）以对角线的顺序逐个拧紧。

② 更换两个轴承。

③ 调整后手推导轮后端的两个 M5 螺母，导轮应有明显的窜动。若无窜动，则将两个 M5 螺母向后移动 1～2 mm，再锁紧；同时检查小轴承在孔内是否能灵活移动，如不能移动，

应更换轴承。

2．辅助导轮

（1）安装（图 7.35）

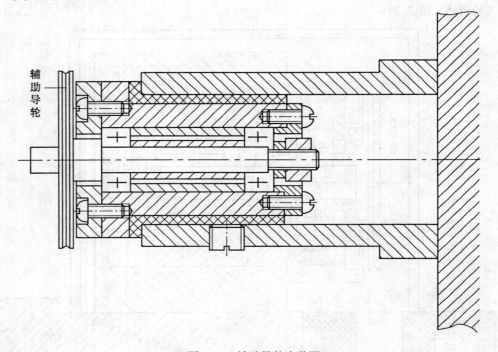

图 7.35 辅助导轮安装图

（2）要求

导轮转动灵活、无阻卡感觉，并有一定的轴向窜动。

（3）调整

若导轮转动不灵活，或噪声偏大，可更换二轴承。

3．小导轨及滑块

（1）安装（图 7.36）

（2）要求

滑块在导轨上移动灵活（手拉），无阻卡感觉。

（3）调整

滑块移动不灵活会直接影响电极丝的张力，影响切割效果，故应经常清洗小导轨滑块，使其保持灵活。清洗方法：先拆下移动板（333004642），再拆下导轨上的三个（M6）紧固螺钉，将导轨与滑块一起放入汽油或煤油中，往复移动滑块进行清洗，最好不要使滑块脱离导轨，以防钢球脱落。一旦钢球脱落，可小心地将滑块从导轨上移出，将钢球装入滑块内的滚道，小心地将滑块重新推入导轨，然后给滑块加机油润滑。

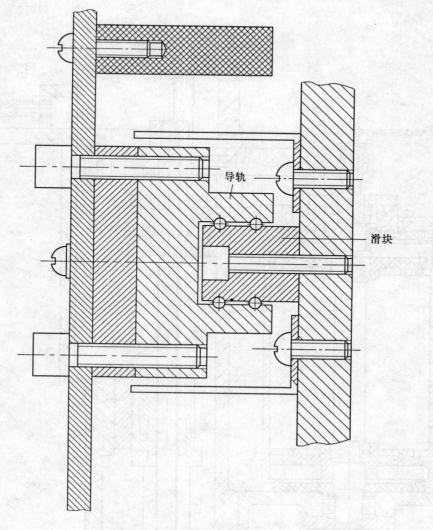

导轨

滑块

图 7.36　小导轨及滑块安装图

4.储丝筒

（1）安装（图 7.37）

（2）要求

① 储丝筒外圆径向跳动:出厂时小于 0.015 mm,使用过程中小于 0.05 mm;

② 丝杠螺母轴向窜动:0.04～0.08 mm;

③ 齿轮及丝杠传动无明显的异常噪声。

（3）调整

储丝筒外圆跳动超差,有条件时,在外圆磨床上重新磨外圆。无条件时,可更换储丝筒组件。

丝杠螺母轴向窜动超差,可重新调整,方法是:松开圆螺母上的 M5 螺钉,右旋螺母,减小窜动量,达到要求后拧紧 M5 螺钉。

储丝筒噪声异常时,可作如下调整:

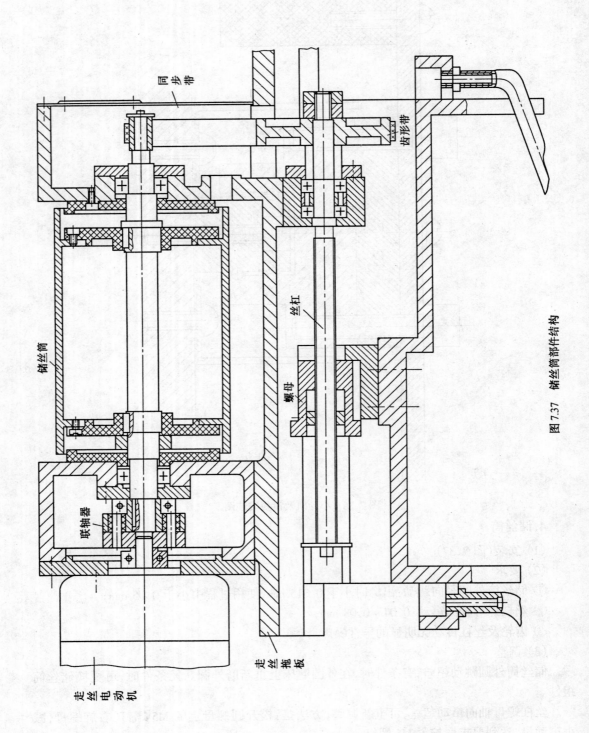

图 7.37　储丝筒部件结构

① 对齿轮、丝杠进行润滑(脂润滑);

② 判断是齿轮还是丝杠的噪声,方法是:拆下螺母(320001547)的紧固螺钉(2 个 M6),转动丝筒,若仍有噪声,就确定是齿轮噪声,若无明显噪声,就确定是丝杠噪声;

③ 作出判断之后可更换齿轮或丝杠螺母,一般情况下,引起噪声的多为齿轮。

六、一般故障的处理

1.加工放电不稳定时

① 材料的影响:一般钢材与特殊材料(如铜等)的切割在稳定性方面有很大区别;

② 放电参数选择的合理性,脉宽与脉间的比例,间隙电压的调整(加大);

③ 切割区电极丝不能有明显的跳动(可重装、清洗及更换主导轮轴承);

④ 丝筒外圆跳动超差(大于 0.05 mm),引起钼丝抖动;

⑤ 各辅助导轮的跳动引起电极丝的抖动(或清洗、重装及更换导轮轴承);

⑥ 张紧导轨滑块移动不灵活,影响(减小)钼丝的张力。

2.加工精度、表面粗糙度达不到要求时

① 切割区电极丝不能有明显跳动;

② 电极丝上下往复运行时,其张力变化应小于 ±10 g;

(检查:储丝筒、各导轮及张力导轮滑块应灵活无阻卡现象)

③ 更换主导轮(上下);

④ 放电参数的选择(对表面粗糙度)应使放电稳定;

⑤ 装夹工件引起的变形;

⑥ 材料的内应力引起的变形;

⑦ 检查工作台移动的精度、反向间隙;

⑧ 更换电极丝,电极丝使用 30~40 h 以上精度变差。

七、加工工艺方面应注意的事项

要想得到好的精度和表面粗糙度(精度 0.015、表面粗糙度 Ra 在 2.5 以下),必须保证机床各部位(包括走丝机构、各导轮、储丝筒、放电参数、工作液等)都处在良好状态条件下,故应经常对机床做好保养调整,使之保持良好的状态。

八、安全装置的检查维护

每月至少检查一次安全保护装置的功能,具体方法如下:

1.急停开关

检查急停开关的功能是否正常,开机,按一下急停开关,检查油泵、控制电动机和电柜电源是否关掉。如果没有关掉,立即通知该公司。

2.操作停止开关(OFF)

检查操作停止开关的功能是否正常,方法是在加工中按一下手控盒上的 OFF 键,检查加工是否停止。

3. 烟雾报警器[＊]

测试:按住方形测试钮并保持 1 s 以上,烟雾报警器会发出清晰的声光警讯;或把烟雾吹入反应腔中,烟雾报警器会发出同样的警讯。

维护:先关闭电源开关,然后用毛刷轻扫灰尘,再启动电源进行测试。

7.6　ISO 代码编程

一、概要

1. 字符集

字符集系统编程中能够使用的字符如下:

数字字符:0 1 2 3 4 5 6 7 8 9

字母字符:A B C D E F G H I J K L M N O P Q R S T U V W X Y Z

特殊字符:＋ － ; /空格.( )

注　本系统编程中,小写英文字母与大写英文字母所表示的意义相同。

2. 字

所谓字,就是一个地址后接一个相应的数据的组合体,它是组成程序的最基本单位,即

$$字 = 地址 + 数据$$

例如,G00、M05、T84、G01、X17.88 等。

3. 地址

所谓地址,是由字母(A～Z)与其后的数字、代码组成,开头的字母决定附在其后的数据或代码的意义。本系统中可用的地址和意义如表 7.22 所示。

表 7.22　本系统中可用的地址和意义

地　址	意　　义	地　址	意　　义
N,0	顺序号	A	指定加工锥度
G	准备功能	RI,RJ	图形旋转的中心坐标
X,Y,Z U,V,W	表示轴移动的尺寸	M	辅助功能
I,J,K	指定圆弧中心坐标	C	指定加工条件
T	机械设备控制	RX,RY	图形或坐标旋转的角度(X、Y轴)
D,H	偏移量指定	RA	图形或坐标旋转的角度
P	指定子程序调用	R	转角 R 功能
L	指定子程序调用次数		

4. 代码与数据

代码和数据的输入形式如下:

C:表示加工条件号,其后可接三位十进制数,有 C000 ～ C039 共 40 种不同的加工条件。

例如,C000、C039、C009

　　D/H:指定偏移量值代码,其后可接三位十进制数,每一个变量代表一个具体的数值,共有 H000 ~ H099 共 100 种。D/H 代码的取值范围为 ± 99999.999 mm 或 ± 9999.9999 in。例如,H000、H009

　　G:准备功能,其后接二位十进制数,可表示直线或圆弧插补。例如,G00、G01、G02、G54、G17 等。

　　I、J、K:表示圆弧中心坐标,其后数据可以在 ± 99999.999 mm 或 ± 9999.9999 in 之间。例如,I5、J10。

　　L:子程序重复执行次数,后可接 1 ~ 3 位十进制数,最多可调用 999 次。例如,L5、L99。

　　M:辅助机能代码,如 M00、M02、M05 等,其后接二位十进制数。

　　N/O:程序的顺序号,其后接四位十进制数,最多可有 N9999 共 1 万段程序。例如,N0000、N1000 等。

　　P:指定调用子程序的序号,其后接四位十进制数。例如,P0001、P0100。

　　T:表示一部分机床控制功能,后接二位十进制数。例如,T84、T85 等。

　　X、Y、Z、U、V、W:坐标值代码,用以指定坐标移动的数据,其后接的数据在 ± 99999.999 mm 或 ± 9999.9999 in 范围内。

　　A:指定加工锥度,可输入 0。其后跟一 0.000 ~ 3.000 范围内的数。

　　SF:变换加工条件中的 SF 的值,其后接一位十进制数。

　　R:转角 R 功能,后接的数据为所插圆弧的半径,最大为 99999.999 mm。

5.坐标系

　　本系统中有两种坐标系,绝对坐标系和增量坐标系。所谓绝对坐标系,即每一点的坐标值都是以所选坐标系原点为参考点而得出的值。所谓增量坐标系,则是指当前点的坐标值以上一个点为参考点而得出的值,两种方式可用图 7.38 表示:在坐标系中,由点 A 运动到点 B,在不同方式下程序如下:

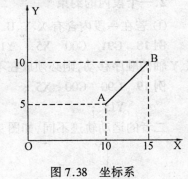

图 7.38　坐标系

　　绝对方式:G90　G92　X10.Y5.;;G01　X15.Y10;
　　增量方式:G91　G92　X0.Y0.;G01 X5.Y5;

6.关于注释

　　在"("和")"之间的字符为 NC 程序的注释部分,它不是执行对象,仅表示对该 NC 程序的注释和说明。

　　例 17　(Main Program);　　　　　　　　　　　(主程序)　　　　　　　注释
　　G90　G92　X0　Y0;
　　M98　P0010;
　　G05;(X Mirror Image ON);　　　　　　　　　　(X 镜像 ON)　　　　　注释
　　M98　P0010;
　　G06;(Y Mirror Image ON);　　　　　　　　　　(Y 镜像 ON)　　　　　注释
　　M98　P0010;

G09；（Mirror Image Cancel）　　　　　　　（取消镜像）　　　　　　　　注释
M02；
；
（Sub program）　　　　　　　　　　　　（子程序）　　　　　　　　　注释
N0010；
G41 H000；
G01　X5.Y10.；
X15.；
G03　X23.6602　Y25.0　I8.66　J5.0
G01　X5.；
　　X10.；
G40　X0.Y0；
M99；

二、段

1.定义

所谓段，就是由一个地址或符号"/"开始，以"；"结束的一行程序。一个 NC 程序由若干个段组合而成。

2.一个段内的约束

① 若在一段内含有 X、Y、U、V 轴中的任意两个或多个，依据代码，可多轴同时处理。

例 18　G91　G00　X5.　Y15（图 7.39）（表示 X、Y 轴同时移动 5 mm 和 15 mm），若要按 X、Y 轴的顺序移动，则必须放在不同的段中。

例 19　G90　G00　X5.；
　　　　　　　Y15.；

二者的运动轨迹不同，如图 7.40 所示。

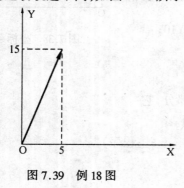
图 7.39　例 18 图

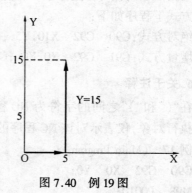
图 7.40　例 19 图

② 在一个段内不能有两个运动代码，否则将会出错。
例如，G00　X10　Y－10.；则出错
应为：G00　X10.；
　　　G01　Y－10；

③ 在同一个段中,若有相同的轴标志,则会出错。

例如,G01 X10. Y20. X40.出错

三、顺序号

所谓顺序号,就是加在每个程序段前的编号,可以省略。顺序号由 N 或英文字符 O 开头,后接四位十进制数,以表示各段程序的相对位置,这对查询一个特定程序很方便,使用顺序号有以下两种目的:

(1) 用作程序执行过程中的编号

(2) 用作调用子程序时的标记编号

例 20 N0000;

G90 G54 G92 X0. Y0.;

T84;

C000;

M98 P0010;

C010;

M98 P0020;

T85;

M05 G00 Z10.;

M02;

;

N0010;…子程序标记号

G01 X0;

M99;

;

N0020;(图 7.41)

G02 X10. I5.;

G02 X5. I－2.5;

G03 X0 I－2.5;

M99;

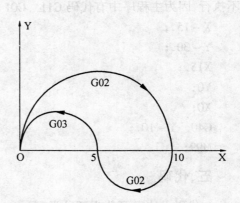

图 7.41 子程序 N0020 的图形

四、段跳过指令"/"

当在设定标志模式中,"SKIP"的状态为 ON,或者使用了 G11 代码时,在段首置有"/"标志的程序段将不执行,即自动跳过该程序段。当"SKIP"为 OFF 或者使用了 G12 时,则执行此段程序。

注 "/"只能位于一个段的段首。

例 21 N0000;

G90 G54 G92 X0 Y－10.;

G12;

G42 H001;

M98　P0030;

G11;

G41　H002;

M98　P0030;

M02;

;

N0030;(图 7.42)

/G01　X - .;…该程序段在第二次调用时不执行,因为主程序中有代码 G11　G01　Y0;

X - 15.;

Y - 30.;

X15.;

Y0;

X0;

G40　Y - 10.;

M99;

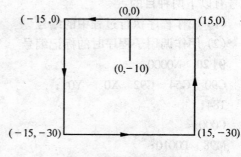

图 7.42　N0030 的图形

五、代码

G 代码大体上可分为两种类型:

① 只对指令所在程序段起作用,称为非模态,如 G80、G04 等。

② 直到同一组中其它 G 代码出现前,这个 G 代码一直有效,称为模态。

例如

G00　X10.;⎫
　　　Y10.;⎬ - G00 一直有效
　　　　　⎭

G01　X20.;　　　G01 有效;

详细情况如表 7.23 所示。

表 7.23　G 代码一览表

G 代码	功　　能	属　　性
G00	快速移动,定位指令	模态
G01	直线插补	模态
G02	顺时针圆弧插补指令	模态
G03	逆时针圆弧插补指令	模态
G04	暂停指令	
G05	X 镜像	模态
G06	Y 镜像	模态

续表 7.23

G 代码	功　能	属　性
G07	Z 镜像	模态
G08	X—Y 交换	模态
G09	取消镜像和 X—Y 交换	模态
G11	SKIP ON(打开跳转)	模态
G12	SKIP OFF(关闭跳转)	模态
G25	回指定坐标系的原点	
G26	图形旋转 ON(打开)	模态
G27	图形旋转 OFF(关闭)	模态
G28	尖角圆弧过渡	模态
G29	尖角直线过渡	模态
G20	英制	模态
G21	公制	模态
G30	取消 G31	模态
G31	延长给定距离	模态
G34	开始减速加工	模态
G35	取消减速加工	模态
G36	取消 G37	模态(新增)
G37	在拐点延长给定距离	模态(新增)
G40	取消补偿	模态
G41	电极左补偿	模态
G42	电极右补偿	模态
G50	取消锥度	模态
G51	左锥度	模态
G52	右锥度	模态
G54	选择工作坐标系 1	模态
G55	选择工作坐标系 2	模态
G56	选择工作坐标系 3	模态
G57	选择工作坐标系 4	模态
G58	选择工作坐标系 5	模态
G59	选择工作坐标系 6	模态
G60	上下异形 OFF	模态

续表 7.23

G 代码	功　　能	属　　性
G61	上下异形 ON	模态
G74	四轴联动打开	模态
G75	四轴联动关闭	模态
G80	移动轴直到接触感知	
G81	移动到机床的极限	
G82	移动到原点与现在位置的一半处	
G90	绝对坐标指令	模态
G91	增量坐标指令	模态
G92	指定坐标原点	

1.G00(定位、移动轴)

G00 代码为定位指令,用来快速移动轴。执行此指令后,不加工而移动轴到指定的位置。

指令格式:N＊＊＊＊　　G00{轴 1}±{数据 1}＋{轴 2}±{数据 2}

可以是一个轴移动,也可以是两个轴移动。

例 22　G00　X10.;(图 7.43)

例 23　G00　X10.　Y20.;(图 7.44)

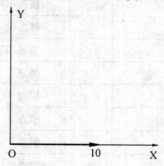

图 7.43　一个轴移动

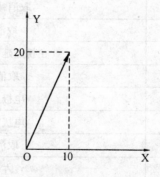

图 7.44　两个轴移动

例 24　出错情形:G00　X10.0　X20.0;

同一个段中有两个 X 轴标志。

注意　轴标志和它后面的数据之间不能有空格或其它字符,否则认为出错,数据为正时,"＋"号可以省略。

例 25　出错情形:G00X　10.;

　　　　　　↓

出错,轴标志和数据之间有空格

　　　G00 XA10.;

　　　　　　↓

出错,轴标志和数据之间出现别的字符

2. G01（直线插补）

用 G01 代码，可指令各轴直线插补加工。

格式：G01{轴}±{数据}

其后最多可以有四个轴标志和四个数据，可进行单轴、双轴及四轴直线插补加工。

例 26　单轴加工 C000　G01　X10.（图 7.45）

例 27　双轴加工 C010　G01　Y60.　X70.（图 7.46）

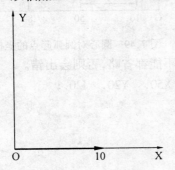

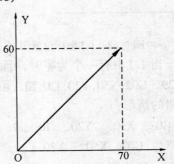

图 7.45　单轴加工　　　　　　　　图 7.46　双轴加工

注意　每个轴标志和后面的数据之间不能有空格或其它字符，若数据为正数，"＋"号可以省略。

3. G02、G03（圆弧插补指令）

G02、G03 代码用于指令任意坐标的圆弧插补加工。

编程格式（图 7.47）：

{平面指定} 旋转方向 {终点位置}

{从起点开始的圆弧中心的增量型坐标}

G02/G03　X－Y－I－J－（G17）

G02：表示顺时针方向加工

G03：表示逆时针方向加工

G17 从 Z 轴正向看：

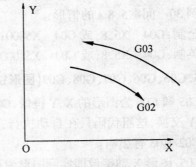

图 7.47　顺时针方向和逆时针方向

终点位置用 X、Y 坐标表示，对应于 G90、G91 分别用绝对、增量来表示，在用增量坐标时（G91），终点坐标是相对于圆弧起点的坐标值。圆心坐标相对于 X、Y 轴分别用 I、J 表示，它是一组增量坐标，如图 7.48 表示。

例 28　如图7.49所示轨迹的程序为

G92　X10.　　Y20.；

G90　G02　　X50.0　Y60.0　I40.0

G03　X80.0　Y20.0　I30.0

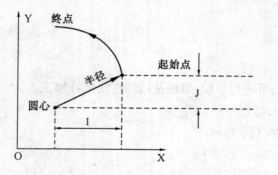

图 7.48　I、J 坐标位置图

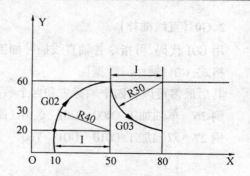

图 7.49　圆心对圆弧起点的坐标 I

注　当 I、J 中有一个为零时,可以省略不写,但不能都省略,否则会出错。

例 29　G02,X50.Y20.I20.J0.;可省略为:G02　X50.　Y20.　I20.;

出错的情形:

将:G02　X50.　Y20.　I0　J0;

省略为:G02　X50.　Y20.;

4.G04(停歇指令)

指令格式:G04　X_;

G04 指令能使你执行完该指令的上一个程序段后,暂停一段,再执行下一个程序段,X 后面所跟的数即为要停止的时间,单位为秒,最大暂停时间为 99999.999 s。

例 30　间歇5.8 s 的情形:

公制:G04　X5.8;或 G04　X5800;

英制:G04　X5.8;或 G04　X58000;

5.G05、G06、G07、G08、G09(图形镜像、X－Y 交换、镜像、交换撤消)

G05 和 G06 为图形的 X、Y 镜像,G08 为图形关于 X、Y 交换,G09 为取消图形镜像和图形的 X、Y 交换,这组代码只在自动执行方式下起作用,在手动方式下不起作用,即只对 G00、G01、G02/G03 有影响。

G05:图形 X 轴镜像即实际图形为程序轨迹关于 Y 轴的对称图形(图 7.50)。也就是说在实际走的轨迹中,X 值为程序中 X 值的相反数。

G06:图形 Y 轴镜像,即实际图形为程序轨迹关于 X 轴的对称图形(图 7.51)。

例 31　直线插补的镜像图形(图 7.50 及图 7.51)。

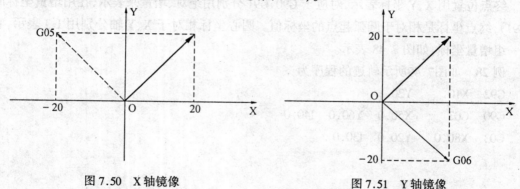

图 7.50　X 轴镜像　　　　　　　　　图 7.51　Y 轴镜像

例 32　圆弧插补的对称图形(图 7.52(a)及图 7.52(b))。

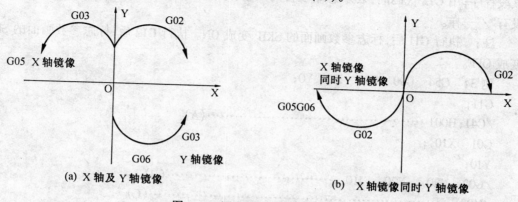

(a) X 轴及 Y 轴镜像　　　　　　　　(b) X 轴镜像同时 Y 轴镜像

图 7.52　圆弧插补的镜像图形

注：

① 对圆弧插补来说,X 镜像和 Y 镜像后 G02 变成了 G03,G03 变成了 G02,X、Y 同时镜像后,则不变;

② X 轴和 Y 轴同时镜像,请使用 G05、G06 代码,即 X 轴镜像后再 Y 轴镜像,也可用 G06、G05 代码,Y 轴镜像后再 X 轴镜像,二者结果相同;

③ 取消图形镜像请用 G09 代码;

④ 在用 G05、G06、G07、G08 这几组代码时,程序中 X、Y 坐标值不能省略。

如：G05

G01　　X10.0　　Y0

G01　　X0.0　　Y10.0

G08：图形 X、Y 轴交换(图 7.53),即程序中的 X 轴实际走 Y 轴,程序中的 Y 轴实际走 X轴。

例 33

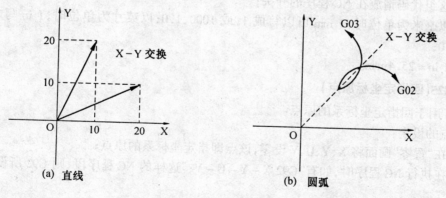

(a) 直线　　　　　　　　　　　　(b) 圆弧

图 7.53　X、Y 轴交换

注　取消图形 X－Y 交换,请用 G09 代码。

6. G11、G12(跳段)

G11、G12 和在标志参数栏中的跳段 ON/OFF 设定起相同的作用,它决定对段首有"/"的程序段是否忽略,即跳过。当用 G11 代码时,表示要跳过段首有"/"的程序段,而不去执行该段程序;用 G12 代码时,表示忽略段首的"/"符号,即段首有"/"的程序段照常执行,就像没有"/"一样。

注: 执行 G11 后,标志参数画面的 SKIP 变成 ON。执行 G12 后,标志参数画面的 SKIP 变成 OFF。

例 34 G54　G90　G92　X0　Y0;

G11;

/G41;H001··(A)

G01　X10.;

Y10;

/G02　X20.　Y20.　I10.;······················(B)

/M00;··(C)

G01　Y30.;

X0;

G40　G01　Y0;

M02;

上述程序中(A)、(B)、(C)程序段将不执行。

7.G20、G21(单位选择)

G20、G21 这组代码决定在输入移动或加工尺寸时,是以英寸还是以公制(毫米)为单位(表 7.24)。

表 7.24　单位选择

G20	以英寸为单位
G21	以毫米为单位

注:

① 这组代码请放在 NC 程序的开头;

② 以毫米为单位时,1 mm 可以写成 1,或 1000、1.0;以英寸为单位时,1 in 写成 1,或 10000、1.0;

③ 1 in = 25.4 mm。

8.G25(回指定坐标原点)

G25 用于回指定坐标系的原点。

原点的设定:

① 在"置零"画面将 X、Y、U、V 设零,该点即指定坐标系的原点;

② 在执行 NC 程序时,如有"G92 X－Y－U－V;"这样的 NC 程序段,则 G92 所设坐标为原点。

G25 所回原点为最近一次所设原点。

如在 NC 程序中要回 G58 所设原点,则用:

G58;

G25;

即回到 G58 坐标系的原点。回原点顺序为 X、Y、U、V 轴。

同样可用手动"起点"功能回到最近一次所设的该坐标系的原点。

9. G26、G27(图形旋转)

G26、G27 代码决定是否进行图形旋转(表 7.25),所谓图形旋转是指编程轨迹绕 G54 坐标系原点旋转一定的角度。

表 7.25　旋转打开或取消

G26	旋转打开
G27	旋转取消

由 RA 直接给出旋转角度,单位为度,如图 7.54 所示。

RA60;···图形旋转 60℃(图 7.54)。

G26;

取消图形旋转请用 G27 代码。

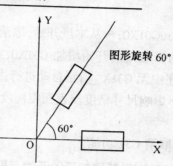

图 7.54　图形旋转 60°

10. G28、G29(尖角过渡策略)

G28、G29 代码用来选择尖角处理时的过渡策略(表 7.26)。

表 7.26　尖角过渡代码

G28	尖角圆弧过渡(图 7.55(a))
G29	尖角直线过渡(图 7.55(b))

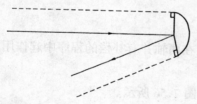

(a)　尖角圆弧过渡

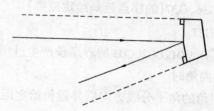

(b)　尖角直线过渡

图 7.55　尖角过渡

尖角圆弧过渡即在尖角处加一个过渡圆,尖角直线过渡即在尖角处加三段直线,以确保尖角不受损伤。

注:

① 尖角过渡缺省为圆弧过渡,即一开机后自动设为圆弧过渡;

② 当补偿值为 0 时,尖角过渡无效,即无尖角过渡。

11. G30、G31(延长指定距离)(表 7.27)

表 7.27　延长指定距离代码

G31	在 G01 的直线段的终点按该直线方向延长给定距离
G30	取消 G31

格式：G31X ＿＿

X 后的数为要延长的距离，该距离为大于或等于零的数，与坐标数据一致。

如 G31X30；表示要延长 30 μm。

G31 应放在要延长的直线段的开始。

如：G01X0；

　　G41H000；

　　G31X1.0X10.0Y10.0；→从本段开始，每段线段的终点延长 1.0 mm。

　　⋮

　　G30G01X0；→从本段开始，取消延长。

　　当在 NC 程序的开始增加 G31X0，则对于直线及圆弧均不进行内角/外角的特殊处理。如 NC 程序中无 G31X ＿＿，则自动进行内角/外角的缺省处理，这样所加工工件会有较明显的痕迹，但不影响尺寸精度及表面粗糙度，其尖角比较好。在 NC 程序中如无 G31，则用缺省处理方式。

G30：取消 G31 功能。

12. G34、G35（减速加工的开始与取消）

G34：自 G01/G02/G03 结束前 3 mm 处，开始减速加工直到该段结束。

G35：取消 G34 的减速加工。

注　如 NC 程序中无 G34/G35，则缺省为取消减速加工。

13. G36、G37（的拐点延长给定距离）

（1）G37

为了在 G01、G02、G03 的程序段产生过切，但只在两轴并有补偿的程序中起作用。

（2）内角时

沿拐角的角平分线方向向外延长给定距离，如图 7.56 所示。

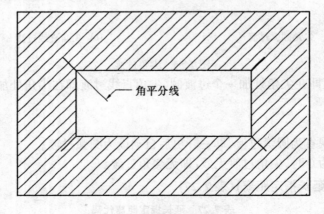

图 7.56　拐点延长给定距离

（3）外角时（图 7.57 及图 7.58）

当外角为钝角时，沿直线端的终点方向或圆弧切线方向延长给定距离；当外角为锐角时,按照前面尖角直线过渡的方法处理。

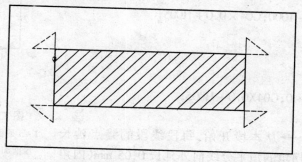

图 7.57　直线外角示意图(外角大于等于 90 的°情形)

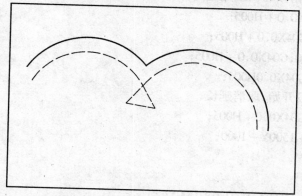

图 7.58　圆弧外角示意图(圆弧与圆弧相交且外角大于等于90°的情形)

（4）G36 取消 G37

G36、G37 的格式：

G36;

G37X __［T __］;

注意

① ［　］中的内容是可选项,即指令可为:G37X __ 或 G37X __ T __;

X 后的数为要延长的距离,该距离为大于零的数,在切内角时,要注意延长的距离不能太大,根据精度要求给定延长距离或钼丝的半径。T 后的数是在过切开始之前及过切过程中每条线段端点处的暂停时间,过切后无暂停。

② 若获得比较好的清角效果,还须与其它方面配合。例如,适当增加张力,采用细丝和根据工件高度调整合适的暂停时间［在试验中曾经加工 20 mm 高度的工件时,采用细丝 $\phi0.15$ mm、静张力 1 250 g($\phi0.2$ mm 丝的配重)和暂停时间 8 s(工件越厚,暂停时间越长),获得较好的清角效果］。

建议 $\phi0.12 \sim 0.15$ mm 丝均使用同样的重锤。

G37、G36 应放在程序面上(图 7.59)。且若有过切指令 G37 时,在退出程序面之前一定要有 G36 指令,以取消过切指令。如:

H000 = + 00000000　　　　　　H001 = + 00000110;

H005 = + 00000000;T84 T86 G54 G90 G92X + 1500Y − 1500;

C007;

G01X + 1500Y − 1000;G04×0.0 + H005;

G41H000;

C004;

G41H000;

G01X + 1500Y + 0;G04X0.0 + H005;

G41H001;

G37X0.05T5;⟶从本段开始,每段线段的终点延长

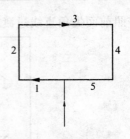

图 7.59 加 G37 和 G36
1~5 是程序面段,可在 1~4 程序
段前加 G37 指令,在 1~5 程序
段前加 G36 指令

0.05 mm或在终点拐角的角平分线向外延长 0.05 mm(内角
按角平分线处理,外角按延长线处理)。

X + 0Y + 0;G04X0.0 + H005;

X + 0Y + 3000;G04X0.0 + H005;

X + 3000Y + 3000;G04X0.0 + H005;

X + 3000Y + 0;G04X0.0H005;

G36;⟶从本段开始,取消延长

X + 1500Y + 0;G04X0.0 + H005;

G40H000G01X + 1500Y − 1000;

M00;

C007;

G01X + 1500Y − 1500;G04X0.0 + H005;

T85 T87 M02;

注意 当在 NC 程序中增加 G37X0 时,则对于直线及圆弧均不进行内角/外角的特殊处理。若 NC 程序中有 G37X __[T __]指令时,则自动进行清角处理(X 值必须不为零),这样所加工工件会有较明显的痕迹,但不影响尺寸精度及表面粗糙度,其尖角比较好。在 NC 程序中如无 G37,则用缺省处理方式。

13. G40、G41、G42(补偿和撤消补偿)

电极补偿功能就是电极中心轨迹在编程轨迹上进行一个偏移,偏移的大小等于电极半径加上放电间隙,它可以向电极前进方向的左边(G41)或电极前进方向的右面(G42)进行补偿(表 7.28)。

表 7.28 补偿和撤消补偿

G40	取消电极补偿
G41	电极左补偿
G42	电极右补偿

左补和右补的情形如图 7.60 所示。

(1)补偿值(D,H)

补偿值可以通过三位十进制的补偿值代号来进行指定,即 H ***,每一个补偿号对应一个具体的补偿值,它存于"offset sys"文件中,一开机自动调入机器中,补偿值代号从 0~99 共 100 种,范围为 0.001 ~ 99999.999 mm,用户也可以通过:H *** = ____格式为某个补偿

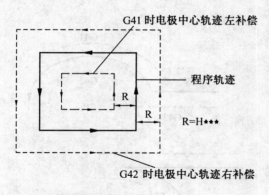

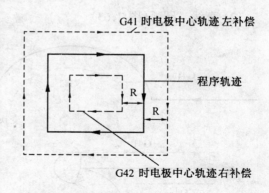

(a)　逆时针方向切割　　　　　　　　(b)　顺时针方向切割

图 7.60　左补偿和右补偿

号赋予一个定值。

（2）补偿开始的情形

从无补偿到有补偿的第一个运动程序段，称为补偿的初始建立段，如图 7.61 所示。

在第 Ⅰ 段中，无实偿，电极丝中心轨迹与编程轨迹重合，第 Ⅱ 段中，补偿由无到有，称为补偿的初始建立段，第 Ⅲ 段中，补偿一开始即已存在，故称为补偿进行段。

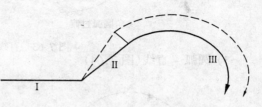

图 7.61　从无补偿到有补偿

注意　在补偿初始建立段中，规定运动指令只能是直线插补。不能有圆弧插补指令，否则会出错。

（3）补偿进行中的情形

以左补偿为例，右补偿同理。

1）直线 – 直线（图 7.62）

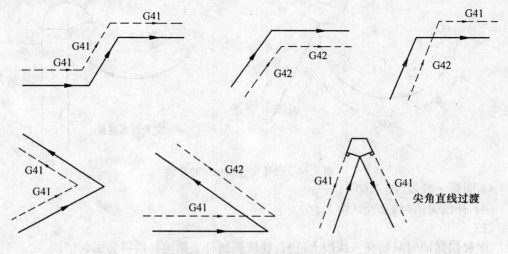

图 7.62　直线与直线相交的补偿

2) 直线 – 圆弧(图 7.63)

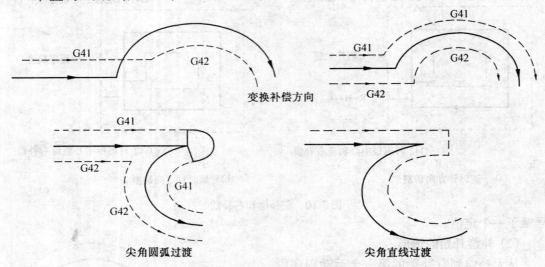

图 7.63　直线与圆弧相交的补偿

3) 圆弧 – 直线(图 7.64)

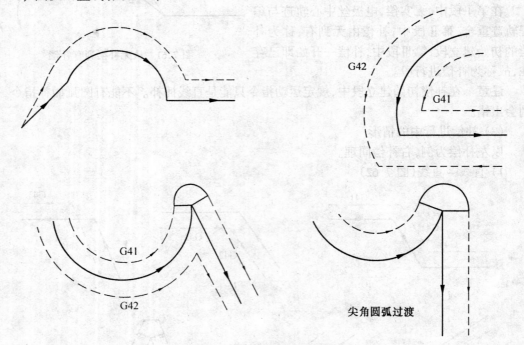

图 7.64　圆弧与直线相交的补偿

4) 圆弧 – 圆弧(图 7.65)

(4) 补偿撤消时的情形(图 7.66)

注:

① 补偿撤消时只能在直线段上进行,在圆弧插补上撤消补偿将会引起错误。

例:G40　G01　X0;(正确)

出错例:G40　G02　X20.　Y0　I10.　J0;

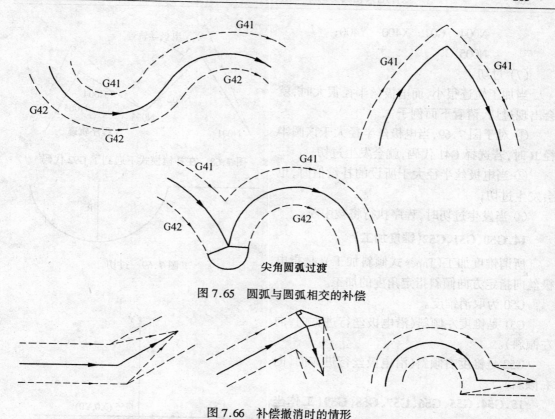

图 7.65　圆弧与圆弧相交的补偿

图 7.66　补偿撤消时的情形

② 补偿撤消用 G40 代码控制，当补偿值为零时，系统会像撤消补偿一样处理，即从电极丝当前点直接运动到下一个点，但补偿模式并没有被取消。

（5）改变补偿方向

当在补偿方式上改变补偿方向时（由 G41 变为 G42，或由 G42 变为 G41），电极丝由第一段补偿终点插补轨迹直接走到下一段的补偿起点。如图 7.67 所示。

```
G90  G92  X0  Y0;
G41  H000;
G01  X10;
G01  X20;
G42  H000;
G01  X40;
    ⋮
```

（6）补偿模式下的 G92 代码

在补偿模式下，如果程序中遇到了 G92 代码，那么补偿会暂时取消，在下段时像补偿起始建立段一样再把补偿值加上，如图 7.68 所示。

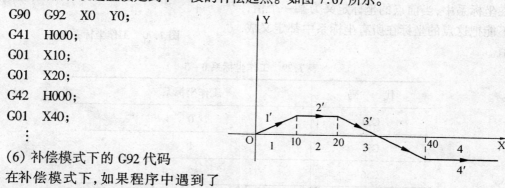

图 7.67　改变补偿方向

例 35　N001　G41　H000　G01　X300　Y900；
　　　　N002　　　　　　　　X300　Y600；
　　　　N003　G92　X100　Y200；

N004　G01　X400　Y400;

N005

（7）过切

当加工轨迹很小,而电极丝半径很大时,就会出现过切,请看下面例子:

① 对于图 7.69,当电极丝半径大于该圆半径 R 时,若选择 G41 代码,就会发生过切;

② 当电极丝半径大于所设的补偿值时,也会发生过切;

③ 当发生过切时,程序执行将被中断。

14.G50、G51、G52（锥度加工）

所谓锥度加工（Taper 式倾斜加工）,是指电极丝向指定方向倾斜指定角度的加工。

G50 为取消锥度。

G51 是锥度左倾斜（沿电极丝行进方向,向左倾斜）。

G52 是锥度右倾斜（沿电极丝行进方向,向右倾斜）。

15.G54、G55、G56、G57、G58,G59（工作坐标系 0 ～ 5）

这组代码用来选择工作坐标系 0 ～ 5（图 7.70 及表 7.29）,共有 6 个坐标系可被选择,定义坐标系主要是为了编程方便。这组代码可以和 G92 一起使用,G92 代码只能把当前所在坐标系中,当前点的坐标定义为某一个值,但不能把这点的坐标在所有坐标系中都定义成该值。

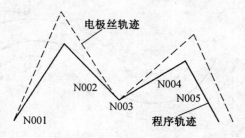

图 7.68　在补偿模式下遇到了 G92 代码

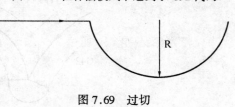

图 7.69　过切

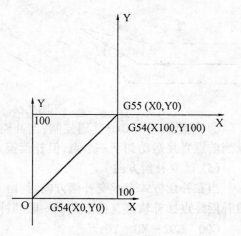

图 7.70　工作坐标系 0 ～ 1

表 7.29　工作坐标系 0 ～ 5

代　码	工作坐标系
G54	0
G55	1
G56	2
G57	3
G58	4
G59	5

例 36　G92　G54　X0　Y0;

　　　　　G00　X100　Y100;

　　　　　G92　G55　X0　Y0;

对于例 36,首先把当前点定义为工作坐标系 0 的零点,然后将 X、Y 轴都快速移动 100 μm,并把该点定义为工作坐标 1 的零点(图 7.70)。

注　一开机后系统自定义为 G54 坐标系,并一直有效。

16. G60 G61(上下异形)

工件的上面形状和下面形状不同时,根据编程的要求对工件上、下面实施不同形状的加工。

G60 为上、下异形关闭,G61 为上、下异形打开。在上、下异形打开时,不能用 G74、G75、G50、G51、G52 等代码。

上面形状代码与下面形状代码的区分符号为":",":"在左侧为下面形状,":"右侧为上面形状。上、下异形程序举例如下。

例 37

G92　XYUV;

H002 = .323;

C034;

M98　P1111;

M02;

;

N1111　G61　G41　H002;

G01　X0　Y10.	: G01　X0　Y10.0;
G02　X – 10.　Y20.　I0　J10	: G01　X – 10.　Y20.　R5.;
X0　Y30.　I10.　J0	：　X0　Y30.　R5.
X10.Y20.　J – 10.　I0	：　X10.　Y20.　R5.;
X0　Y10.　I – 10.　J0	：　X0　Y10.;

G40;

| G01　Y0 | :G01　Y0; |

G60;

M99;

例 38

G92　X0　Y – 300.U0　V0;

H000 = 300;

M98　P0010;

M02;

;

N0010　G61　G42　H000;

| G01　X0　Y – 250. | :G01　X0　Y – 250.; |
| G01　X0　Y – 200. | :G01　X0　Y – 150.0; |

G03	X76.537	Y – 184.776	I0	J200.	:G01　X76.537　Y – 184.776;
	X141.421	Y – 141.421	I – 76.537	J184.776	:X106.066　Y – 106.066;
	X184.776	Y – 76.537	I – 141.421	J141.421	:X184.776　Y – 76.537
	X200.Y0		I – 184.776	J76.537	:X150.　Y0;
	X184.776	Y76.537	I – 200.	J0	:X184.776　Y76.537;
	X141.421	Y141.421	I – 184.776	J – 76.537	:X106.066　Y106.066;
	X76.537	Y184.776	I – 141.421	J – 141.421	:X76.537　Y184.776;
	X0	Y200.	I – 76.537	J – 184.776	:X0　Y150.;
	X – 76.537	Y184.776	I0	J – 200.	:X – 76.537　Y184.776;
	X – 141.421	Y – 141.421	I76.537	J – 184.776	:X – 106.066　Y106.066;
	X – 184.776	Y76.537	I141.421	J – 141.421	:X – 184.776　Y76.537;
	X – 200.	Y0	I184.776	J – 76.537	:X – 150.　Y0;
	X – 184.776	Y – 76.537	I200.J0		:X – 184.776　Y – 76.537
	X – 141.421	Y – 141.421	I184.776	J76.537	:X – 106.066　Y – 106.066;
	X – 76.537	Y – 184.776	I141.421	J141.421	:X – 76.537　Y – 184.776;
	X0	Y – 200.	I76.537	J184.776	:X0　Y – 150.;

G40;
G01　X0　Y – 300. 　　　　　　　　　　　　:G01　X0　Y – 300. ;
G60;
M99;

17. G74、G75(四轴联动)

根据所指定 X、Y、U、V 四个轴的数据,可加工工件上、下面的不同形状。

G74 为四轴联动打开,G75 为四轴联动关闭。

注　四轴联动仅支持直线插补代码 G01。不支持的代码有 G02、G03、G50、G51、G52、G60、G61。

四轴联动绝对坐标方式程序举例(图 7.71):

G92　X0　Y – 10;

G41　H000;

G74;　(四轴联动打开)

G01　Y0;

X10. ;

Y10. 　U – 3. 　V – 4. ;

X5.U0　V0;

X0　U3. 　V – 4. ;

Y0　U0　V0;

G75;　(四轴联动关闭)

G40　Y – 10;

M02;

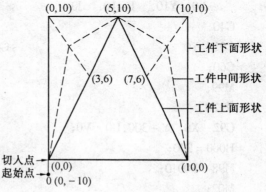

图 7.71　四轴联动加工图形

18. G80（接触感知）

格式：G80 轴 + 方向

执行该代码可以命令指定轴沿给定方向前进，直到和工件接触为止。

例 39 G80 X-；

电极丝将向 X 轴负方向前进，直到接触到
工件，然后停在那儿。当电极丝接触到工件时，
接触动作重复执行预先给定的次数，每次接触
工件后会回退一小段距离，再去接触，直到重复
给定次数后才停下来，实际动作如图 7.72 所
示。

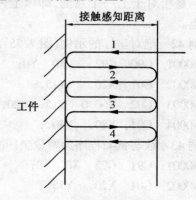

图 7.72　接触感知图形

电极丝以一定速度（感知速度）接近工件
时，感知后并不立即停在此处，而是回退一个距
离（ST-Backdistance），再向工件接触感知，再回
退，如是 ST-Times 次后，方停在感知处，确认为
已找到了接触感知点。其中三个参数可在参数模式的机床子方式下进行设定，它们是：

感知速度：即接触感知的速度最大为 255，该数越大，速度越慢。

ST-Backdistance：即回退长度，单位为 μm。

ST-Times：接触感知次数，最大为 127 次，一般设为 4 次。

注 方向选择中，正方向用"+"，负方向用"-"，用"+"不能省略。

19. G81（回机床极限）

格式：G81 轴 + 方向

执行该代码，机床移动到指定轴方向的机床极限位置。

例 40 G81 Y-；机床移动到 Y 轴负极
限，然后停止。回极限的进程如图 7.73 所示。

由图 7.73 可以看出，碰到极限后并不立即
停止，而是减速，冲过一定距离返回起始点，再
次到达极限点，方才停止。

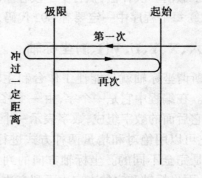

图 7.73　回机床极限

20. G82（回到当前位置与零点的一半处）

执行该代码，电极丝移动到指定轴当前位
置与开始位置的一半处。

格式：G82 + 轴

例 41 N0001　G92　G54　X0　Y0；

　　　　N0002　G00　X100　Y100；

　　　　N0003　G82　X；

它的运动过程如图 7.74 所示。

21. G90（绝对坐标命令）、G91（增量坐标命令）

G90：绝对坐标编程指令，执行了此代码后，所有坐标值都以绝对方式进行输入，即坐标

值是以工作坐标系的零点为参考点计算的。

G91:增量坐标输入指令,执行此代码后,所有坐标值的输入都以增量方式进行,即当前点的坐标是相对于上一个点的,即以上一个点为参考点。

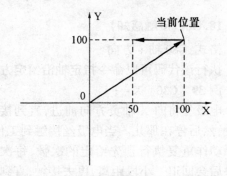

例 42　绝对坐标的示例(图 7.75)。

N0001　G90　G92　　X0　Y0;

N0002　G01　X20.　Y15.;

N0003　G02　X60.0　Y15.　I20.　J0;

N0004　G01　X80.　Y30.;

图 7.74　回到当前位置与零点的一半处

例 43　改写例42程序为增量坐标图 7.75。

N0001　G91　G92　　X0　Y0;

N0002　G01　X20.　Y15.;

N0003　G02　X40.0　I20.;

N0004　G01　X20.　Y15.;

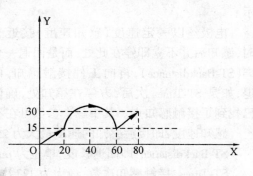

22.G92(设置当前点的坐标值)

G92 代码把当前点的坐标设置成你需要的值。

例如,G92　X0　Y0;…把当前点的坐标设置为(0,0)。

图 7.75　例 42 和例 43 的图形

例如,G92　X10　Y0;…把当前点的坐标设置为(10,0)。

注意

① 在补偿方式下,如果遇到 G92 代码,会暂时中断半径补偿功能,即每执行一次 G92,相当于撤消一次补偿,执行下一段程序时,再建立一次补偿;

② 每个程序中一定要有 G92 代码,否则可能会发生不可预测的错误。

六、X、Y、U、V(I、J)坐标轴

所谓坐标轴就是能让工作台和主轴移动的一种元件。在编程中它是一个字,由一个移动坐标轴的地址和它后面的数字组成,数字表示一个坐标轴的运动量,它可以用绝对和增量两种方式进行指定,这两种方式是完全不同的。坐标轴方向的判别以电极丝为基准,而坐标轴和它的方向由下列方法进行确定:

面对工作台,左右方向为 X 轴,左边为 X 轴负向,右边为 X 轴的正向;

前后方向为 Y 轴,前面为 Y 轴正向,后面为 Y 轴负向;

上导丝轮上与 X 轴平行的轴为 U 轴,与 Y 轴平行的轴为 V 轴,其方向的确定与 X、Y 轴一样。

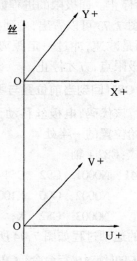

图 7.76　X、Y、U、V 坐标轴

I、J是圆弧插补时的指令参数，圆心相对于圆弧起始点坐标对应于 X、Y 轴，分别用 I、J 表示，它后面的值用增量方式来表示。所有数字的输入（坐标值）由于所用的计量单位不同而有所不同，见表 7.30。

表 7.30　　计量单位

计量单位	单位	最大命令值	最小命令值
公制	0.001 mm	99999.999 mm	0.001 mm
英制	0.0001 in	9999.999 in	0.0001 in

七、锥度加工

1. 锥度加工的设定输入

为了执行锥度加工，必须先输入若干个数据。如果不输入这些数据，即使在程序中设定为锥度加工，也不会执行正确的锥度加工。本系统的锥度加工需要输入三个数据：

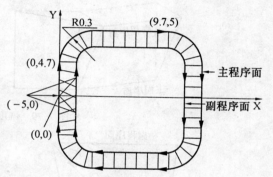

图 7.77　锥度加工程序图

关于上导丝轮至工作台面、下导丝轮至工作台面及工件厚度三个长度。请在参数方式的机床子方式中设定其参数。主程序面上加工工件的尺寸与程序中编程的尺寸一致，把另一个有尺寸要求的面叫副程序面。

锥度加工程序图如程序图 7.77 所示。

例 44　G92　X－5000　Y0；

G52　A2.5　G01　G90　X0；

→电极丝右倾 2.5 度

G01　Y4700；

G02　X300　Y5000　I300；

G01　X9700；

⋮

G01　Y0；

G50　G01　X－5000；取消锥度

M02；

2. 锥度加工的开始

① 锥度加工开始时的动作如图 7.78 所示，但与 OFFSET 一样，不能从圆弧指令（G02、G03）开始；

② 锥度加工结束时的动作如图 7.79 所示；

③ 一般的锥度加工如图 7.80 所示。

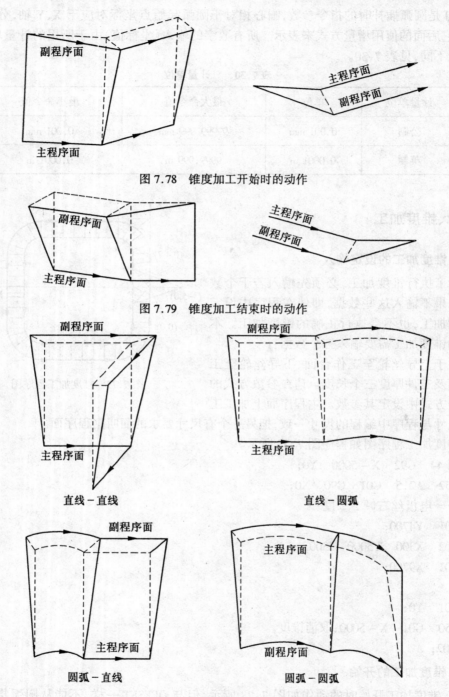

图 7.78　锥度加工开始时的动作

图 7.79　锥度加工结束时的动作

直线－直线　　　　　　　　　　　　　　直线－圆弧

圆弧－直线　　　　　　　　　　　　　　圆弧－圆弧

图 7.80　一般锥度加工

3.锥度加工的连接

在锥度加工过程中,当工件的上面或下面与锥度路径的交点求不出时,将自动地插入转角 R,执行圆弧处理,如图 7.81、7.82、7.83 所示。

（1）直线 – 圆弧

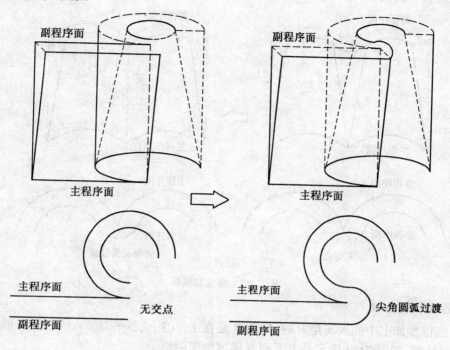

图 7.81　直线和圆弧

（2）圆弧 – 直线

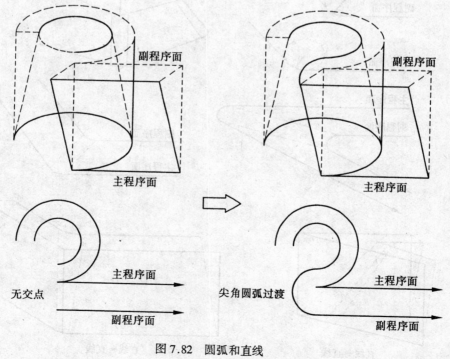

图 7.82　圆弧和直线

(3) 圆弧 – 圆弧

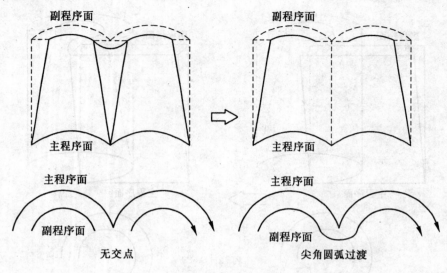

图 7.83　圆弧和圆弧

4. 锥度和转角 R

① 当锥度加工中插入转角 R 时,转角 R 是在工件的上、下平面插入同一圆弧形式,因而成为斜圆柱状,如图 7.84 所示是上下同 R 锥度加工的例子。

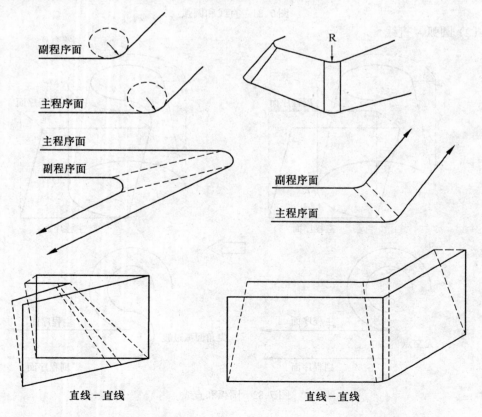

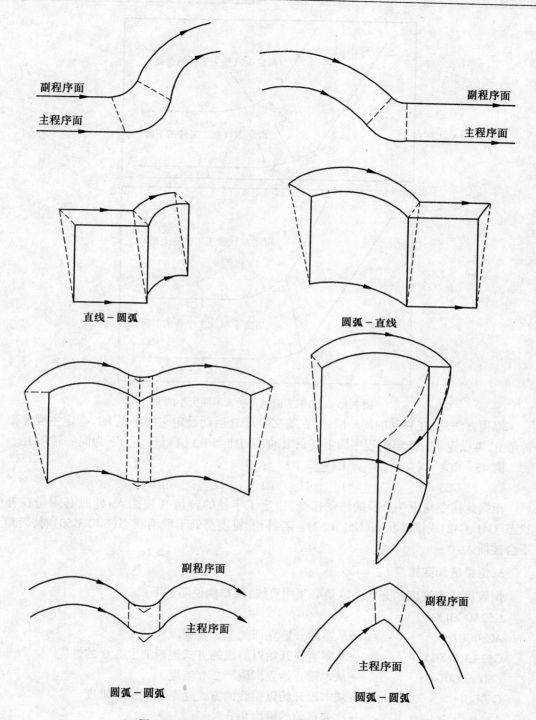

图 7.84　锥度加工中上、下平面插入同一圆弧 R

② 上、下面也可以插入不同大小的圆弧,即可以对加工物的上、下面各插入指定的转角 R,如图 7.85 所示。

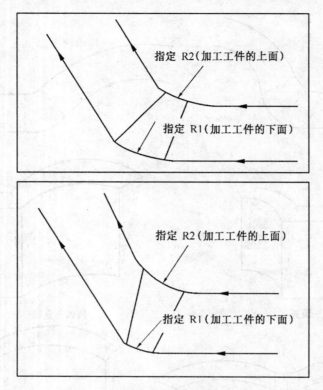

图 7.85　上、下表面也可插入不同大小的 R

编程方法是：在移动的同一段中，在英文字母 R 后面设定它的半径 R1，指定主程序面上转角 R，再设定 R2，指定副程序面上转角 R，如果 R1 与 R2 值相同，上、下为同一转角 R。

例45　G01　X __　Y __　R1 __　R2 __；

　　　　　G03　X __　Y __　I __　J __　R1 __　R2 __；

根据此指令与下一分段的移动指令，指定了半径的转角 R 被插入，此时必须是在补偿状态（G41、G42）或锥度状态（G51、G52）。若补偿、锥度都处于取消状态（G40、G50）时，转角 R 不会被插入。

5.恒锥度和变锥度

恒锥度或变锥度的开始及取消必须用直线，现举例说明如下：

G52A0G01X10；

A2.0G01…；　　　　　→从本段开始立即加上 2.0°锥度

G52A2.0G01X10.；　　→从本直线开始以斜线的方式逐渐加上 2.0°的锥度

G50 A0G01…；　　　　→从本段开始立即取消 2.0°锥度

G50G01；　　　　　　→从本段开始以斜线的方式逐渐取消 2.0°锥度

A1.；　　　　　　　　→改变目前的锥度角

注意　在模拟执行时，如出现"圆弧－圆弧或直线－圆弧处理错误"提示，则说明在该处无法实现锥度的改变。

如果出现"过切式圆弧半径过大"的信息，说明加工出来的试件在出现该错误处，试件的上表面（编程面为下表面）在出现错误处会发生变形。如果您要忽略该变形，可将工件厚度适当改小一些,则可加工。

锥度加工中,所显示的图形是工件上、下表面所走的轨迹。所以加工以前要看工件上、下表面所走的轨迹,可在锥度加工前,在手动 F6 参数中,设台面至上导轮距离为主轴的刻度值,台面至下导轮之距离在出厂时已设好。工件厚度为工件的厚度值。

八、M 代码

1.M00(暂停指令)

执行 M00 代码后,程序执行暂停。它的作用和单段暂停作用相同,按 Enter 键后,程序接着执行。

例如:C000;

　　　M00;

　　　G01　X10.;

2.M02(程序结束)

M02 代码是整个程序结束命令,M02 之后的代码将不被执行。执行 M02 代码后,系统将复位所有的延续至程序结束的模态代码的状态,然后再接受用户的命令,以执行相应的动作。

要复位的代码和复位后的状态如下:

$$\left.\begin{array}{l}\text{G00}\\\text{G01}\\\text{G02}\\\text{G03}\end{array}\right\}\longrightarrow\text{G00}\qquad \left.\begin{array}{l}\text{G05}\\\text{G06}\\\text{G07}\\\text{G08}\end{array}\right\}\longrightarrow\text{G09}\qquad \text{G11}\longrightarrow\text{G12}\qquad \left.\begin{array}{l}\text{G51}\\\text{G52}\end{array}\right\}\longrightarrow\text{G50}$$

$$\left.\begin{array}{l}\text{G60}\\\text{G61}\end{array}\right\}\longrightarrow\text{G60}\qquad \left.\begin{array}{l}\text{G74}\\\text{G75}\end{array}\right\}\longrightarrow\text{G75}\qquad \left.\begin{array}{l}\text{G41}\\\text{G42}\end{array}\right\}\longrightarrow\text{G40}\qquad \left.\begin{array}{l}\text{G90}\\\text{G91}\end{array}\right\}\longrightarrow\text{G90}$$

也就是说,上一个程序中出现过的代码不会对下一个要执行的程序构成影响,除非在下一个程序中使用了同样的代码。例如,当前执行的程序中有 G05 代码,而在 M02 之前无 G09 代码,则执行下一个程序时 X 轴镜像不起作用。M02 能把 G05 自动恢复成 G09 状态,除非你在下一个程序中又使用了 G05 代码。

3.M05(忽略接触感知)

M05 代码忽略一次接触感知,当电极丝与工件接触感知并停在工件处时,若要把电极丝移走,请用此代码。

注　M05 代码只在本段程序中起作用。

例 46　G80　X－;…X 轴向负方向接触感知

　　　　G90　G92　X0　Y0;…置当前点为(0,0)

　　　　M05　G00　X10;…忽略接触感知且把电极向 X 轴正方向移动 10 mm

例 47　G80　X－;…X 轴向负方向接触感知

　　　　G90　G92　X0　Y0;…置当前点为(0,0)

　　　　G00　X1.　M05;…忽略接触感知,并把电极移到 X1.0 处

　　　　G00　X10.　Y5.;…接触感知有效

4.M98（子程序调用）

M98 代码用来指定要调用的子程序号。

格式：M98　P＊＊＊＊　L＊＊；

对于此代码更详细的描述请看下节（子程序）。

5.M99（子程序结束）

M99 代码表示一个子程序结束，它是子程序的最后一个程序段，执行此代码后，程序重新返回到主程序中，并执行下一个程序段。

九、子程序

有时，在同一个程序中，相同语句会多次出现，如果把这些相同的语句放在一个固定的程序中，需要时即可调用，这样在减少程序的复杂性和长度方面将会收到很好的效果。

我们把这样的固定的程序叫子程序，引用此固定程序的程序叫主程序。程序中顺序号（N＊＊＊＊）的存在使子程序的调用成为可能，我们通过在一个程序的开始置一个顺序号来定义此子程序。当要在主程序中调用时，只需指定调用子程序的顺序号即可。调用一个子程序时，该子程序将被当做一个单段程序对待。一个代码只能调用一个子程序，子程序中还可以调用别的子程序，子程序号最大为 9999。一个子程序以 M99 代码作为结束标志。当执行到 M99 代码时，程序返回到主程序，并接着执行下一段程序（图 7.86），子程序的格式如下：

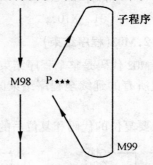

图 7.86　子程序调用及子程序结束

N＊＊＊＊………………；

程序

M99；

主程序调用子程序的格式为：

M98　P＊＊＊＊　L＊＊＊

其中　P＊＊＊＊　为要调用的子程序的顺序号；

　　　L＊＊＊　为调用子程序的次数。

如果 L＊＊＊省略，此子程序只被调用一次，当为"L0"时，将不调用此子程序。地址"L"后最多可跟三位十进制数，也就是说一个程序一次最多可调用 999 次。

在一个子程序中也可以调用别的子程序，它的处理方法和主程序中调用子程序相同。主程序调用子程序，子程序中再调用子程序称做嵌套（nesting），如图 7.87 所示。

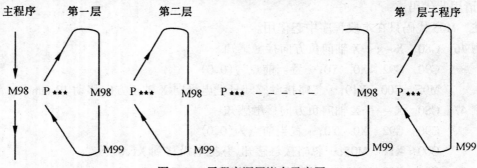

图 7.87　子程序调用嵌套示意图

在本系统中规定 n 的最大值为 7,即子程序嵌套最多为 7 层。

十、运算

本系统支持的运算符有: + , − , dH * * * (d×H * * *);d 为一位十进制数。

1.运算符地址

在式子中(地址后所接代码、数据)能够使用的运算符地址如表 7.31 所示。

表 7.31　运算种类及地址

种　类	地　　　址
坐标值	X,Y,U,V,I,J
旋转量	RX,RY
赋值类	H

2.优先级

所谓优先级即执行的先后顺序。

本系统中运算符的优先级为

dH * * * * ,　　↑高

+ , −　　　　　　↓低

3.运算式的书写

运算符的式长只能在一个段内。

例 48　H000 = 1000;

　　　　G90　G01　X1000 + 2H000;

则 X 轴直线插补到 3000 μm 处。

例 49　H000 = 320;

　　　　H001 = 180 + 2H000;…H001 等于 820

十一、H 代码(补偿)

H 代码实际上是一种变量,每个 H 代码代表一个具体的数值,且每个数值可根据需要在控制台上输入修正,亦可在程序中用赋值语句对其进行赋值,即

H000 = 500.001;

一个 H 代码的格式为

H * * *

即地址"H"后接三位十进制数,不够三位的请用"0"补齐。例如,H010。

H 代码有 H000 ~ H099 共 100 种,每个 H 变量的赋值范围为 ± 99999.999 mm。

在程序中 H 代码可以被当做变量引用。

例 50　H005 = 90.07;

　　　　G01　X50.1 + 5H005;

则 X 轴以直线插补方式运动到 50.1 + 5 × 90.07 = 500.45 mm 处。

对 H 代码可以作: + 、− 和倍数运算,请参看运算部分(十)。

例 51 H100 = H010 + 10 - 2H000；

若   H010 = 100, H000 = 20

则   H100 = 100 + 10 - 2 × 20 = 70

十二、转角功能

转角 R 功能,即在两条曲线的连接处中加一段圆弧,如图 7.88 所示。

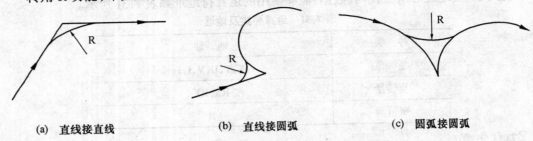

(a) 直线接直线   (b) 直线接圆弧   (c) 圆弧接圆弧

图 7.88 转角 R 功能

圆弧的半径在程序中通过 R 来指定,这段圆弧和两条曲线都相切,在程序中用下面的格式来指定转角 R 功能:

① 为了指定转角 R 功能,请在要插入转角的第一段曲线的运动代码后加一个地址"R",后接圆弧半径值,地址 R 和它后面的半径值必须和第一条曲线的运动代码在同一个段内。

例 52   G01 X __ Y __ R __;

G02 X __ Y __ I __ J __ R __;

G03 X __ Y __ I __ J __ R __;

上面这些指令的作用是在本段程序的运动曲线和下一段程序的运动曲线之间加半径为 R __的圆弧。转角 R 的功能只有在有补偿的状态下(G41, G42)才会执行,当补偿撤消时,转角 R 功能将被忽略,因而当 G40 撤消补偿后,程序中虽然有转角 R 指定,但并不在两条曲线间加圆弧,而是按编程轨迹运动,在 H*** = 0 的情形下,转角 R 功能有效。

② 在 G00 代码后加转角 R 功能,将不执行转角功能的动作。

③ 有补偿量的情形如图 7.89 所示。

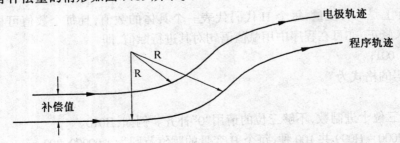

图 7.89 有补偿量的转角功能

十三、T 代码

T84 代码为打开喷液指令,使加工液由上下导丝嘴喷出,该代码在程序中应放在加工代码之前,以免在加工中由于未冲液而发生断丝现象。

例 53

G92　X0　Y0；

T84；　　　　　　　　　　　　打开喷液

T86；　　　　　　　　　　　　启动走丝

C007

H000 = 110；

G41　H000；

G01　X5.0；　　　　　　　　　加工指令

C021；

G01　X15.；

Y10.；

X5.；

Y0；

G40　G01　X0；

T85　T87；　　　　　　　　　关闭喷液,停止走丝

M02；

T85 代码为关闭喷液指令,使加工液停止喷出。

T86 代码为启动走丝电机指令,使丝在走丝(启动/停止走丝)机构上高速运转,该代码在程序中应放在加工代码之前,以免在加工中由于丝在同一个地方持续放电而被烧断。

T87 代码为停止走丝指令,它可使使走丝电动机停止运转。

7.7　自动编程系统

一、进入 SCAM

在 CNC 主画面下按 F8,即进入 SCAM 系统,显示如图 7.90。

二、主菜单画面功能键作用

F1:进入 CAD 绘图菜单(图 7.91)；

F2:进入 CAM 主画面；

F10:返回控制系统菜单。

三、进入 CAD

在 SCAM 主菜单画面(图 7.90)下按 F1 功能键,调用 CAD 绘图软件。然后即可绘制零件图,并且可把该零件图转换成加工路径状态(指定穿丝点、切入点、切割方向等)。这时切割轨迹在屏幕上变成绿色,白色箭头指示切割方向。

在 CAD 的下拉菜单(屏幕顶部)选取线切割(SCAM)项,即会出现如图 7.91 所示的线切割下拉菜单：

各项菜单的含义如下：

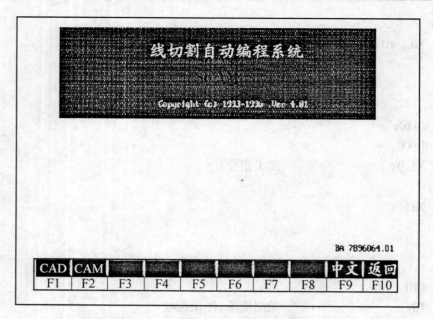

图 7.90　线切割自动编程系统 SCAM

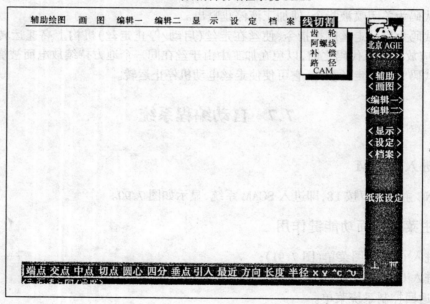

图 7.91　CAD 绘图系统

① 补偿:对切割轨迹进行丝径和间隙补偿;

② 路径:对切割图形进行路径指定;

③ CAM:退出 CAD 返回 SCAM 主菜单画面。

现对以上菜单的使用作如下的说明:

1.补偿

补偿,即对切割轨迹进行丝径和间隙补偿,当生成 3B 格式的代码时,须对线切割的轨迹进行补偿:当生成 ISO 格式的代码时,可以用 G41/G42 来进行补偿,也可在此进行补偿。选取 SCAM 的补偿项,在屏幕的底部会出现如下的提示:

补偿值 =

这时要求您输入补偿值。如 0.110 回车,按回车后屏幕的下一行接着出现提示:

请选择图元:

这时您只要用鼠标在所要切割的图形上选取任一图元即可。屏幕的下一行接着出现提示:

请用窗口选择图元

第一点

这时请您用鼠标在屏幕上定两点形成一个窗口,把要进行补偿的图形全部框起来,如图 7.92 所示。

接着屏幕的下一行出现提示:

补偿方向点:

这时您只要用鼠标在所要切割图形的外部或内部选取一点即可。当切凸模时,补偿方向点应在图形的外部;当切凹模时,补偿方向点应在图形的内部。

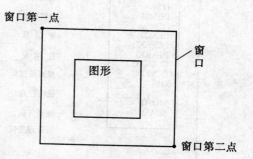

图 7.92 被框入窗口的图形

2. 路径

选取 SCAM 的路径项,在屏幕的底部会出现如下的提示:

请用鼠标或键盘指定穿丝点(图 7.93):

要求你输入切割的起始点,即穿丝点,你可以通过键盘输入点的坐标。例如,0,－1.5 回车,也可以用鼠标在屏幕上定一个点。输入起始点后,屏幕下方出现:

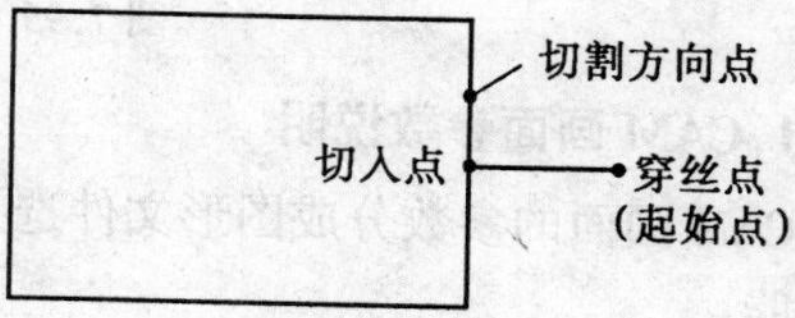

请用鼠标或键盘指定切入点:

图 7.93 选取 SCAM 的路径

这时要求你输入由穿丝点切到图形上的一点。输入后在屏幕底部出现:

请用鼠标或键盘指定切割方向

切割方向的指定是通过指定一个点,由切入点和这一点来决定切割方向,切割方向点要定在切入边上,如图 7.93 所示。

指定切割方向点后,屏幕的底部会出现提示:

按 Ctrl－C 结束路径转换,按 C 继续转换下一路径。

按 Ctrl－C 后出现如下提示:

图形路径已绘制完成,输入存盘的文件名: SCAM

这时要求您输入文件名,文件名最多八个字符,若直接按回车键,则文件名缺省为 SCAM。

这时在屏幕上待切割的图形用绿色显示,箭头指示切割方向,如图 7.94 所示。

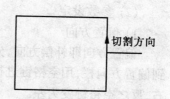

图 7.94 输入文件名后显示要切割的绿色图形

3. CAM

退出 CAD 系统,返回到 SCAM 主菜单画面。

四、进入 CAM

在 SCAM 主菜单画面下(图 7.90)按 F2 键,即可进入 CAM 画面,如图 7.95 所示。

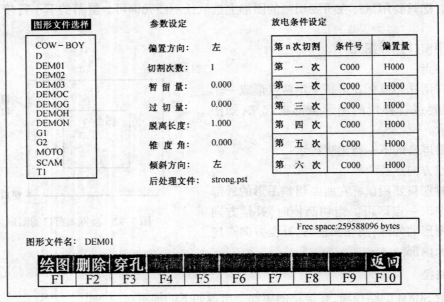

图 7.95　CAM 图形文件选择画面

1. CAM 画面参数说明

CAM 画面的参数分成图形文件选择、参数设定、放电条件设定三栏,下面分别介绍各栏的功能:

(1) 图形文件选择

图形文件选择栏显示当前目录下所有的图形文件名,你可以选择一个要生成加工程序的图形文件名,并且每次只能选一个。选择方法为:用键盘上的→或←方向键把光标移到图形文件栏,这时该栏以白底黑字显示,同时蓝色的光标停在第一个图形文件处,可用↓键或↑键移动光标到你要选的文件名处,按回车键即可。这时上方条形光标自动移到参数设定栏,在屏幕的左下部显示图形文件名,如图 7.96 所示。

(2) 参数设定

1) 偏置方向

偏置方向即补偿方向,分为左补偿和右补偿。设定方法为:用↓键或↑键把蓝色光标移到偏置方向栏,用空格键进行切换,这时左、右交替出现,如果当前为左,按一下空格键变为右,反之空格键变为左。

2) 切割次数

切割次数是指要切割的次数。可以输入 1～6 之间的任何数字,设定方法为:用↓键或↑键把蓝色光标移到“切割次数”的位置,通过键盘输入 1～6 之间的任意一个数即可。

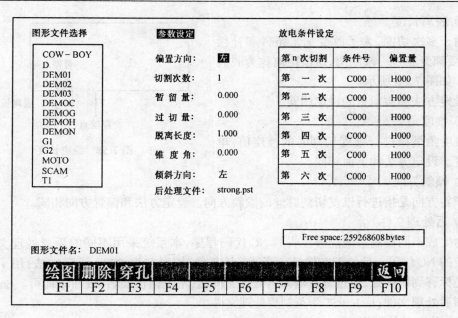

图 7.96　CAM 参数设定画面

3）暂留量

对于多次切割，为防止工件掉落，需留一定量不切，最后一次再切掉，同时程序在此处做一暂停。如图 7.97 所示。

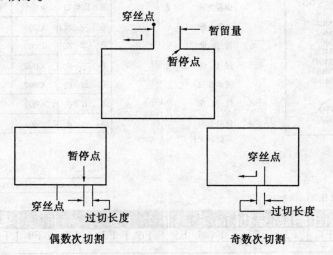

图 7.97　暂留量及过切长度

暂留量的设定值为 0~999.000 mm。

设定方法：把蓝色光标移动到"暂留量"的位置，通过键盘输入数字，输入后按回车键或输入一定的位数后，后面的白色方形光标消失，输入完成。

4）过切量

为避免工件表面留下凸痕，在最后一次加工时应过切。如图 7.97 所示。

设定方法和暂留量的设定相同。

5）脱离长度

对于多次切割，为了改变加工条件和补偿值，需要离开轨迹一段距离，这段距离称为脱离长度。如图 7.98 所示。

设定方法和暂留量的设定相同。

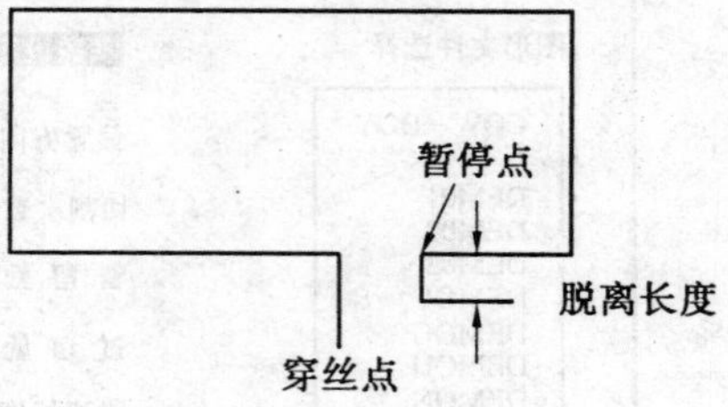

6）锥度角

锥度角是指进行锥度切割时的锥度值，单位为度。设定方法和上面相同。

图 7.98　脱离长度

7）倾斜方向

倾斜方向是指进行锥度切割时丝的倾斜方向。设定方法和偏置方向相同。

8）后处理文件

为生成不同控制系统能够接收的 NC 代码程序，本系统采用不同的后置处理文件来生成相应的 NC 代码。后处理文件是一个 ASCII 文件，扩展名为 PST。设定方法：用↓键或↑键把光标移到该项处，通过键盘输入后处理文件名（不包括扩展名）按回车即可。Strong.PST 为公制后处理文件；Inch.PST 为英制后处理文件。

（3）放电条件设定

用←键或→键把光标移到放电条件设定栏，如图 7.99 所示。

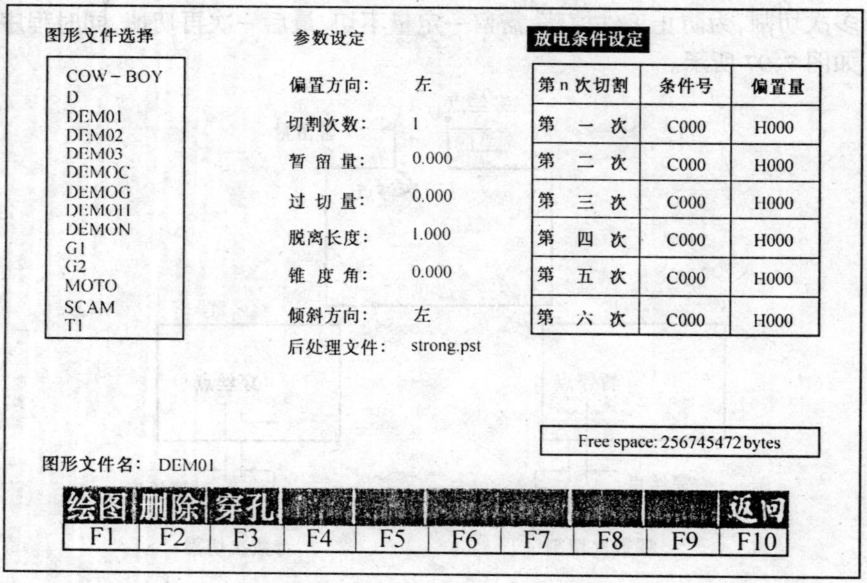

图 7.99　CAM 放电条件设定画面

放电条件的设定，对加工条件和偏置量进行设定，设定方法为：用↑、↓、→、←键把光标移到需要进行设定的一栏，通过键盘输入数字即可。加工条件的设定范围为 C000 ~ C999，偏置量的设定范围为 H000 ~ H999，输入后按回车键或输入的数字超过 3 位后，后面的小白方形光标消失，输入完成。如 C1 回车变成 C001。

2.CAM 主画面功能键作用

（1）F1 绘图

选择好图形文件，设定好其它参数后，按 F1 键即可进入绘图和生成 NC 代码画面。如图 7.100 所示。

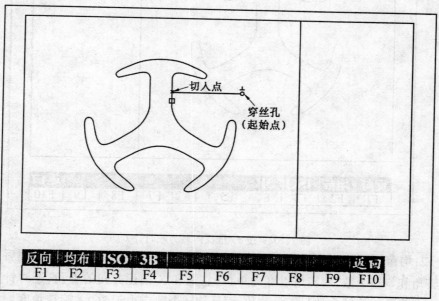

图 7.100　绘图和生成 NC 代码画面

在此画面中，○为穿丝孔，×表示切入点，□表示切割方向。

在绘图和生成 NC 代码画面中，各功能的含义如下：

① F1：反向，即改变切割方向，若当前为逆时针方向（图 7.101），按 F1 键后变为顺时针方向，反之亦然。如图 7.102 所示。

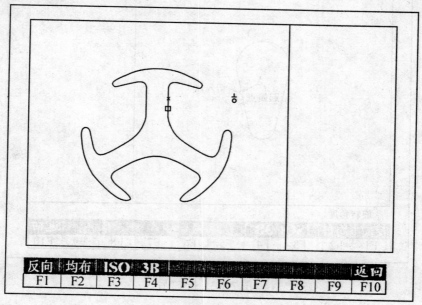

图 7.101　逆时针方向

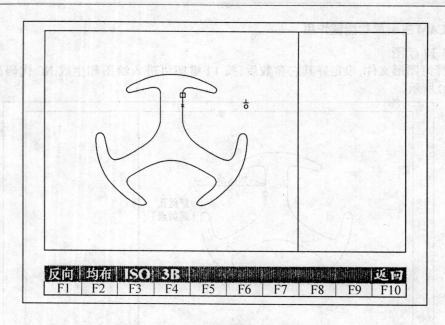

图 7.102　按 F1 键反向后为顺时针方向

②　F2:均布,即令一个图形按给定的角度和个数分布在圆周上。按 F2 键后,会提示您输入旋转角和均布个数,旋转角以度为单位,它是和 X 轴正方向的夹角,逆时针方向为正;顺时针方向为负。旋转个数只能是整数,而且旋转个数应小于 360÷旋转角度。如图 7.103 所示。

③　按 F2 键,出现如图 7.103 所示画面,请您输入旋转角。

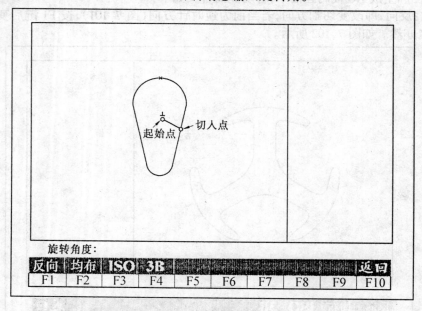

图 7.103　按 F2 后

　④ 输入完角度后(图 7.104)，按回车，出现如图 7.105 所示的画面，这时请输入均布个数 6。

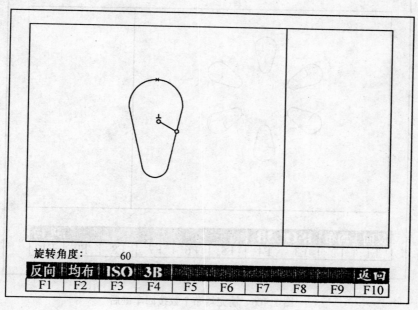

图 7.104　输完角度后

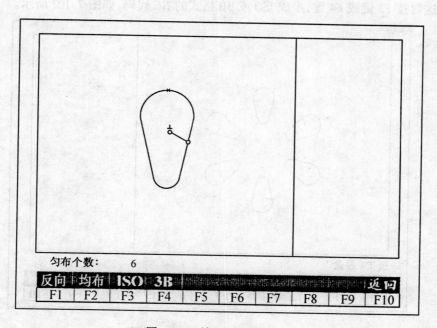

图 7.105　输入均布个数 6

⑤ 输入均布个数后,按回车,出现如图 7.106 所示的画面。

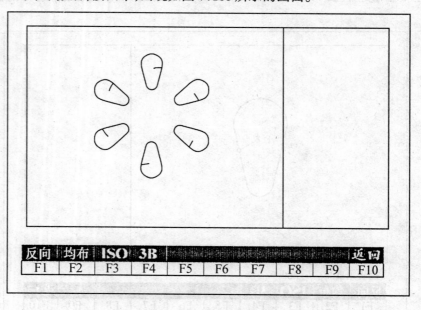

图 7.106　输完均布个数按回车键后

⑥ 这时按 F3 键或 F4 键,生成 ISO 或 3B 格式的 NC 代码,如图 7.107 所示。

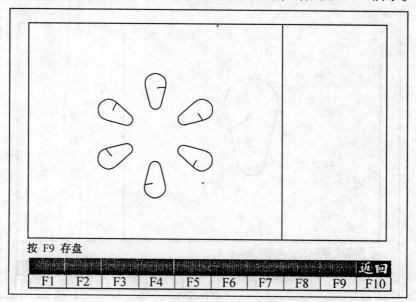

图 7.107　按 F3 后生成 ISO 代码

⑦ F3:ISO 即生成 ISO 格式的 NC 代码,如图 7.108 所示。

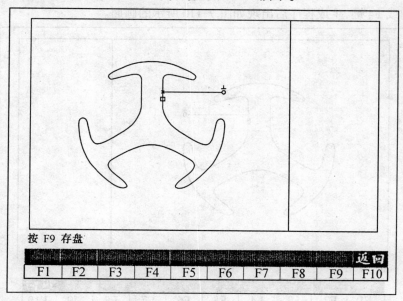

图 7.108　生成 ISO 格式的 NC 代码

⑧ F4:3B 即生成 3B 格式的 NC 代码,如图 7.109 所示。

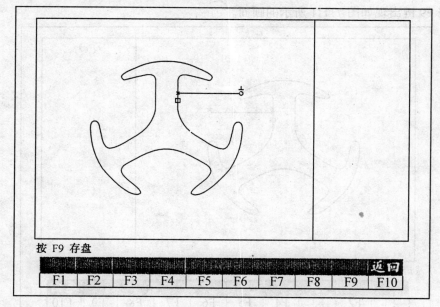

图 7.109　生成 3B 格式的 NC 代码

⑨ F3:存盘即把生成的 NC 代码存在 B 盘上。

按 F3 键或 F4 键,生成程序后出现如图 7.110 所示的画面。

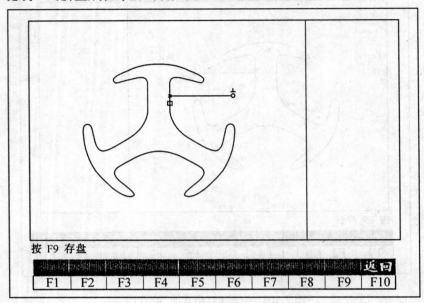

图 7.110　等待按 F9 存盘的画面

⑩ 按 F9 键出现如图 7.111 所示的画面。

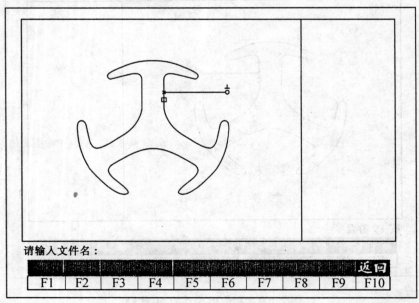

图 7.111　输入文件名的画面

⑪ 若要存盘键可以通过键盘输入文件名,文件名最多为 8 个字符,不用输入扩展名,系统自动以 .NC 为文件扩展名,若不想存盘,按 ESC 键。

按 F10 键返回到上一画面。

（2）F2 删除

删除是指删除图形文件。在 CAM 画面中按 F2 键后出现如图 7.112 所示的画面。

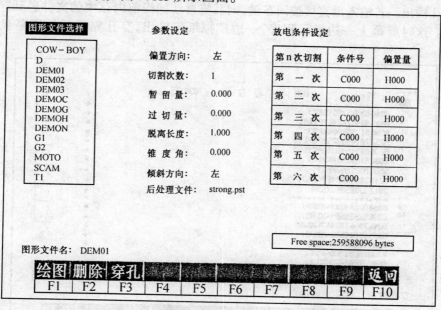

图形文件选择	参数设定		放电条件设定		
COW－BOY D DEM01 DEM02 DEM03 DEMOC DEMOG DEMOH DEMON G1 G2 MOTO SCAM T1	偏置方向： 切割次数： 暂留量： 过切量： 脱离长度： 锥度角： 倾斜方向： 后处理文件：	左 1 0.000 0.000 1.000 0.000 左 strong.pst	第 n 次切割	条件号	偏置量
			第 一 次	C000	H000
			第 二 次	C000	H000
			第 三 次	C000	H000
			第 四 次	C000	H000
			第 五 次	C000	H000
			第 六 次	C000	H000

Free space:249348396 bytes

用 ↑ ↓ 键选择删除的文件名，按 Enter 键执行，按 Esc 键取消

绘图	删除	穿孔							返回
F1	F2	F3	F4	F5	F6	F7	F8	F9	F10

图 7.112　按 F2 后出现的删除画面

你可以用 ↓ 键和 ↑ 键来移动光标选择要删除的图形文件，选中后按回车。按 ESC 取消删除操作。按回车后出现如图 7.113 所示画面。

图形文件选择	参数设定		放电条件设定		
COW－BOY D DEM01 DEM02 DEM03 DEMOC DEMOG DEMOH DEMON G1 G2 MOTO SCAM T1	偏置方向： 切割次数： 暂留量： 过切量： 脱离长度： 锥度角： 倾斜方向： 后处理文件：	左 1 0.000 0.000 1.000 0.000 左 strong.pst	第 n 次切割	条件号	偏置量
			第 一 次	C000	H000
			第 二 次	C000	H000
			第 三 次	C000	H000
			第 四 次	C000	H000
			第 五 次	C000	H000
			第 六 次	C000	H000

Free space:259588096 bytes

图形文件名： DEM01

绘图	删除	穿孔							返回
F1	F2	F3	F4	F5	F6	F7	F8	F9	F10

图 7.113　选中要删除文件名按回车键后的画面

（3）F3 穿孔

穿孔是指把生成的 3B 格式代码送到穿孔机中进行穿孔输出。按 F3 键后出现如图 7.114所示的画面。

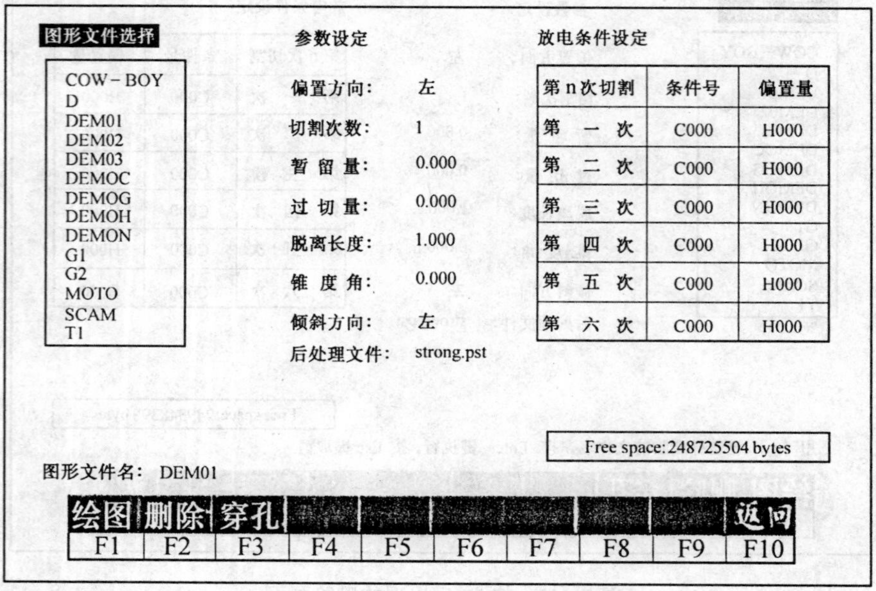

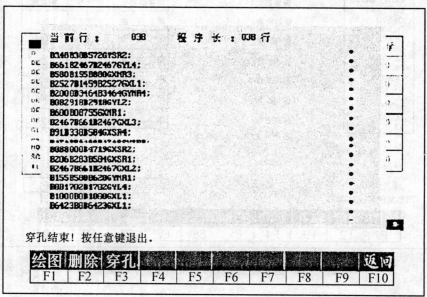

图 7.114　按 F3(穿孔)键出现的画面

这时要求输入文件名，文件名不包括路径，最多可有 8 个字符，输入完成后按回车键，即可进行穿孔输出。若输入后直接按回车键，则系统自动把当前内存中的文件送到穿孔机中进行输出。这时屏幕上一边显示程序，一边模拟纸带输出，穿孔完成后的屏幕显示如图 7.115所示。

图 7.115　穿孔完成后所显示的画面

按任意键返回到 CAM 画面。

7.8　加工操作举例

1.加工前的准备

（1）更换乳化液

建议用户每周更换一次乳化液,以保证更高的加工效率和更好的加工表面粗糙度。

（2）开机

1）在加电以前,检查蘑菇状的紧急开关(在电柜上和主机上)是否处在断开状态。

2）将电柜主开关调到 ON 的位置。

3）按下启动开关,电柜开始通电,等几十秒钟,显示器出现正常画面后启动结束。

（3）换丝

更换旧丝,根据工艺要求选择丝径。新丝可带来高的加工效率。

（4）穿丝和找正

（5）装夹工件

1）检查工件

检查的目的是保证待加工的工件上下表面的平面度不超过 0.01(在 200 mm 的范围内),平行度不超过 0.02(在 200 mm 的范围内)。

2）夹紧工件

根据所切工件的特征(形状、大小、质量、锥度),选择合适的夹具装夹工件。

（6）Z 轴定位至工作高度

加工前,将 Z 轴降至适当的高度。

2.开始加工

①　进入自动画面前,必须在编辑方式下准备好 NC 程序。进入自动方式后,NC 程序的前 9 行显示在自动方式的程序区。在自动方式,没有提供修改程序功能。如果要修改程序,可到编辑方式进行修改。

②　可以用↑、↓、←、→键来寻找希望开始执行的地方。可以通过改变模拟、单段等状态,以决定是否进行模拟、单段等操作。

③　执行程序前,建议先将"模拟"开关打为 ON,将程序描画一次,以检查程序是否有代码错误(图 7.116),以及所编程序能否达到预期的效果,以免实际加工时造成不良后果。当模拟为 ON 时,只模拟显示图形,不实际加工。

④　选择好开始执行的首指针及运行状态后,按回车键即可开始加工图 7.117。

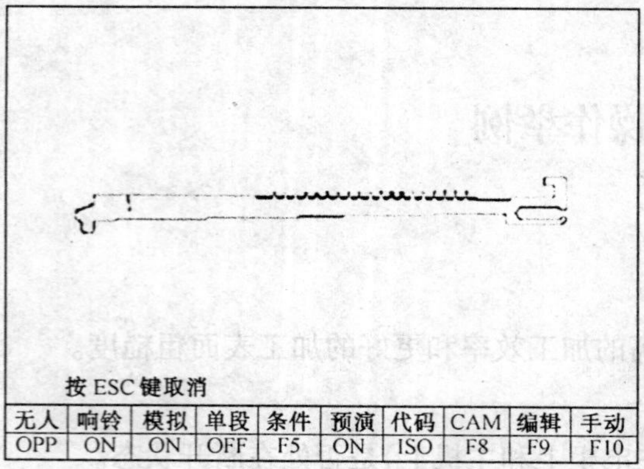
按 ESC 键取消
无人 OPP
响铃 ON
模拟 ON
单段 OFF
条件 F5
预演 ON
代码 ISO
CAM F8
编辑 F9
手动 F10

图 7.116　模拟显示的图形

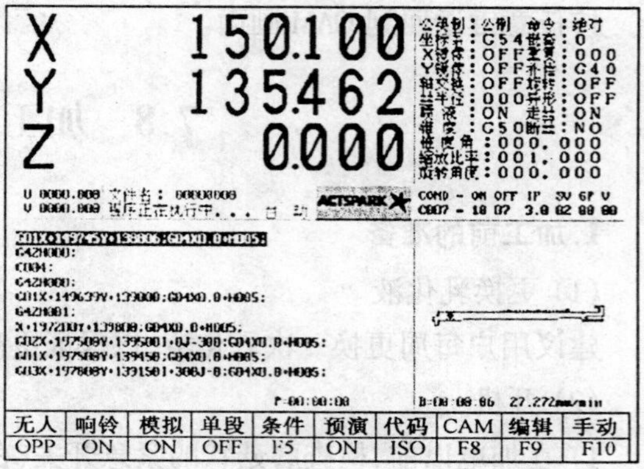
X 150.100
Y 135.462
Z 0.000
ACTSPARK
无人 OPP
响铃 ON
模拟 ON
单段 OFF
条件 F5
预演 ON
代码 ISO
CAM F8
编辑 F9
手动 F10

图 7.117　正在进行加工

3. 加工过程中

(1) 修改加工条件

如想修改加工条件，以改变当前加工状态，应按 F5 键，移动光标至要修改的参数处。完成后，再次按 F5 键，系统将在新的条件下继续加工。

(2) 暂停和结束加工

① 按[II]键可暂停加工，按[R]键继续运行。

② 如果想结束加工，按[◎]键。程序停止运行，出现错误信息提示。按[i]键后，错误信息消失。

4. 加工结束后

(1) 清洗工作区

工作液槽不能用洗涤剂清洗，只能用电介质液清洗。

(2) 清洗夹具

夹具系统由高精度的零件组成，因此对其必须十分小心。而且值得一提的是，虽然回过火的高碳钢增强了抗腐蚀能力，仍应注意清洗。

每次使用过后必须清洗系统的所有部件，并保护好它们。

5. 工件测量

(1) 测量轮廓的最大公差

① 使用柱形探针直径为 5 mm 的测微器。

② 对三个测量点(顶、中、底部)共进行 12 次测量。

③ 对 Tkm 是测量过程中的最大误差，Tkm = (最大值 - 最小值)/2。

最大值：最大测量尺寸与基本尺寸之差；

最小值：最小测量尺寸与基本尺寸之差。

(2) 测量表面粗糙度

测量仪器：表面轮廓仪。

6.在特殊加工中"偏置量"的确定

因为丝在使用过程中会逐渐损耗变细,偏置量应逐渐减小,所以在加工高精度、特殊材料或特殊合金前,建议操作者首先测量丝径,以保证补偿量值的准确性。

$$偏置量 = 丝的半径 + 0.01\ mm$$

其中,0.01 mm 为单边放电间隙。

附　录

附录 I　电火花线切割机参数的国家标准 GB 7925—87

本标准适用于新设计的高速走丝式(型式 I)和低速走丝式(型式 II)的电火花线切割机。

1. 术语及定义

1.1　横向:指工作台短行程方向。

1.2　纵向:指工作台长行程方向。

1.3　高速走丝:指线状工具电极沿自身方向作高速(一般走丝速度等于或大于 2.5 m/s)往复运行。

1.4　低速走丝:指线状工具电极沿自身方向作低速(一般走丝速度小于 2.5 m/s)单向运行。

1.5　电火花线切割:通过线状工具电极与工件间规定的相对运动,从而进行切割工件的电火花加工。切割时,线状工具电极沿自身方向作往复或单向的运行。

2. 机床型式

型式 I 和型式 II 的图形略。

请查看:中国标准出版社编.中国国家标准分类汇编:机械卷(19).北京:中国标准出版社,1993.157

附录Ⅱ　有关线切割电气设备图形符号的国家标准

编号	名　称	新　国　标		旧　国　标	
		图形符号 (GB 4728—2000)	文字符号 (GB 7159—1987)	图形符号 (GB 312—1964)	文字符号 (GB 315—1964)
1	直流				
	交流				
	交直流				
2	导线的连接	或			
	导线的多 线连接	或		或	
	导线的 不连接				
3	接地一 般符号		E		
4	电阻的一 般符号		R		
5	电容器一 般符号		C		C
	极性电容器				
6	半导体二极管		V		D

编号	名　称	新　国　标		旧　国　标	
		图形符号 （GB 4728—2000）	文字符号 （GB 7159—1987）	图形符号 （GB 312—1964）	文字符号 （GB 315—1964）
7	熔断器		FU		RD
8	换向绕组			H_1　　H_2	HQ
	补偿绕组			BC_1　　BC_2	BCQ
	串励绕组			C_1　　　C_2	CQ
	并励或 他励绕组			B_1　　　B_2 并励 T_1　　　T_2 他励	BQ TQ
	电枢绕组				SQ
9	发电机	G	G	F	F
	直流发电机		GD		ZF
	交流发电机		GA		JF
10	发动机	M	M	D	D
	直流电动机		MD		ZD
	交流电动机		MA		JD
	三相鼠笼式 感应电动机		M		D
			开　关		
11	单极开关	或	QS	或	K
	三极开关 刀开关 组合开关				

编号	名　称	新　国　标		旧　国　标	
		图形符号 （GB 4728—2000）	文字符号 （GB 7159—1987）	图形符号 （GB 312—1964）	文字符号 （GB 315—1964）
11	手动三极开关 一般符号		QS		
	三极隔离开关				
		限　位　开　关			
12	动合触点		SQ		
	动断触点				XWK
	双向机械操作				
		按　钮			
13	带动合触 点的按钮		SB		QA
	带动断触 点的按钮				TA
	带动合和动断 触点的按钮				AN

编号	名　称	新　国　标		旧　国　标	
		图形符号 （GB 4728—2000）	文字符号 （GB 7159—1987）	图形符号 （GB 312—1964）	文字符号 （GB 315—1964）
			接　触　器		
14	线圈		KM		C
	动合（常开） 触点				
	动断（常团） 触点				
			继　电　器		
15	动合（常开） 触点		符号同 操作元件		符号同 操作元件
	动断（常闭） 触点为				
	延时闭合的 动合触点	或			
	延时断开的 动合触点	或	KT	或	SJ
	延时闭合的 动断触点	或		或	

编号	名　称	新　国　标		旧　国　标	
		图形符号 （GB 4728—2000）	文字符号 （GB 7159—1987）	图形符号 （GB 312—1964）	文字符号 （GB 315—1964）
15	延时断开的 动断触点	或	KT	或	SJ
	延时闭合和 延时断开的 动合触点				
	延时闭合和 延时断开的 动断触点				
	时间继电器线 圈（一般符号）	或			
	中间继电 器线圈		KA		ZJ
	欠电压继 电器线圈	$U<$	KV	$V<$	QYJ
	过电流继 电器的线圈	$I>$	KI	$I>$	QLJ
16	热继电器 热元件		FR		RJ
	热继电器的 常闭触点			或	

编号	名　称	新　国　标		旧　国　标	
		图形符号 （GB 4728—2000）	文字符号 （GB 7159—1987）	图形符号 （GB 312—1964）	文字符号 （GB 315—1964）
17	电磁铁	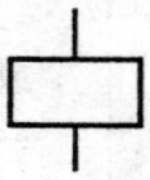	YA	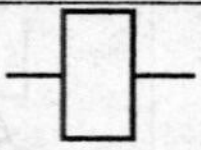	DCT
	电磁吸盘		YH	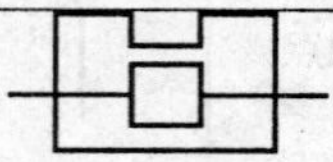	DX
	接插器件	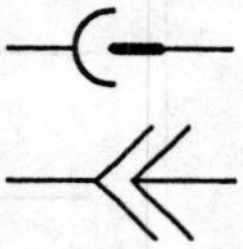	X		CZ
	照明灯		FL		ZD
	信号灯		HL		XD
	电抗器	 或 	L		DK

限　定　符　号

18	接触器功能	隔离开关功能
	位置开关功能	负荷开关功能

操作件和操作方法

19	一般情况下的手动操作
	旋转操作
	推动操作

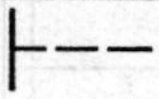

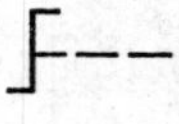

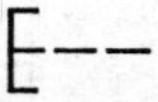

附录Ⅲ　有关线切割常用电子元件的国家标准 GB 4728.5—85（部分）

1.3　半导体二极管示例（256 页）

序　号	图　形　符　号	说　明
05—03—01		半导体二极管一般符号
05—03—02		发光二极管一般符号
05—03—06		单向击穿二极管 电压调整二极管 江崎二极管

1.4　晶体闸流管示例（258 页）

序　号	图　形　符　号	说　明
05—04—11		双向三极晶体闸流管 三端双向晶体闸流管

1.5　半导体管示例（258 页）

序　号	图　形　符　号	说　明
05—05—01		PNP 型半导体管
05—05—14		耗尽型、单栅、N 沟道和衬底无引出线的绝缘栅场效应半导体管
常用机电标准手册（331 页）		NPN 型半导体管

1.6　光电子、光敏和磁敏器件示例（260 页）

序　号	图　形　符　号	说　明
05—06—02		光电二极管 具有非对称导电性的光电器件
05—06—17		光电耦合器 光电隔离器 （示出发光二极管和光电半导体管）

附录Ⅳ　滚动轴承表示法的国家标准 GB/T 4459.7—1998(部分)

4.3.1　在剖视图中,用简化画法绘制滚动轴承时,一律不画剖面符号(剖面线)。

4.3.2　采用规定画法绘制滚动轴承的剖视图时,轴承的滚动体不画剖画线,其各套圈等可画成方向和间隔相同的剖面(图1)。

若轴承带有其它零件或附件(偏心套、紧定套、挡圈等)时,其剖面线应与套圈剖面线呈不同方向或不同间隔(图2)。在不致引起误解时,也允许省略不画。

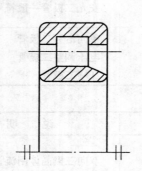 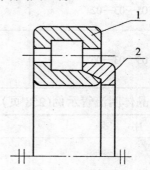

图1　滚动轴承的剖面线画法　　　　　　图2　滚动轴承带附件的剖面线画法

1—圆柱滚子轴承(GB/T 283);2—斜挡圈(JB/T 7917)

5.简化画法

5.1　通用画法

5.1.1　在剖视图中,当不需要确切地表示滚动轴承的外形轮廓、载荷特性、结构特征时,可用矩形线框及位于框中央正立的十字形符号表示(图3)。十字符号不应与矩形线框接触。

通用画法应绘制在轴的两侧(图4)。

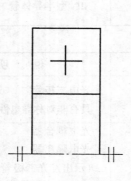 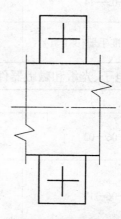

图3　通用画法　　　　　　图4　绘制在轴两侧的通用画法

参 考 文 献

[1] 张学仁.数控电火花线切割加工技术[M].修订版.哈尔滨:哈尔滨工业大学出版社,
    2005.

[2] 张学仁.电火花线切割加工技术工人培训自学教材[M].哈尔滨:哈尔滨工业大学出版
    社,2004.

[3] 电火花数控线切割机床使用说明书[M].苏州:苏州市宝玛数控设备有限公司,2004.

[4] 电火花数控线切割机床使用说明书[M].苏州:苏州恒宇机械电子有限公司,2004.

[5] 电火花数控线切割机床使用说明书[M].泰州:泰州冬庆数控机床有限公司,泰州东方数
    控机床厂,2004.

[6] 数控电火花线切割机床 TP 系列 TROOP 产品说明书[M].上海:上海大量电子设备有限
    公司,2004.

[7] ACTSPARK 数控高速走丝线切割机 FW 系列用户手册[M].北京:北京阿奇夏米尔工业
    电子有限公司,2004.

[8] 常晓玲.电气控制系统与可编程控制器[M].北京:机械工业出版社,2004.

[9] 郑萍.现代电气控制技术[M].重庆:重庆大学出版社,2003.

[10] 齐占庆,王振臣.电气控制技术[M].北京:机械工业出版社,2004.

[11] 中国标准出版社总编室编.中国国家标准汇编:第 47 卷 GB 4710 ~ 4749[S].北京:中国
    标准出版社,1990.

[12] 杨振宽.常用机电符号标准手册[S].北京:中国标准出版社,2000.

[13] HF 线切割编控一体化系统使用说明书[M].重庆:重庆华明光电技术研究所,2004.

[14] 俞容亨著.YH 线切割编控系统使用说明书[M].苏州:苏州市开拓电子技术公司,1998.

[15] GB/T 4459.7—1998 机械制图.